全国高职高专建筑类专业规划教材

建筑与装饰材料

主　编　周拨云　陈卫东
副主编　钟　含　崔　瑞　孙玉龙
主　审　王付全

黄河水利出版社
·郑州·

内容提要

本书是全国高职高专建筑类专业规划教材，是根据教育部对高职高专教育的教学基本要求及全国水利水电高职教研会制定的建筑与装饰材料课程教学大纲编写完成的。本书主要介绍建筑与装饰工程中常用各种主要材料的组成、基本性质、质量标准、检验方法及其合理选用等有关知识，并以材料的基本性质、质量检验和合理选用为重点。全书共分为14个单元，分别讲述建筑与装饰材料的基本性质、无机气硬性胶凝材料、水泥、混凝土、建筑砂浆、建筑金属材料、防水材料、有机合成高分子材料、绝热材料与吸声材料、木材等相关内容。为了便于学生巩固所学知识，提高分析与解决问题的能力，每个单元均附有思考题。

本书可作为高等职业技术学院和高等专科学校工程造价管理、建筑工程技术、建筑装饰技术等专业的教材，也可作为中等专业学校相应专业的师生及工程技术人员的参考资料。

图书在版编目(CIP)数据

建筑与装饰材料/周拨云，陈卫东主编．—郑州：黄河水利出版社，2010.2 (2015.7 重印)
ISBN 978-7-80734-605-0

Ⅰ.①建… Ⅱ.①周…②陈… Ⅲ.①建筑材料-高等学校：技术学校-教材②建筑装饰-装饰材料-高等学校：技术学校-教材 Ⅳ.①TU5②TU56

中国版本图书馆CIP数据核字(2010)第013855号

组稿编辑：王路平 电话：0371-66022212 E-mail：hhslwlp@163.com
简 群 66026749 w_jq001@163.com

出版社：黄河水利出版社
地址：河南省郑州市顺河路黄委会综合楼14层 邮政编码：450003
发行单位：黄河水利出版社
发行部电话：0371-66026940、66020550、66028024、66022620(传真)
E-mail：hhslcbs@126.com
承印单位：黄河水利委员会印刷厂
开本：787 mm×1 092 mm 1/16
印张：13.5
字数：310千字 印数：4 101—6 000
版次：2010年2月第1版 印次：2015年7月第2次印刷

定价：25.00元

前 言

本书是根据《教育部、财政部关于实施国家示范性高等职业院校建设计划，加快高等职业教育改革与发展的意见》（教高[2006]14号）、《教育部关于全面提高高等职业教育教学质量的若干意见》（教高[2006]16号）等文件精神，由全国水利水电高职教研会拟定的教材编写规划，在中国水利教育协会指导下，由全国水利水电高职教研会组织编写的建筑类专业规划教材。本套教材以学生能力培养为主线，具有鲜明的时代特点，体现出实用性、实践性、创新性的教材特色，是一套理论联系实际、教学面向生产的高职高专教育精品规划教材。

本书是为适应国家高等职业技术教育的发展而编写的。在编写过程中，考虑到高等职业技术教育的教学要求，并借鉴高等院校现有《建筑材料》教科书的体系，本着既要贯彻"少而精"，又力求突出科学性、先进性、针对性、实用性和注重技能培养的原则，主要介绍了建筑工程中常用建筑与装饰材料的组成、技术性质及合理选用，重点讲述了水泥、混凝土、建筑钢材、沥青及其防水制品等材料。为了兼顾多专业教学用书的需要，对砌筑材料、隔热保温及装饰材料、木材、有机合成高分子材料等也进行了较详尽的阐述。本教材尽量采用新标准、新规范，并简要介绍了新材料、新技术的发展趋势。各专业可根据自身的教学目标及教学时数，对教材内容进行取舍。

本书编写人员及编写分工如下：吉林农业科技学院朱宝英（绪论、单元五、单元七），杨凌职业技术学院朱丽娟（单元一、单元二），沈阳农业大学高等职业技术学院崔瑞（单元三），华北水利水电学院水利职业学院钟含（单元四、单元十），山西电力职业技术学院周拨云（单元六），黄河水利职业技术学院孙玉龙（单元八、单元九），山西水利职业技术学院陈卫东（单元十一、单元十四），山西电力职业技术学院蒋楠（单元十二、单元十三）。本书由周拨云、陈卫东担任主编并负责全书统稿，由钟含、崔瑞、孙玉龙担任副主编，由黄河水利职业技术学院王付全担任主审。

由于本次编写时间仓促，书中难免会出现缺点、错误及不妥之处，欢迎广大师生及读者批评指正。

编 者

2009年12月

目　录

绪　论

建筑的发展历史与人类的发展历史一脉相承。人类的生活与建筑息息相关,建筑关系到人类活动的各个领域。建筑与装饰工程离不开材料,材料是构成建筑物和构筑物的物质基础,其性能和质量决定了施工水平、结构型式和建筑物的性能。

一、建筑与装饰材料的定义及分类

建筑与装饰材料是用于建筑工程、装饰工程中所有材料的总称。

建筑与装饰材料的种类繁多,且性能和组分各异,用途不同,可按多种方法进行分类。通常有以下几种分类方法。

(一)按化学成分分类

按建筑与装饰材料的化学成分,可分为无机材料、有机材料以及复合材料三大类(见表0-1)。

表0-1　建筑材料按化学成分分类

<table>
<tr><th colspan="3">分　类</th><th>实　例</th></tr>
<tr><td rowspan="7">无机材料</td><td rowspan="5">非金属材料</td><td>天然石材</td><td>砂、石及石材制品等</td></tr>
<tr><td>烧土制品</td><td>烧结砖瓦、陶瓷制品等</td></tr>
<tr><td>胶凝材料及制品</td><td>石灰及制品、水泥及混凝土制品、硅酸盐制品等</td></tr>
<tr><td>玻璃</td><td>普通平板玻璃、装饰玻璃、特种玻璃等</td></tr>
<tr><td>无机纤维材料</td><td>玻璃纤维、矿棉纤维、岩棉纤维等</td></tr>
<tr><td rowspan="2">金属材料</td><td>黑色金属</td><td>铁、钢及合金等</td></tr>
<tr><td>有色金属</td><td>铜、铝及合金等</td></tr>
<tr><td rowspan="3">有机材料</td><td colspan="2">植物材料</td><td>木材、竹、植物纤维及制品等</td></tr>
<tr><td colspan="2">沥青类材料</td><td>石油沥青、煤沥青及制品等</td></tr>
<tr><td colspan="2">有机合成高分子材料</td><td>塑料、涂料等</td></tr>
<tr><td rowspan="3">复合材料</td><td colspan="2">有机与无机非金属材料复合</td><td>聚合物混凝土、玻璃纤维增强塑料等</td></tr>
<tr><td colspan="2">金属与无机非金属材料复合</td><td>钢筋混凝土、钢纤维混凝土等</td></tr>
<tr><td colspan="2">金属与有机材料复合</td><td>PVC钢板、有机涂层铝合金板等</td></tr>
</table>

(二)按用途分类

建筑与装饰材料按用途可分为结构材料、墙体材料、屋面材料以及其他用途的材料等。

1. 结构材料

结构材料是构成建筑物受力构件和结构所用的材料,如梁、板、柱、基础、框架及其他受力构件和结构等所用的材料。这类材料的主要技术性质要求是强度和耐久性。常用的主要结构材料有砖、石、水泥、钢材、钢筋混凝土和预应力钢筋混凝土。随着工业的发展，轻钢结构和铝合金结构所占的比例将会逐渐加大。

2. 墙体材料

墙体材料是建筑物内、外及分隔墙体所用的材料。由于墙体在建筑物中占有很大比例，因此正确选择墙体材料，对降低建筑物成本、节能和提高建筑物安全性有着重要的实际意义。目前，我国大量采用的墙体材料有砌墙砖、混凝土砌块、加气混凝土砌块等。墙体材料的发展方向是复合轻质多功能墙板，它具有强度高、刚度大、保温隔热性能好、装饰性能好、施工方便、效率高等优点。

3. 屋面材料

屋面材料是用于建筑物屋面的材料的总称。屋面材料过去较多使用的是烧结瓦，现在正向多种材质的大型水泥类瓦材和高分子复合类瓦材发展，同时屋面承重结构正在向承重、保温、防水三合一的轻型钢板结构转变，代替过去的预应力钢筋混凝土大型屋面板。屋面防水材料也正由传统的沥青及其制品，向高聚物改性沥青防水卷材、合成高分子防水卷材等新型防水卷材发展。

二、建筑与装饰材料的发展

利用建筑与装饰材料改造自然、促进人类物质文明的进步，是人类社会发展的一个重要标志。

在上古时期，人类居住在天然的山洞或巢穴中，以后逐步采用黏土、岩石、木材等天然材料建造房屋。18 000 年前的北京周口店山顶洞人，就居住在天然岩洞中。而距今约 6 000年的西安半坡遗址，却已是采用木骨泥墙建房，并发现有制陶窑场。战国时期（前 475 ~ 前 221），筒瓦、板瓦已被广泛使用，并出现了大块空心砖和墙壁装修用砖。如胡夫金字塔，高 146.59 m，底部 232 m^2，用 230 多万块、每块重 2.5 t 的岩石砌成；建于公元前 7 世纪的万里长城，砌筑材料为条石、大砖及石灰砂浆，所用的砖石材料就达 1 亿多 m^3。

19 世纪 20 年代，英国瓦匠约瑟夫 · 阿斯普丁发明了波特兰水泥，出现了现代意义上的水泥混凝土。19 世纪 40 年代，出现了钢筋混凝土结构，利用混凝土受压、钢筋受拉，以充分发挥两种材料各自的优点，从而使钢筋混凝土结构广泛应用于工程建设的各个领域。为克服钢筋混凝土结构抗裂性能差、刚度低的缺点，20 世纪 30 年代又发明了预应力混凝土结构，使土木工程跨入了飞速发展的新阶段。

新中国成立前，我国建筑与装饰材料工业发展缓慢，19 世纪 60 年代在上海、汉阳等地建成炼铁厂，1867 年建成上海砖瓦锯木厂，1882 年建成中国玻璃厂，1890 年建成我国生产水泥的第一家工厂——唐山水泥厂。

随着建筑与装饰材料生产和应用的发展，建筑与装饰材料科学也已成为一门独立的新学科。为了适应我国经济建设的发展需要，建筑与装饰材料工业的发展趋势是研制和开发高性能和绿色等新型建筑与装饰材料。高性能建筑与装饰材料是指比现有材料的性能更为优异的建筑与装饰材料，如轻质、高强、高耐久性、优异装饰性和多功能的材料。

同时，随着人们环境保护与可持续发展意识的增强，保护环境、节约能源与土地，合理开发和综合利用原料资源，尽量利用工业废料，也是建筑材料发展的一种趋势。

三、建筑与装饰材料在国民经济建设中的作用

建筑与装饰材料在国民经济建设中意义重大，建筑与装饰材料是发展建筑业的物质基础。材料费用一般占建筑工程总造价的50% ~70%。“十五”期间我国全社会固定资产投资总规模为22万亿~24万亿元，固定资产投资的60% ~70%用于建筑设施建设或工程安装，从而转化为建筑业的产值，而建筑业产值中的30% ~40%转化为了对建材业的需求，尤其是对水泥产品的需求。2002年，我国共生产水泥约70 000万t，比2001年大幅增长了12.7%，占世界产量的1/3左右，占亚洲产量的50%多。我国水泥行业，为我国经济持续、快速发展做出了重要贡献。水泥产量的大幅度增长与我国持续快速稳定增长的宏观经济形势密切相关。

四、建筑与装饰材料检验与技术标准

建筑与装饰材料质量的优劣对工程质量起着最直接的影响，对所用建筑与装饰材料进行合格性检验，是保证工程质量的最基本环节。国家标准规定，无出厂合格证明或没有按规定复试的原材料，不得用于工程建设；在施工现场配制的材料，均应在实验室确定配合比，并在现场抽样检验。各项建筑材料的检验结果，是工程施工及工程质量验收必需的技术依据。因此，在工程的整个施工过程中，始终贯穿着材料的试验、检验工作，它是一项经常化的、责任性很强的工作，也是控制工程施工质量的重要手段之一。

产品标准化是现代工业发展的产物，是组织现代化大生产的重要手段，也是科学管理的重要组成部分。世界各国对材料的标准化都很重视，均制定了各自的标准。

目前，我国绝大多数的建筑与装饰材料都制定有产品的技术标准（见表0-2），这些标准一般包括产品规格、分类、技术要求、检验方法、验收规则、标志、运输和储存等方面的内容。

表0-2 各级标准代号

<table>
<tr><th colspan="2">标准种类</th><th colspan="2">代 号</th><th>表示方法示例</th></tr>
<tr><td rowspan="2">1</td><td rowspan="2">国家标准</td><td>GB</td><td>国家强制性标准</td><td rowspan="14">由标准名称、部门代号、标准编号、颁布年份等组成。
例如：
国家强制性标准《通用硅酸盐水泥》（GB 175—2007）；
国家推荐性标准《建筑用卵石、碎石》（GB/T 14685—2001）；
建设部行业标准《建筑砂浆基本性能试验方法》（JGJ 70—2009）</td></tr>
<tr><td>GB/T</td><td>国家推荐性标准</td></tr>
<tr><td rowspan="7">2</td><td rowspan="6">行业标准</td><td>JC</td><td>建材行业标准</td></tr>
<tr><td>JGJ</td><td>建设部行业标准</td></tr>
<tr><td>YB</td><td>冶金行业标准</td></tr>
<tr><td>JT</td><td>交通行业标准</td></tr>
<tr><td>SD</td><td>水电行业标准</td></tr>
<tr><td>SL</td><td>水利行业标准</td></tr>
<tr><td>专业标准</td><td>ZB</td><td>国家级专业标准</td></tr>
<tr><td rowspan="2">3</td><td rowspan="2">地方标准</td><td>DB</td><td>地方强制性标准</td></tr>
<tr><td>DB/T</td><td>地方推荐性标准</td></tr>
<tr><td>4</td><td>企业标准</td><td>QB</td><td>企业标准指导本企业的生产</td></tr>
</table>

各国均制定有自己的国家标准,常见的有“ANS”、“JIS”、“BS”、“DIN”,它们分别代表美国、日本、英国和德国的国家标准。“ASTM”是美国材料与试验协会标准,“ISO”是国际标准。

五、本课程的目的及任务

建筑与装饰材料既是水利、土木、建筑工程类专业的一门重要的专业基础课,又是一门实践性很强的应用型学科。学习本课程的目的是使学生掌握常用建筑与装饰材料的基本性能和特点,能够根据工程实际条件合理选择和使用各种建筑与装饰材料;掌握建筑与装饰材料的验收、保管、储存等方面的基本知识与方法,并具有进行建筑与装饰材料试验检验及其质量评定的基本技能。本课程为建筑结构、施工技术及工程预算等专业课程的学习提供必要的专业基础知识,并为今后从事专业技术工作时,合理选择和正确使用建筑与装饰材料打下基础。

本课程的任务如下:

(1)了解材料在建筑物上所起的作用和要求。

(2)了解生产常用材料的原材料、工艺流程;了解常用材料的成分和构造;掌握常用材料的技术性质,以及影响材料性质的主要因素及其相互关系。

(3)掌握常用材料的标准,熟悉其分类、分等级和规格。

(4)熟悉常用材料的测试仪器,掌握测试方法和技术。

(5)掌握常用材料的选用原则和方法。

(6)掌握工地配置材料的配置原理及方法,了解这些材料的施工注意事项。

六、本课程的特点与学习方法

(1)建筑与装饰材料的种类繁多,性能各异,涉及的基础知识广泛,各单元原则上按一种或一类材料进行编排,相互之间的联系较弱。在学习过程中,应善于分析和对比各种建筑与装饰材料的组成、主要性质与应用特点,重点掌握常用材料(水泥、混凝土、石灰、石膏、玻璃、钢材、木材、沥青、高分子材料)的基本理论、基本知识、基本技能。

(2)重视学好试验。学习常用建筑与装饰材料的检验方法——合格性判断和验收,对试验数据、试验结果进行分析判别,培养从事科学研究的能力。

(3)随着科学技术的不断进步以及和国际标准接轨的需要,政府将不断修改与制定建材产品新标准,并通过制定方针政策,不断推广应用一些新型材料和新技术,如GB(国家标准)、GBJ(建筑工程国家标准)、JGJ(建设部行业标准)、JC(建材行业标准)、YB(冶金行业标准)、JTJ(交通部行业标准)、SD(水电行业标准)及ZB(国家级专业标准)等。

单元一 建筑与装饰材料的基本性质

建筑与装饰材料的性质决定了其在工程中所起的作用，同时也是我们正确选择和合理使用材料的重要依据。

结构物的使用功能及其安全性、耐久性的要求不同，对材料性能的要求也各不相同，材料使用环境及所处建筑物或构筑物的部位不同，使其所承受物理、力学、化学作用也各不相同，因此要求建筑与装饰材料必须具有相应的基本性质。例如：结构材料（梁、板、柱等）应具有一定的力学性质，屋面材料应具有一定的防水、保温、隔热等性质，地面材料应具有较高的强度、耐磨、防滑等性质，墙体材料应具有一定的强度、保温、隔热等性质。某些工业建筑需要一定的防酸、碱、盐等腐蚀的性质。掌握建筑与装饰材料的基本性质是正确选择与合理使用建筑与装饰材料的基础。

本章所指的建筑与装饰材料的基本性质是指材料在不同使用条件和使用环境下，通常必须考虑的最基本的、共有的性质，包括材料的物理性质、力学性质、热工性质、耐久性等。

课题一 材料的组成、结构与构造

材料的组成、结构与构造是决定材料性质的内部因素。

一、材料的组成

材料的组成按其所含化学成分或物质的种类，分为化学组成和矿物组成。不同的材料组成构成不同的材料，表现不同的性质。

（一）化学组成

材料的化学组成是指构成材料的化学元素及化合物的种类及数量，它是决定材料化学性质（耐腐蚀、易燃烧等）、物理性质（耐潮湿、耐高温等）和力学性质（耐压力、耐拉力等）的重要因素。如木材轻质、可塑性好，是较好的装饰装修材料，但其耐燃烧和耐腐蚀性差；钢材轻质高强，但耐腐蚀性、耐火性和耐久性均较差，而混凝土密度较大，但其强度高，耐久性、耐火性较好，在建筑中可使二者取长补短，因此钢筋混凝土结构成为常见的结构型式。

（二）矿物组成

矿物是具有一定的化学成分和结构特征的单质或化合物。矿物组成是指构成材料的矿物的种类和数量。

相同的化学组成，若矿物组成不同，也可使材料表现不同的性质。如建筑石膏，即使化学组成相同，若掺入水泥、粒化高炉矿渣等，即可提高其耐水性。

二、材料的结构与构造

材料的结构与构造是指材料的微观组织状态和宏观组织状态各个层次构造状态的统称。组成相同而结构与构造不同的材料,其技术性质也不相同。材料的结构大体分为三个层次:微观结构、亚微观结构、宏观结构。其中,微观结构和亚微观结构称为材料的内部结构。

(一)材料的微观结构

材料的微观结构是指材料的原子和分子结构,尺寸范围为 $10^{-6} \sim 10^{-10}$ m。

材料的微观结构是影响材料物理性质和化学性质的重要因素,如材料的硬度、导热性、导电性、熔点、强度等受其影响较大。

材料的微观结构按其成因及存在形式可分为晶体结构、非晶体结构(玻璃体结构)及胶体结构。

1. 晶体结构

由质点(离子、原子或分子)在空间按规则的几何形状周期性排列而成的结构称为晶体结构。

晶体具有以下特点:

(1)具有特定的几何外形;

(2)具有各向异性;

(3)具有固定的熔点和化学稳定性;

(4)结晶接触点和晶面是晶体破坏或变形的薄弱环节。

2. 非晶体结构

非晶体结构是指熔融物质在急速冷却过程中,质点来不及按一定规则排列便凝固成固体物质,也称为无定形,如无机玻璃。非晶体结构内部储存了大量内能,具有化学不稳定性,在一定条件下易与其他物质起化学反应。

3. 胶体结构

胶体结构是指粒径为 $10^{-7} \sim 10^{-9}$ m 的固体微粒(分散相),均匀分散在连续相介质中所形成的分散体系。

在胶体结构中,若胶粒较少,结构强度及变形性质更多地受液体性质影响,此种胶体称为溶胶体。溶胶结构的流动性较好。

当分散相颗粒极细,具有很大的表面能,颗粒能自发相互吸附并形成连续的空间网状结构时,此种胶体称为凝胶体。凝胶体呈半固体或固体状态,强度较高,变形较小。

凝胶结构基本上不具流动性,但长期在剪切力(搅拌、振动等)等外力作用下,网状结构易被打开,使凝胶结构重新具有流动性,比如水泥水化物中的凝胶体。但溶胶体具有触变性,即静置一段时间后,溶胶又会慢慢恢复成凝胶。

(二)材料的亚微观结构

亚微观结构尺寸范围为 $10^{-3} \sim 10^{-6}$ m,通常要用光学显微镜才能观察到,如木材的纤维、导管、髓线等显微组织及天然岩石的矿物组织等。

在亚微观结构层次上,各种组织的特征、分布、结合情况、数量等,也都是影响材料性质的重要因素。

(三)材料的宏观结构

宏观结构(或称构造)尺寸范围在10^{-3} m以上,通常用肉眼或低倍放大镜即能分辨其结构。

材料的宏观结构与材料的性质关系密切,如材料中孔隙的大小、分布、特征的改变,都会使材料的强度、抗冻性、保温隔热、吸声等性质发生变化。

材料的宏观结构有两种分类标准,即按其孔隙特征分类和按其构成形态分类,如表1-1所示。

表1-1 材料的宏观结构分类

宏观结构分类		结构特征	常用材料
按孔隙特征分类	致密结构	无孔隙存在	玻璃、金属材料等
	微孔结构	存在均匀分布的微孔隙	石膏制品、黏土砖瓦等
	多孔结构	存在均匀分布的孤立或适当连通的粗大孔隙	加气混凝土、泡沫塑料等
按构成形态分类	复合聚集结构	由骨料和胶凝材料胶结而成	水泥混凝土、石棉水泥制品、砂浆等
	纤维结构	主要由植物纤维、矿物棉和人工纤维等纤维材料组成	木材、玻璃钢、岩棉等
	层状结构	材料叠合成层状黏结而成	胶合板、纸面石膏板等
	散粒结构	由松散颗粒组成	砂子、碎石等

课题二 材料的基本性质

一、与材料结构状态有关的基本参数

(一)密度、表观密度与堆积密度

1. 密度

密度是指材料在绝对密实状态下,单位体积的质量。其计算式为

$$\rho = \frac{m}{V} \tag{1-1}$$

式中 ρ——材料的密度,g/cm^3 或 kg/m^3;

m——材料在干燥状态下的质量,g 或 kg;

V——材料在绝对密实状态下的体积,cm^3 或 m^3。

材料在绝对密实状态下的体积,是指不包括材料内部孔隙在内的密实体积。在建筑工程材料中,除钢材、玻璃及沥青等极少数材料外,绝大多数材料内部都存在孔隙,如砖、

石材等。

材料的质量是指材料所含物质的多少。工程实际中常以重量多少来表示质量的大小。但质量与重量在概念上是有本质区别的。

在测定有孔隙材料的密度时,应先除去其内部孔隙,通常可将有孔材料磨细至粒径小于0.2 mm,干燥至恒重后用李氏瓶(密度瓶)测定其密实体积。材料磨得越细,测得体积数值越接近实际值,所测得的密度值也就越精确。

2. 表观密度

表观密度(即容重)是指材料在自然状态下,单位体积的质量。其计算式为

$$\rho_0 = \frac{m}{V_0} \tag{1-2}$$

式中 ρ_0——材料的表观密度,g/cm^3 或 kg/m^3;

m——材料的质量,g 或 kg;

V_0——材料在自然状态下的体积,cm^3 或 m^3。

材料在自然状态下的体积,是指材料的密实体积与其内部所含孔隙体积之和。

在测定材料的表观密度时,对于外形规则的材料,体积可以通过测量其外形尺寸测得,测得质量后按公式即可算得表观密度。对于不规则材料,可用蜡封住材料表面,以防止水分渗入材料内部而影响测定值,然后用排水法求得材料体积。

材料的表观密度除与材料的密度有关外,还与材料内部孔隙体积有关,材料的孔隙率越大,则材料的表观密度越小。在提供材料表观密度的同时,应提供材料的含水率,这是因为材料的表观密度受含水状态的影响,含水状态不同,材料的质量及体积均会发生改变。

3. 堆积密度

堆积密度是指材料在自然堆积状态下,单位堆积体积的质量。其计算式为

$$\rho_0' = \frac{m}{V_0'} \tag{1-3}$$

式中 ρ_0'——材料的堆积密度,kg/m^3;

m——材料的质量,kg;

V_0'——材料的堆积体积,m^3。

材料在自然状态下的堆积体积,是指散粒状材料在堆积状态下的总体外观体积,包括固体颗粒体积、颗粒内部孔隙体积和颗粒之间的空隙体积在内的总体积。

根据材料的堆积状态不同,同一材料表现的体积大小可能不同,松散堆积状态下的体积较大,密实堆积状态下的体积较小。测定材料的堆积体积时,可用一定容积的容器,其堆积体积是指该容器的容积,而质量是指容器内的材料质量。

材料的堆积密度与散粒状材料在自然堆积时颗粒间空隙、颗粒内部结构、含水状态、颗粒间被压实的程度有关。

(二)材料的孔隙率与密实度

1. 孔隙率

孔隙率是指材料内孔隙体积与材料在自然状态下总体积的百分比。其计算式为

$$P = \frac{V_0 - V}{V_0} \times 100\% = \left(1 - \frac{\rho_0}{\rho}\right) \times 100\% \qquad (1\text{-}4)$$

式中　P——材料的孔隙率(%)；

V——材料中固体物质的体积，cm^3；

ρ_0——材料的表观密度；

其他符号含义同前。

材料的孔隙分为开口孔隙和闭口孔隙两种：开口孔隙是指材料内部孔隙彼此贯通，且与外界连通，浸水时，材料即可吸水至饱和；闭口孔隙是指材料内部孔隙各自封闭，且与外界不连通，水分和其他介质均不易侵入。

孔隙率反映了材料内部孔隙的多少，它会直接影响材料的多种性质。孔隙率越大，则材料的表观密度、强度越小，耐磨性、抗冻性、抗渗性、耐腐蚀性、耐水性及耐久性越差，而保温性、吸声性、吸水性与吸湿性越强。

常用材料的密度、表观密度及孔隙率见表1-2。

表1-2　常用材料的密度、表观密度及孔隙率

材料	密度(g/m^3)	表观密度(g/cm^3)	孔隙率(%)
花岗岩	2.60～2.90	2.50～2.80	0.5～1.0
普通黏土砖	2.50～2.80	1.50～1.80	20～40
普通混凝土	—	2.30～2.50	5～20
沥青混凝土	—	2.30～2.40	2～4
松木	1.55～1.60	0.38～0.70	55～75
砂	2.60～2.70	1.40～1.60	40～45
建筑钢材	7.85	7.85	0

2. 密实度

密实度是指材料的体积内被固体物质充实的程度。其计算式为

$$D = \frac{V}{V_0} \times 100\% = \frac{\rho_0}{\rho} \times 100\% = 1 - P \qquad (1\text{-}5)$$

式中　D——材料的密实度(%)；

其他符号含义同前。

材料的密实度是与孔隙率相对应的概念。它与孔隙率一样均能直接反映材料的密实程度，材料的孔隙率大，则密实度低。许多材料的强度、吸水性、耐久性等性质均与其孔隙率及密实度有关。

(三)材料的填充率与空隙率

1. 填充率

填充率是指散粒材料的堆积体积中，被其颗粒所填充的程度。其计算式为

$$D' = \frac{V_0}{V_0'} \times 100\% = \frac{\rho_0'}{\rho_0} \times 100\% \tag{1-6}$$

式中 D'——散粒状材料在堆积状态下的填充率(%);

其他符号含义同前。

2. 空隙率

空隙率是指散粒材料在松散状态下,颗粒之间的空隙体积与材料自然堆积体积的百分比。其计算式为

$$P' = \frac{V_0' - V}{V_0'} \times 100\% = (1 - \frac{\rho_0'}{\rho_0}) \times 100\% = 1 - D' \tag{1-7}$$

式中 P'——散粒状材料在堆积状态下的空隙率(%);

其他符号含义同前。

二、材料与水有关的性质

(一)亲水性与憎水性

亲水性是指材料与水接触时能被水润湿的性质,具备这种亲水性质的材料称为亲水性材料。憎水性是指材料与水接触时不能被水润湿的性质,具备这种憎水性质的材料即为憎水性材料。

当材料与水接触时,在材料、水、空气三相的界面交点,沿水滴表面作切线,此切线与材料和水接触面的夹角 θ 称为润湿边角,如图 1-1 所示。

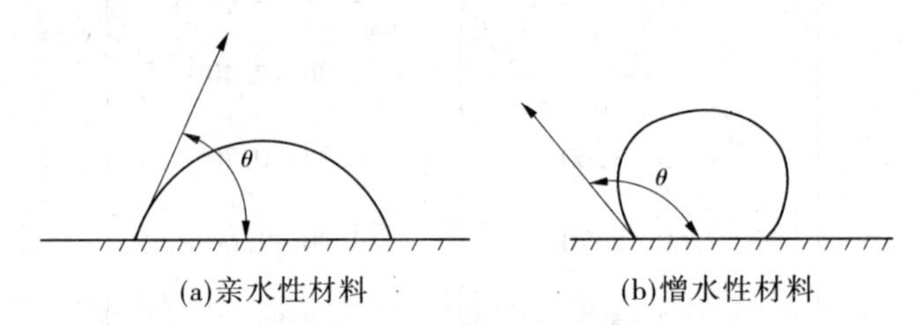

(a)亲水性材料　　(b)憎水性材料

图 1-1　材料的润湿示意

润湿边角可用来表示材料与水的亲水性或憎水性。一般地,当 $\theta \leqslant 90°$ 时,水分子之间的内聚力小于材料与水分子之间的吸引力,表现为吸水性,此种材料称为亲水性材料,如砖、木材、混凝土等。特殊地,当 $\theta = 0°$ 时,固体完全被湿润。当 $\theta > 90°$,材料与水接触时,水分子之间的内聚力小于材料与水分子之间的吸引力,固体不能被湿润,材料则表现为憎水性,此种材料称为憎水性材料,如沥青制品、各种涂料、石蜡等。

土木工程中,依据材料与水亲和性的不同,可适用于不同条件,如憎水性材料可作为防水材料,或作为亲水性材料的表面处理以降低其吸水性。

(二)吸水性与吸湿性

1. 吸水性

多数材料由于具有亲水性及开口孔隙,其内部常含有水分。

材料在水中吸收水分的性质称为吸水性。材料吸水性大小常用质量吸水率表示,有时也可以用体积吸水率表示。

1)质量吸水率

质量吸水率是指材料在吸水饱和时,内部所吸水分的质量占材料干燥状态下质量的百分率。其计算式为

$$W_m = \frac{m_{饱} - m}{m} \times 100\% \tag{1-8}$$

式中 W_m——材料的质量吸水率(%);

m——材料在干燥状态下的质量,g;

$m_{饱}$——材料在吸水饱和状态下的质量,g。

2)体积吸水率

体积吸水率是指材料在吸水饱和时,其内部所吸水分的体积占干燥材料自然状态体积的百分率。其计算式为

$$W_V = \frac{m_{饱} - m}{V_0} \times \frac{1}{\rho_w} \times 100\% \tag{1-9}$$

式中 W_V——材料的体积吸水率(%);

ρ_w——水的密度,g/cm^3;

V_0——材料自然状态下的体积,cm^3;

其他符号含义同前。

材料的质量吸水率与体积吸水率之间的关系如下

$$W_V = W_m \cdot \rho_0 \cdot \frac{1}{\rho_w} = W_m \cdot \rho_0 \tag{1-10}$$

在大多数情况下,吸水率是按质量吸水率计算的,但多孔材料的吸水率一般是用体积吸水率表示的。

材料的吸水率与孔隙率有关,更与孔隙特征有关。因为水分是通过材料的开口孔隙吸入,并经过连通孔隙渗入内部的,材料内部与外界连通的孔隙越多,其吸水率就越大。

2.吸湿性

吸湿性是指材料在潮湿空气中吸收水分的性质。材料的吸湿性用含水率表示。含水率是指材料内部所含水的质量占材料干燥质量的百分率。其计算式为

$$W_{含} = \frac{m_{含} - m}{m} \times 100\% \tag{1-11}$$

式中 $W_{含}$——材料的含水率(%);

$m_{含}$——材料含水时的质量,g;

m——材料干燥至恒重时的质量,g。

材料的吸湿性与其所处环境关系密切,若空气湿度较大,干燥的材料能吸收空气中的水分,逐渐变湿;若空气较干燥,湿润的材料则又会失去水分,逐渐变干,最终材料中的水分与周围空气的湿度达到平衡。材料在正常使用状态下,均处于平衡含水率状态。

材料吸湿后,其性能将受到影响,比如材料吸湿后,其保温隔热性能将大大降低;木材吸湿后,不但会引起尺寸的变化,其强度也将大大降低;承重材料吸湿后,其强度会发生变化。因此,工程上选择材料时,必须充分考虑材料的吸湿性,以采取相应的防护措施。

（三）材料的耐水性

材料长期在饱和水作用下保持原有功能不破坏，强度也不显著降低的性质称为耐水性。对于结构材料，耐水性主要指强度变化；对于装饰材料则主要指颜色、光泽、外形的变化，以及是否起泡、起层等，即材料不同，耐水性的表示方法也不同。结构材料的耐水性用软化系数表示。其计算式为

$$K_{软} = \frac{f_{饱}}{f_{干}} \tag{1-12}$$

式中　$K_{软}$——材料的软化系数；

$f_{饱}$——材料在吸水饱和状态下的抗压强度，MPa；

$f_{干}$——材料在干燥状态下的抗压强度，MPa。

软化系数值的大小表明材料浸水后强度降低的程度。材料在水作用下，强度均会降低，软化系数值越高，强度降低得越少。不同结构材料的耐水性差别很大，软化系数的波动范围为0～1。因此，软化系数是建筑工程中选择材料的一个重要参数。软化系数小的材料耐水性差，其使用受到周围环境的限制。一般来说，次要结构物或受潮较轻的结构所用的材料的软化系数值应为0.75～0.85；而受水浸泡或处于潮湿环境的重要结构中的材料，其软化系数值应为0.85～0.90；特殊情况下，软化系数值应更高。软化系数大于0.85的材料，通常可认为是耐水性材料。

材料的耐水性与材料的亲水性、可溶性、孔隙率、孔隙特征等均有关。

（四）材料的抗渗性

材料的抗渗性是指材料在压力水作用下，抵抗其渗透的性质。材料的抗渗性通常用渗透系数 K 表示。

渗透系数的物理意义是：一定厚度的材料，在一定水压力下，在单位时间内透过单位面积的水量。用公式表示为

$$K = \frac{Qd}{Ath} \tag{1-13}$$

式中　Q——透过材料试件的水量，cm^3；

t——透水时间，h；

A——透水面积，cm^2；

h——静水压力水头，cm；

d——试件厚度，cm。

渗透系数 K 值愈小，材料的抗渗性愈好。

材料的抗渗性用抗渗等级表示，抗渗等级是以标准试件在标准试验方法下所能承受的最大静水压力来确定的。其计算式为

$$P = 10H - 1 \tag{1-14}$$

式中　P——抗渗等级；

H——试件开始渗水时的水压力，MPa。

例如：P8、P10分别表示材料能承受0.8 MPa、1.0 MPa的水压力而不渗水。

材料的抗渗性与其亲水性、孔隙率、孔隙特征和缺陷等有关，比如孔隙率越小，或孔隙

间彼此封闭，则抗渗性越好。土木工程中，对于地下建筑等结构物，由于经常受到压力水作用，所选用的材料应具有一定的抗渗性，尤其对于防水材料，其对抗渗性的要求更高。另外，也可以通过对材料进行憎水处理、减少孔隙率、改善孔隙特征（减少开口孔和连通孔）、防止产生裂缝及其他缺陷等方法以增强材料的抗渗性。

（五）材料的抗冻性

材料的抗冻性是指材料在吸水饱和状态下，能经受多次冻融循环作用而不破坏，也不显著降低强度的性质。

材料在冻融循环作用下破坏的主要机理是材料内部含有水分，水结冰时体积膨胀，冰融化时体积收缩，这种反复作用导致材料被破坏。

材料的抗冻性用抗冻等级 F*n* 表示。抗冻等级是以规定的试件，在规定试验条件下，测得其强度降低不超过 25%，且质量损失不超过 5% 时所能承受的最多的循环次数来表示。如 F50 表示材料在吸水饱和状态下，最多经受 50 次冻融循环作用而不破坏。

材料的抗冻等级是土木工程中选择材料的一个重要参数，选择材料的抗冻等级，可根据结构物的种类、所处环境、气候条件等共同决定。处于水位变化范围内的材料，受到冻融循环的影响较严重，因而对抗冻性的要求较高。

材料抗冻性受多种因素的影响，主要有材料的孔隙率、孔隙连通与否、吸水率等，工程中常从这些方面改善材料的抗冻性。通常，孔隙率越小材料抗冻性越高，封闭孔隙多的材料抗冻性高，含水量及吸水率小的材料抗冻性高。

三、材料的力学性质

（一）材料的强度

材料在外力作用下，抵抗破坏的能力，称为材料的强度，以材料受外力破坏时单位面积上所承受的力的大小来表示。

工程上，材料常受到拉、压 、弯、剪等外力作用，依据外力作用形式的不同，材料的强度分为抗拉强度、抗压强度、抗弯强度及抗剪强度等。表 1-3 列出了材料的抗压强度、抗拉强度、抗剪强度和抗弯强度的计算公式。

（二）材料的强度等级

材料的强度是大多数材料划分等级的依据。例如：烧结普通砖按抗压强度分为 5 个等级，即 MU30 、MU25 、MU20 、MU15 、MU10；矿渣硅酸盐水泥按 3 d 和 28 d 的抗压强度和抗折强度分为以下几个等级，即 32. 5 、32. 5R 、42. 5 、42. 5R 、52. 5 、52. 5R；普通混凝土按抗压强度分为 14 个等级，即 C15 、C20 、… 、C80；碳素结构钢按抗拉强度分为 5 个等级，即 Q195 、Q215 、Q235 、Q255 、Q275。

建筑材料的强度等级，对生产者和使用者均有重要的意义，所以必须通过标准试件的破坏试验而测得，且须严格按照国家规定的标准试验方法进行。它可使生产者在生产中控制产品质量时有依据，从而确保产品的质量。对使用者而言，则有利于掌握材料的性能指标，便于合理选用材料、正确进行设计和控制工程施工质量。

表 1-3　材料的抗压强度、抗拉强度、抗剪强度和抗弯强度计算公式

强度类别	受力作用示意图	强度计算式	附注
抗压强度f_c（MPa）	F F	$f_c=\frac{F}{A}$	F——破坏荷载，N； A——受荷面积，mm^2； l——跨度，mm； b——断面宽度，mm； h——断面高度，mm
抗拉强度f_t（MPa）	F F	$f_t=\frac{F}{A}$	
抗剪强度f_v（MPa）	F F	$f_v=\frac{F}{A}$	
抗弯强度f_{tm}（MPa）	F l b h	$f_{tm}=\frac{3Fl}{2bh^2}$	

材料的强度与其组成及结构有关。相同种类的材料，其组成、结构特征、孔隙率、试件形状、表面状态、含水率、温度及试验时的加荷速度等对材料的强度都有影响。

常用建筑与装饰材料的强度如表 1-4 所示。

表 1-4　常用建筑与装饰材料的强度　（单位：MPa）

材料	抗压强度	抗拉强度	抗弯强度
花岗岩	100 ~ 250	5 ~ 8	10 ~ 14
烧结普通砖	7.5 ~ 30	—	—
普通混凝土	7.5 ~ 60	1 ~ 4	1.8 ~ 4.0
松木（顺纹）	30 ~ 50	80 ~ 120	60 ~ 100
建筑钢材	235 ~ 1 600	235 ~ 1 600	—

（三）材料的比强度

比强度是按单位体积质量计算的材料强度指标，其值等于材料强度与其表观密度之比。比强度是衡量材料轻质高强性能的重要指标。对不同强度的材料进行比较，可采用比强度这个指标。优质的结构材料，必须具有较高的比强度。几种主要材料的比强度如表 1-5所示。

表 1-5　钢材、木材和混凝土的比强度

材料	表观密度 ρ_0(kg/m^3)	抗拉强度 f_t(MPa)	比强度 f_t/ρ_0
低碳钢	7 860	415	0.053
松木(顺纹)	500	100	0.200
普通混凝土	2 400	29.4	0.012
玻璃钢	2 000	450	0.225
铝合金	2 800	450	0.160

由表 1-5 可知,玻璃钢和木材是轻质高强的高效能材料,而普通混凝土为质量大而强度较低的材料,所以努力促进普通混凝土这一当代最重要的结构材料向轻质、高强方向发展,是一项十分重要的工作。

(四)材料的弹性与塑性

材料的弹性是指材料在外力作用下会产生变形,取消外力后,材料变形即可消失并能完全恢复原来形状的性质。材料的这种取消外力后瞬间即可完全恢复的变形,称为弹性变形。弹性变形属可逆变形,其数值大小与外力成正比,其比例系数 E 称为材料的弹性模量。弹性模量计算式如下

$$E = \frac{\sigma}{\varepsilon} \tag{1-15}$$

式中　σ——材料所受的应力,MPa;

ε——材料的应变;

E——材料的弹性模量,MPa。

弹性模量 E 的大小随材料而异,但同一材料在弹性变形范围内,弹性模量为常数。弹性模量是衡量材料抵抗变形能力的一个指标,是建筑工程结构设计和变形验算所依据的重要参数。E 值越大,材料越不易变形,刚度亦越好。

材料的塑性是指在外力作用下材料会产生变形,即使取消外力后,材料仍保持变形后的形状尺寸无法恢复,并且不产生裂缝的性质。这种消除外力后不能恢复的变形,称为塑性变形。塑性变形不可逆,是永久变形。

工程实际中,理想的弹性材料或塑性材料很少见,大多数材料的力学变形既有弹性变形,也有塑性变形。通常,一些材料在受力不大时,仅产生弹性变形。实际上,材料在工作状态下,受力超过一定极限后,即产生塑性变形,如建筑钢材;当所受外力小于弹性极限时,仅产生弹性变形;而外力大于弹性极限后,则除弹性变形外,还产生塑性变形。

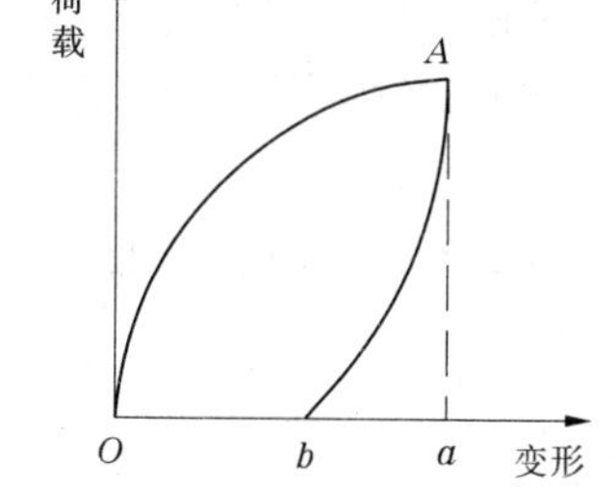

图 1-2　弹塑性材料的变形曲线

弹塑性材料的变形曲线如图 1-2 所示。施加荷载后,材料变形量为 Oa;荷载卸除后,材料变形量为 Ob。图 1-2 中 ab 为可恢复的弹性变形,Ob 为不可恢复的塑性变形。

(五)材料的脆性与韧性

材料的脆性是指材料在外力作用下,当外力达到一定限度后,材料发生突然破坏,且破坏时无明显的塑性变形的性质。

具有脆性性质的材料称为脆性材料,建筑与装饰材料中大部分无机非金属材料属于脆性材料,天然普通混凝土、黏土砖、岩石、陶瓷、玻璃、铸铁等均是典型的脆性材料。脆性材料的抗压强度远大于抗拉强度,可高达数倍甚至数十倍,宜用做承压构件,不宜用做受拉构件,也不宜抵抗冲击荷载或振动荷载。

材料的韧性是指在冲击荷载或振动荷载作用下,能吸收较大的能量,产生一定的变形而不发生突然破坏的性质。如建筑钢材、木材等属于韧性较好的材料。韧性材料的抗拉强度与抗压强度接近,在受到冲击荷载时,变形量大,尤其是塑性变形大,不会发生突然性的脆断。材料的韧性值用冲击韧性指标 a_k 表示。冲击韧性指标是指用带缺口的试件做冲击破坏试验时,断口处单位面积所吸收的功。其计算公式为

$$a_k = \frac{A_k}{A} \tag{1-16}$$

式中 a_k——材料的冲击韧性指标,J/mm^2;

A_k——试件破坏时所消耗的功,J;

A——试件受力净截面面积,mm^2。

在建筑工程中,对于要求承受冲击荷载和有抗震要求的结构,如吊车梁、桥梁、路面等所用的材料,仅用强度指标并不能反映材料承受动荷载的能力,材料还应具有较高的韧性。

(六)材料的硬度、耐磨性

1. 硬度

硬度是材料表面能抵抗较硬物体刻划或压入的能力。测定材料的硬度方法很多,通常采用的有刻划法和压入法两种。

刻划法是通过对材料的划痕来确定所测材料的硬度的方法,称为莫氏硬度。天然矿物的硬度常用刻划法测定。矿物硬度分为 10 级,其硬度的递增顺序为:滑石、石膏、方解石、萤石、磷灰石、正长石、石英、黄玉、刚玉、金刚石。

压入法是以一定的压力将一定规格的钢球或金刚石制成的尖端压入试样表面,根据压痕的面积或深度测定材料硬度的方法,常用的有布氏法、洛氏法、维氏法。钢材、木材及混凝土等的硬度常用钢球压入法测定。

工程中材料的硬度在一定程度上表明材料的耐磨性和加工难易程度。通常,材料的硬度愈大,其耐磨性愈好,但不易加工。

2. 耐磨性

耐磨性是材料表面抵抗磨损的能力。材料的耐磨性用磨损率(B)表示,其计算公式为

$$B = \frac{m_1 - m_2}{A} \tag{1-17}$$

式中 B——材料的磨损率,g/cm^2;

m_1——材料磨损前的质量，g；

m_2——材料磨损后的质量，g；

A——试件受磨损的面积，cm^2。

材料的耐磨性与材料的组成、结构、强度、硬度、密实度、孔隙率、孔隙特征、表面缺陷等有关。在建筑工程中，踏步、台阶、地面，以及路桥工程中的路面、墩台等，由于长期受摩擦或冲击作用，其材料应具有较高的耐磨性。一般来说，强度较高且结构致密的材料，其硬度较大，耐磨性较好。但是硬度和耐磨性也不是越高越好，例如，用于水磨石中的石子就要求硬度和耐磨性差一些，以便于打磨。

课题三　材料的其他性质

一、材料的热工性质

材料的热工性质是建筑热工学的重要研究课题之一，通常用导热系数、比热容来表示建筑与装饰材料的热物理性能。

（一）材料的导热性

材料传递热量的性质称为导热性，以导热系数表示，即

$$\lambda = \frac{Qa}{At(T_2 - T_1)} \tag{1-18}$$

式中　λ——材料的导热系数，W/(m·K)；

Q——总传热量，J；

a——材料厚度，m；

A——热传导面积，m^2；

t——热传导时间，h；

$T_2 - T_1$——材料两侧温度差，K。

材料的导热系数 λ 越小，其传导的热量就越少，材料的绝热性能越好。通常把导热系数小于 0.23 W/(m·K)的材料称为绝热材料。影响材料导热系数的主要因素有材料的物质构成、微观结构、孔隙构造、湿度、温度、表观密度、热流方向等。

当材料的表观密度小、孔隙率大、闭口孔隙多、孔分布均匀、含水率小时导热性差，绝热性好。通常所说材料的导热系数是指干燥状态下的导热系数，材料一旦吸水或受潮，导热系数会显著增大，绝热性变差。

各种建筑与装饰材料的热物理性能差异很大，在建筑设计中应根据结构功能、所处环境等正确选用，并且在施工过程中应注意防止因施工不当而造成热物理性能的降低。

（二）材料的热容性

材料受热时吸收热量，冷却时放出热量，其吸收或放出的热量按下式计算

$$Q = Cm(T_2 - T_1) \tag{1-19}$$

式中　C——材料的比热容，J/(g·K)；

Q——材料吸收或放出的热量，J；

m——材料的质量,g;

$T_2 - T_1$——材料受热或冷却前后的温度差,K。

1. 材料的比热容

材料比热容的物理意义表示:1.00 g材料温度升高或降低1.00 K时吸收或放出的热量。

材料比热容的大小主要取决于材料的化学成分和有机物含量的多少。材料不同,比热容的大小也不同。无机材料的比热容一般为0.84~1.26 J/(g·K),有机材料的比热容一般为1.26~2.51 J/(g·K),建筑用的金属材料的比热容约为0.42 J/(g·K)。

材料中比热容最大的是水,约为4.20 J/(g·K),远大于一般材料,因此材料含水量增加,比热容数值会明显增大,大多数材料的比热容均具有这一性质。

几种常见材料的热工性质见表1-6。

表1-6　几种常见材料的热工性质

材料	导热系数(W/(m·K))	比热容(J/(g·K))
铜	370	0.38
钢	55	0.46
花岗岩	2.9	0.80
烧结普通砖	0.55	0.84
水泥混凝土	1.8	0.88
密闭空气	0.025	1.00
冰	2.20	2.05
水	0.6	4.20
松木(横纹)	0.15	1.63
泡沫塑料	0.03	1.30

2. 材料的热容

材料的热容是指材料比热容与其质量的乘积。材料的热容越大,温度升高时其吸收的热量就越多,适合用于建筑物的围护结构。夏季,可降低室内的升温速度,冬季采暖后,若短期内停止采暖,则亦可以降低室内的降温速度。

(三)耐燃性与耐火性

1. 耐燃性

材料的耐燃性是指材料抵抗燃烧的性质,是影响建筑物防火和耐火等级的重要因素。根据《建筑材料及制品燃烧性能分级》(GB 8624—2006),建筑材料及制品按其燃烧性能分为四级,如表1-7所示。

表 1-7　建筑材料及制品的燃烧性能等级

等级	燃烧性能	燃烧特性
A	不燃性	在空气中受到火烧或高温作用时不起火、不燃烧、不碳化的材料，如金属材料及无机矿物材料
B1	难燃性	在空气中受到火烧或高温作用时难起火、难微燃、难碳化，当离开火源后燃烧或微燃立即停止的材料，如沥青混凝土、水泥刨花板等
B2	可燃性	在空气中受到火烧或高温作用时立即起火或微燃，且离开火源后仍继续燃烧或微燃的材料，如木材、部分塑料制品等
B3	易燃性	在空气中受到火烧或高温作用时立即起火，并迅速燃烧，且离开火源后仍继续燃烧的材料，部分未经阻燃处理的塑料、纤维织物等

2001 年修订的《建筑内部装修设计防火规范》(GB 50222—1995)给出了常用建筑装饰材料的燃烧等级，如表 1-8 所示。

表 1-8　常用建筑装饰材料的燃烧等级

材料类别	级别	材料举例
各部位材料	A	花岗石、水泥制品、混凝土制品、石膏板、石灰制品、黏土制品、玻璃、瓷砖、马赛克、钢铁、铝、铜合金等
顶棚材料	B1	纸面石膏板、纤维石膏板、水泥刨花板、矿棉装饰吸声板、玻璃棉装饰吸声板、珍珠岩装饰吸声板、难燃胶合板、铝箔玻璃钢复合材料等
墙面材料	B1	纸面石膏板、纤维石膏板、水泥刨花板、矿棉板、玻璃棉板、难燃胶合板、难燃中密度纤维板、防火塑料装饰板、难燃双面刨花板等
	B2	各类天然木材、木制人造板、竹材、纸制装饰板、塑料贴面装饰板、聚脂装饰板、胶合板、塑料壁纸、无纺贴墙布、墙布、复合壁纸、人造革等
地面材料	B1	硬 PVC 塑料地板，水泥刨花板、水泥木丝板、氯丁橡胶地板等
	B2	半硬质 PVC 塑料地板、PVC 卷材地板、木地板氯纶地毯等
装饰织物	B1	经阻燃处理的各类难燃织物等
	B2	纯毛装饰布、纯麻装饰布、经阻燃处理的其他织物等
其他装饰材料	B1	聚氯乙烯塑料、酚醛塑料、聚碳酸酯塑料、聚四氟乙烯塑料、三聚氰胺、脲醛塑料、硅树脂塑料装饰型材、经阻燃处理的各类织物等
	B2	经阻燃处理的聚乙烯、聚丙烯、聚氨酯、聚苯乙烯、玻璃钢、化纤织物、木制品等

2. 耐火性

材料的耐火性是指材料抵抗高热或火的作用，保持其原有性质的能力。金属材料、玻璃等虽属于不燃性材料，但在高温或火的作用下在短时间内就会变形、熔融，因而不属于耐火材料，建筑与装饰材料或构件的耐火性常用耐火极限表示。耐火极限是指按规定方法，从材料受到火的作用，直到材料失去支持能力、完整性被破坏或失去隔火作用的时间，以 h 或 min 计。如无保护层的钢柱，其耐火极限仅有 0. 25 h。

二、材料的耐久性

（一）概念

材料的耐久性是指在环境的多种因素作用下，用于建筑物的材料不变质、不破坏，长久地保持其使用性能的能力。

耐久性是材料的一项综合性质，诸如抗冻性、抗风化性、抗老化性、耐化学腐蚀性等均属耐久性的范围。

此外，材料的强度、抗渗性、耐磨性等也与耐久性关系密切。

（二）环境影响因素

在建筑物使用过程中，材料长期受到周围环境和各种自然因素的破坏，一般可分为物理作用、化学作用、生物作用、机械作用等。比如钢材易受氧化而锈蚀。

物理作用包括材料的干湿变化、温度变化及冻融变化等。这些变化会使材料体积产生膨胀或收缩，或导致内部裂缝的扩展，长久作用后会使材料产生破坏。无机金属材料常因氧化、风化、碳化、溶蚀、冻融、热应力、干湿交替作用而破坏。

化学作用包括酸、碱、盐等物质的水溶液及气体对材料产生的侵蚀作用，使材料发生质的变化而破坏。

生物作用是昆虫、菌类等对材料所产生的蛀蚀腐朽等破坏作用。如木材等有机材料受这类影响较大，常因腐烂、虫蛀、老化而变质。

（三）提高材料耐久性的措施

（1）设法减轻大气或其他介质对材料的破坏作用，如降低温度、排除侵蚀性物质等；

（2）提高材料本身的密实度，改变材料的孔隙构造；

（3）适当改变成分，进行憎水处理及防腐处理；

（4）在材料表面设置保护层，如抹灰、做饰面、刷涂料等。

提高材料的耐久性，对保证建筑物的正常使用，减少使用期间的维护费用，延长建筑物的使用寿命，起着非常重要的作用。

三、材料的装饰性

用于建筑物内外墙面、柱面、地面、顶棚等处的建筑与装饰材料除要求耐水、耐侵蚀、耐火、耐脏等要求外，还应具有一定的装饰性。在选择和使用装饰材料时，应充分了解其各种物理特性，合理使用材料，以达到最佳的装饰效果。主要从以下几个方面衡量其装饰效果。

（一）装饰材料的色彩

色彩是构成建筑物外观，乃至影响周围环境的重要因素。颜色对人的心理是有影响的，通常，白色给人以明快、清新的感觉，红、橙、黄色让人感到温暖、热烈，绿、蓝色使人感觉宁静、清凉。但同样的颜色针对每个个体的感受也有细微的差别。

选择材料色彩时，要注意环境色及光对装饰材料的影响，准确地判断装饰材料的颜色，并尽可能准确地判断出使用该种装饰材料后的真实色彩效果。

（二）装饰材料的光泽

光泽是材料表面的一种特性，其重要性仅次于色彩。

装饰材料的光泽取决于表面的粗糙程度和材料本身对光的反射能力。同一种颜色的装饰材料，由于其表面的粗糙度和对光线的反射能力不同，会呈现鲜艳或灰暗。

（三）装饰材料的质感

装饰材料的表面组织有多种多样的特征，有细致的或粗糙的、有坚实的或疏松的、有平整的或凹凸不平的等，因此会给人不同的质感，不同的质感则会引起人们不同的感觉。合理地利用装饰材料的表面肌理可取得良好的装饰效果。比如粗糙的混凝土火砖的表面，显得较为厚重、粗犷；滑腻的玻璃和铝合金表面，显得较为轻巧、活泼。

（四）装饰材料的规格和立体造型

现在很多装饰材料都做成了具有一定立体造型的成品或者半成品，例如石膏线、石膏花以及各种柱饰材料等，其基本的形状已经做好，只需在安装后进行简单的表面处理就行，这便大幅度地提高了施工的效率。另外，板材、块材和卷材等装饰材料，其形状、大小都有一定的规格，以便于使用时拼装成各种花式、图案。对于各种装饰材料表面的天然花纹（如天然石材）、纹理（如木材）或人造的花纹与图案（如壁纸）等，也有特定的规格要求。

思考题

1-1　什么是材料的密度、表观密度和堆积密度？材料的强度和强度等级有什么关系？比强度的意义是什么？

1-2　500 g 河砂烘干至恒重时的质量为 483 g，求此河砂的含水率。

1-3　有一块烧结普通砖，在吸水饱和的状态下重 2 900 g，其烘干以后的质量为 2 550 g，砖的尺寸为 240 mm×115 mm×53 mm，经过干燥并将其磨成细粉后取 50 g，用排水法测得其绝对密实体积为 18.62 cm^3。试计算该烧结普通砖的吸水率、密度、表观密度、孔隙率。

1-4　某石灰岩的密度为 2.62 g/cm^3，孔隙率为 1.2%，今将该石灰岩破碎成碎石，碎石的堆积密度为 1 580 kg/m^3，试计算该碎石的表观密度和空隙率。

1-5　什么是亲水性材料和憎水性材料？如何改变材料的亲水性？如何利用这一原理提高材料的防水性能？

1-6　材料的弹性与塑性、脆性与韧性有什么区别？

1-7　评价材料的热工性，常用的参数有哪几个？若要保持建筑物内温度的稳定性，并减少热量的损失，应该选择什么的建筑与装饰材料？

1-8　什么是材料的耐久性？若要提高材料的耐久性，可采取哪些措施？

单元二　无机气硬性胶凝材料

建筑工程中将能够把散粒状材料(砂子、石子等)、块状材料(砖、砌块等)、板材(石膏板、水泥板等)等胶结为整体,并具有一定强度的材料称为胶凝材料。胶凝材料按其化学成分可分为有机胶凝材料和无机胶凝材料。有机胶凝材料包括建筑上常用的各种沥青、橡胶、各种天然与合成树脂等。无机胶凝材料按硬化条件分为气硬性胶凝材料和水硬性胶凝材料。气硬性胶凝材料只能在空气中凝结硬化,也只能在空气中保持和发展其强度。常用的气硬性胶凝材料有石灰、石膏、菱苦土、水玻璃等。水硬性胶凝材料则既能在空气中硬化,又能在水中更好地硬化,并保持和发展其强度。常用的水硬性胶凝材料有各种水泥。

气硬性胶凝材料的耐水性差,遇水或在潮湿环境下,强度迅速下降,不宜用于潮湿环境;水硬性胶凝材料的耐水性好,遇水或在潮湿环境下,强度上升,可用于潮湿环境或水中。

课题一　石　膏

石膏是一种气硬性胶凝材料,主要成分为硫酸钙,常用的石膏胶凝材料有建筑石膏、高强石膏、无水石膏、高温煅烧石膏等。纯净的石膏呈现无色透明或白色,但天然石膏因为含有杂质而常呈现灰色、褐色、黄色、红色、黑色等。

一、石膏胶凝材料的生产

(一)原材料

1. 生石膏

天然二水石膏即为生石膏,也称为软石膏,主要成分为二水硫酸钙($CaSO_4 \cdot 2H_2O$),它是生产建筑石膏最主要的原料。

2. 硬石膏

硬石膏指天然无水石膏($CaSO_4$),不含结晶水,与生石膏的差别在于无水石膏质地较硬。通常用于生产建筑石膏制品或添加剂。

3. 化工石膏

化工石膏指含有二水硫酸钙或二水硫酸钙与硫酸钙混合物的化工副产品。如氟石膏是生产氢氟酸时的废料,磷石膏是生产磷酸和磷肥时的废料等。此外,生产建筑石膏的原料还有盐石膏、芒硝石膏、钛石膏等,但性能不及用生石膏制得的建筑石膏。

(二)生产工艺及产品

生产石膏的原材料在加热、煅烧、制备石膏胶凝材料的过程中,其产品的性能随着温度和压力的不同而变化较大。

1. 建筑石膏

常压下将生石膏在炉窑加热至107～170 ℃进行煅烧，部分结晶水脱去，再将其磨细成白色粉状物，制得β型半水石膏，即为建筑石膏（$CaSO_4 \cdot \frac{1}{2}H_2O$），又称为熟石膏，也是最常用的建筑石膏。其反应式如下

$$CaSO_4 \cdot 2H_2O \rightarrow CaSO_4 \cdot \frac{1}{2}H_2O + \frac{3}{2}H_2O \quad (2\text{-}1)$$

2. 高强石膏

若将生石膏在125 ℃、0.13 MPa过饱和蒸汽条件下的蒸压锅内蒸炼，再将其磨细则制得α型半水石膏，又称为高强石膏。其晶粒较β型半水石膏粗，密实度大，拌制相同稠度的石膏浆体时需水量较少，因此硬化后强度较β型半水石膏高得多。

3. 硬石膏水泥

将生石膏的煅烧温度升高到170～200 ℃时，半水石膏迅速脱水，成为脱水半水石膏。

二、建筑石膏的凝结硬化

建筑石膏的凝结硬化是指将建筑石膏加水拌和后，与水发生水化反应生成二水硫酸钙的过程。反应式如下

$$CaSO_4 \cdot \frac{1}{2}H_2O + \frac{3}{2}H_2O \rightarrow CaSO_4 \cdot 2H_2O \quad (2\text{-}2)$$

建筑石膏水化和凝结硬化是相互交叉而连续进行的过程。建筑石膏水化和凝结硬化机理可简单描述为：由于二水石膏的溶解度仅为半水石膏溶解度的1/5，因此二水石膏首先从饱和溶液中结晶析出，促使半水石膏继续溶解和水化，这一反应过程连续不断进行，直至半水石膏全部水化生成二水石膏。随着水化反应的不断进行，自由水分被水化和蒸发而不断减少，加之生成的二水石膏微粒不断增加，且又比半水石膏细、比表面积大，吸附更多的水，从而使石膏浆体很快失去塑性，即为凝结；又随着二水石膏微粒结晶长大，浆体继续变稠，晶体颗粒逐渐互相搭接、交错、共生，从而产生强度，即硬化。

凝结硬化过程中生成的二水硫酸钙与生石膏分子式相同，但由于结晶度和结晶形态不同，两者的物理力学性能产生差异。

三、建筑石膏的技术性质

（一）凝结硬化快

一般建筑石膏在加水后数分钟内便失去塑性而初凝，整个凝结硬化、产生强度的过程只需20～30 min，因此施工时须加入缓凝剂以延长凝结时间，如硼砂、柠檬酸、经石灰处理的动物胶（掺量0.1%～0.2%）、亚硫酸酒精废液（掺量1%）、聚乙烯醇等，但会降低石膏制品的强度。

（二）体积微膨胀

建筑石膏凝结硬化过程会产生0.5%～1%的体积膨胀。这与其他胶凝材料（如石灰）在硬化时体积收缩是不同的。这种凝结硬化过程中体积微膨胀的特性，使得石膏制

品表面光滑、轮廓清晰、体形饱满、纹理细致、尺寸精准、无收缩裂纹;建筑石膏呈洁白色,杂质含量越少,颜色越白,且保色性好,加入各种颜料后可以调制成彩色石膏制品,具有很好的装饰性,因而适用于制作建筑装饰制品和刷面。

(三)强度较低,但强度发展较快

为保证石膏浆体的塑性,通常需要加入大量的水(为石膏质量的60% ~80%),石膏凝结硬化后,水分的蒸发导致其体内余留大量的孔隙,从而使强度降低。但建筑石膏的强度发展快,一般7 h即可达最大值,抗压强度为8 ~12 MPa。

(四)保温性能好

由于石膏制品生产时往往加入过量的水,蒸发后形成大量的内部毛细孔,孔隙率达50% ~60%,表观密度小(800 ~1 000 kg/m^3),导热系数小,故具有良好的保温绝热性能,常用做保温材料,并具有一定的吸声效果。

(五)耐水性差

建筑石膏制品的软化系数只有0.2 ~0.3,且具有很强的吸湿性和吸水性,当空气过于潮湿时能吸收水分,不耐水;而当空气过于干燥时则能释放出水分,对空气中的湿度和温度具有很好的调节作用。

(六) 防火性好

建筑石膏制品的导热系数小、比热大、传热慢,尤其是二水石膏遇火时,其结晶水吸热后产生的水蒸气能阻止火势蔓延和温度升高,起到防火作用。石膏制品越厚防火性能越好,但脱水后石膏制品强度要下降。

(七)建筑石膏的技术标准

建筑石膏为粉状胶凝材料,堆积密度为800 ~1 000 kg/m^3,密度为2.5 ~2.8 g/cm^3。根据《建筑石膏》(GB/T 9776—2008)规定,建筑石膏按2 h抗折强度分为3.0、2.0、1.6三个等级,如表2-1所示。

表2-1 建筑石膏的质量指标

等级	细度(0.2 mm方孔筛筛余)(%)	凝结时间(min)		2 h强度(MPa)	
		初凝	终凝	抗折	抗压
3.0	≤10	≥3	≤30	≥3.0	≥6.0
2.0				≥2.0	≥4.0
1.6				≥1.6	≥3.0

四、建筑石膏的应用

建筑石膏在土木工程中用做室内抹灰、粉刷,制作建筑装饰制品和石膏板。

(一)制作粉刷石膏

建筑石膏硬化时不收缩,可以不掺加填料直接做成抹面灰浆,也可将其作为胶凝材料,加入水和砂子配成石膏砂浆,作为内墙面和顶棚抹灰用。其具有不开裂、保温、调湿、隔声、美观的特点,并且抹灰后可以直接涂刷油漆、涂料。

石膏表面光洁、细腻、色白,且透湿透气,凝结硬化快、施工方便、黏结强度高,因此建筑石膏加水和石灰,即可调制成涂料,涂刷装修内墙面。

石膏砂浆具有良好的保温隔热性能,调节室内空气的湿度和良好的隔声与防火性能。由于石膏不耐水,故不宜在外墙使用。

(二)用做建筑装饰制品

以杂质含量少的建筑石膏(有时称为模型石膏)配以纤维增强材料和胶粘剂等,拌和均匀,石膏硬化时体积膨胀,成型后可制作成各种装饰制品,如石膏角线、角花、线板、雕塑等,也可掺入颜料制成彩色制品。

(三)制作石膏板制品

在建筑石膏中加入填料,即可制成具有不同功能的复合石膏板,包括纸面石膏板、石膏装饰板、空心石膏板、纤维石膏板等,这类板材在装饰工程中使用量最大。石膏板具有质量轻、强度高、保温隔热、吸声、不燃、可锯可钉等良好的性质。纸面石膏板主要用于内墙、隔墙和天花板处。石膏装饰板是具有多种图样和花饰的正方形板材,主要用于公共建筑的墙面装饰和天花板等,造型美观。空心石膏板主要用于内墙和隔墙;纤维石膏板,其抗弯强度和弹性模量都高于纸面石膏板,可用于内墙和隔墙。

为了使石膏板性能更加优良,常加入其他材料和外加剂。比如:石膏板在制作过程中加入泡沫剂、加气剂等可提高其保温隔声性;加入水泥、粉煤灰、粒化矿渣及有机防水剂,可提高其耐水性;加入纸筋、麻刀、石棉、玻璃纤维等增强材料,可以提高其抗裂性、抗弯性,并能减少其脆性。

(四)其他用途

建筑石膏可作为生产某些硅酸盐制品和混凝土时的早强剂;石膏可生产无熟料水泥,如石膏矿渣无熟料水泥。

石膏加入泡沫剂或加气剂等可制成多孔石膏砌块制品,可用做填充材料,降低建筑物的质量,且能达到保温、隔热、隔声的效果。

建筑石膏也可用做油漆或粘贴墙纸等的基层找平。

(五)储存与运输

建筑石膏在运输和储存时,要防止受潮,一般储存期不宜超过 3 个月,过期或者受潮将使石膏制品的质量下降,另外,不同等级的建筑石膏也应分开储存或运输。

课题二　石　灰

石灰是一种古老的气硬性胶凝材料,在建筑工程中被广泛应用,原因是其原料来源广泛,生产工艺简单,且成本低廉。

一、石灰的原材料与生产

(1)生产石灰的原材料分布很广,主要是以含碳酸钙为主的天然岩石,如石灰石、白垩、白云质石灰石等。

(2)石灰的生产工艺简单,成本低廉。将这些原材料在高温下煅烧,即得生石灰,主

要成分为氧化钙，反应式如下

$$CaCO_3 \rightarrow CaO + CO_2 \uparrow \tag{2-3}$$

正常温度下煅烧得到的石灰具有多孔结构，即内部孔隙率大、晶粒细小、表观密度小，遇水水化反应速度快，体积膨胀，并放出大量热。煅烧良好的生石灰能在几秒钟内与水反应完毕，体积膨胀2倍左右。生产时，由于火候或温度控制不均，加之石灰石的致密程度、杂质含量等不同，常会出现欠火石灰或过火石灰。若温度不均匀，欠火石灰中含有未分解的碳酸钙，属于石灰的废品，降低了石灰的利用率，但不会带来危害；若温度过高，煅烧得到的过火石灰结构致密、孔隙率小、表观密度大，并且晶粒粗大，表面常被熔融的黏土杂质形成的玻璃物质所包覆，石灰硬化后仍有部分在继续熟化，不仅延缓了熟化的速度，而且会导致体积膨胀，引起局部隆起，甚至会产生开裂，严重影响工程质量。

二、生石灰的熟化与硬化

（一）生石灰的熟化

生石灰使用前一般都用水熟化，生石灰（CaO）与水发生作用生成熟石灰（$Ca(OH)_2$）的过程，称为石灰的熟化（或称消解、消化），反应式如下

$$CaO + H_2O \rightarrow Ca(OH)_2 + 64.9\ kJ \tag{2-4}$$

生石灰熟化速度较快，伴随着熟化过程，放出大量的热，并且体积膨胀1.0～2.5倍。

在工程中，以熟化时加水量的多少，可将生石灰熟化成消石灰粉、石灰膏等。

1. 石灰膏

使用时将生石灰块置于化灰池中，加过量的水（生石灰的3～4倍）熟化成石灰浆，通过筛网流入储灰池，经沉淀除去多余的水分得到的膏状物即为石灰膏。石灰膏含水约50%，表观密度为1 300～1 400 kg/m^3。1 kg生石灰可熟化成1.5～3 L的石灰膏。

为避免过火石灰在使用以后，因吸收水分而逐步熟化膨胀，使已硬化的砂浆或制品产生隆起、开裂等破坏现象，在使用以前必须将过火石灰去除掉或使过火石灰熟化。可先用筛网（石灰乳经筛网流入储灰池）除掉较大尺寸的过火石灰颗粒及欠火石灰颗粒，再将其在储灰池中放置两周以上，使较小的过火石灰颗粒充分熟化，即所谓的陈伏。陈伏时，石灰浆的表面须保存有一层水，从而隔绝空气，防止石灰碳化。

2. 熟石灰

熟石灰又称消石灰粉，即将生石灰块淋以适量的水（加水量应能充分消解而又不过湿成团为好），充分消解后所得的颗粒细小、分散的粉状物。消石灰粉使用时也须注意陈伏后再使用。

3. 磨细生石灰粉

磨细生石灰粉又称建筑生石灰粉，即将块状生石灰直接破碎、磨细制得的石灰粉。此石灰粉可不预先熟化、陈伏而直接应用。这是因为磨细生石灰粉的细度高，原来石灰中的过火状颗粒会因为磨细而加快消解；欠火颗粒因磨细混匀，起到了改善料浆和易性的有益作用。磨细生石灰粉克服了传统石灰硬化慢、强度低的缺点，提高了功效，节约了时间，是一种非常好的产品。但其成本较高、易于受潮、不易久存。

（二）生石灰的硬化

石灰浆体的硬化过程包括干燥硬化和碳化硬化。

1. 干燥硬化

石灰浆体在使用过程中，毛细孔隙失水，由于水的表面张力作用而导致毛细管压力增大，氢氧化钙颗粒间的接触变得紧密，产生一定的强度。在使用过程中，因水分逐渐被砌体吸收或者蒸发，使得溶液呈现过饱和状态，氢氧化钙在过饱和溶液中结晶析出，但由于结晶数量很少，产生的强度很低。若再遇水，因毛细管压力减弱，氢氧化钙颗粒间的紧密程度降低，且氢氧化钙微溶于水，所以强度会丧失。

2. 碳化硬化

氢氧化钙与空气中的二氧化碳作用生成碳酸钙晶体称为碳化，反应式如下

$$Ca(OH)_2 + CO_2 + nH_2O \rightarrow CaCO_3 + (n+1)H_2O \tag{2-5}$$

生成的碳酸钙晶体，使硬化的石灰浆体具有相当高的强度。由于空气中二氧化碳的浓度很低，因此碳化过程极为缓慢。当石灰浆体含水量过少，处于干燥状态时，碳化反应几乎停止。石灰浆体含水过多时，碳化作用仅限于在表面进行，因为孔隙中几乎充满了水，二氧化碳气体难以向内部渗透。当碳化生成的碳酸钙晶体达到一定厚度时，则阻碍二氧化碳向内部渗透，也阻碍内部水分向外蒸发，从而减慢碳化速度。

三、石灰的技术性质

（一）可塑性和保水性好

生石灰熟化时，生成的氢氧化钙呈胶体分散状态，表层吸附一层较厚的水膜，能使颗粒之间的摩擦力减小，因而可塑性较好，又因水分不易析出，故保水性也较好。利用石灰的这一性质，可将其掺入水泥砂浆中，制成混合砂浆，从而克服水泥砂浆保水性差的特点。

（二）凝结硬化慢，强度低

空气中二氧化碳含量较低，碳化硬化后生成的碳酸钙层结构致密，阻止了二氧化碳的渗透，也阻碍内部水分向外蒸发，使得碳化速度慢、生成量较少，且强度较低。

（三）硬化时体积收缩大

由于石灰浆中存在大量的游离水，硬化时大量水分蒸发，导致内部毛细管失水紧缩，引起显著的体积收缩变形，使硬化石灰体产生裂纹，故石灰浆不宜单独使用，通常工程施工时常掺入一定量的骨料（砂子）或纤维材料（麻刀、纸筋等），以提高强度，抵抗收缩引起的开裂。

（四）耐水性差

由于石灰浆硬化慢、强度低，当其受潮后，尚未碳化的 $Ca(OH)_2$ 易溶于水，故耐水性差。因此，石灰不宜用于潮湿环境，也不宜用于重要建筑物的基础。

四、石灰的技术要求

按石灰中氧化镁的含量，将生石灰分为钙质生石灰（MgO 含量≤5%）和镁质生石灰（MgO 含量＞5%），将消石灰粉分为钙质消石灰粉（MgO 含量＜4%）、镁质消石灰粉（4%≤MgO 含量＜24%）和白云石消石灰粉（24%≤MgO 含量＜30%）。

根据我国建材行业标准《建筑生石灰》(JC/T 479—1992)的规定，建筑生石灰的技术要求包括有效氧化钙和有效氧化镁含量、未消化残渣含量(即欠火石灰、过火石灰及杂质的含量)、二氧化碳含量(欠火石灰含量)及产浆量(指1 kg生石灰制得石灰膏的体积数，L)，并由此划分为优等品、一等品和合格品，各等级的技术指标见表2-2。

表2-2 建筑生石灰各等级的技术指标(JC/T 479—1992)

项目	钙质生石灰			镁质生石灰		
	优等品	一等品	合格品	优等品	一等品	合格品
(MgO + CaO)含量(%)，不小于	90	85	80	85	80	75
未消化的残渣含量(5 mm孔筛筛余)(%)，不大于	5	10	15	5	10	15
CO_2含量(%)，不大于	5	7	9	6	8	10
产浆量(L/kg)，不小于	2.8	2.3	2.0	2.8	2.3	2.0

根据《建筑消石灰粉》(JC/T 481—1992)的规定，建筑消石灰粉的技术要求包括有效氧化钙和氧化镁含量、游离水含量、体积安定性及细度，并由此分划为优等品、一等品和合格品，各等级的技术指标见表2-3。

表2-3 建筑消石灰粉各等级的技术指标(JC/T 481—1992)

项目		钙质消石灰粉			镁质消石灰粉			白云石消石灰粉		
		优等品	一等品	合格品	优等品	一等品	合格品	优等品	一等品	合格品
(MgO + CaO)含量(%)，不小于		70	65	60	65	60	55	65	60	55
游离水含量(%)		0.4~2	0.4~2	0.4~2	0.4~2	0.4~2	0.4~2	0.4~2	0.4~2	0.4~2
体积安定性		合格	合格	—	合格	合格	—	合格	合格	—
细度	0.9 mm筛筛余(%)，不大于	0	0	0.5	0	0	0.5	0	0	0.5
	0.125 mm筛筛余(%)，不大于	3	10	15	3	10	15	3	10	15

在道路工程中，根据《公路路面基层施工技术规范》(JTJ 034—2000)，道路生石灰分Ⅰ、Ⅱ、Ⅲ级，各等级的技术指标见表2-4。

表2-4 道路生石灰各等级的技术指标(JTJ 034—2000)

项目	钙质生石灰			镁质生石灰		
	Ⅰ级	Ⅱ级	Ⅲ级	Ⅰ级	Ⅱ级	Ⅲ级
(MgO + CaO)含量(%)，不小于	85	80	70	80	75	65
未消化的残渣含量(5 mm圆孔筛筛余)(%)，不大于	7	11	17	10	14	20
MgO含量(%)	≤5			>5		

道路熟石灰各等级的技术指标见表2-5。

表2-5　道路熟石灰各等级的技术指标(JTJ 034—2000)

项目		钙质熟石灰			镁质熟石灰		
		Ⅰ级	Ⅱ级	Ⅲ级	Ⅰ级	Ⅱ级	Ⅲ级
含水量(%),不大于		4	4	4	4	4	4
细度	0.71 mm筛筛余(%),不大于	0	1	1	0	1	1
	0.125 mm筛筛余(%),不大于	13	20	—	13	20	—
MgO含量(%)		≤4			>4		

五、石灰的应用

(一)配制石灰砂浆和灰浆

石灰膏可用做配制石灰砂浆和石灰水泥混合砂浆的原材料,其和易性较好,因此在工业与民用建筑的砌筑和抹灰工程中被广泛应用。石灰浆若被用于吸水性较大的基层,为防止石灰浆脱水过速而成干粉,从而丧失胶凝能力,应事先将基底润湿。

石灰膏加过量水可稀释制成石灰乳,可用做粉刷涂料,可用于装饰要求不高的室内粉刷。若在涂料中加入碱性颜料,即可对涂料着色;调入氯化钙或明矾则可减少涂层的粉化现象;若加入少量水泥、粒化高炉矿渣或粉煤灰可提高耐水性。

以石灰膏或消石灰粉为原料,调入其他材料拌和后,可制成石灰纸筋灰浆、石灰麻刀灰浆等灰浆材料,用于建筑抹面。

(二)配制石灰土和三合土

将消石灰粉与黏土拌和,即为石灰土(灰土),若加入砂石或炉渣、碎砖等即为三合土,夯实以后,密实度即可增加。石灰土和三合土被广泛应用在公路路面垫层、建筑物的地基基础、地面垫层中。生产石灰土或三合土时常采用生石灰粉或消石灰粉,以方便石灰和黏土的拌和,拌和比为1:2～1:4。

(三)生产无熟料水泥

石灰与粉煤灰、高炉矿渣等混合,掺入适量的石膏,磨细后可制成无熟料水泥,如石灰矿渣水泥、石灰粉煤灰水泥、石灰烧黏土水泥等。因其强度低(尤其是早期强度较低),水化热较低,具有较强的抵抗软水、矿物水的能力,所以特别适用于对强度要求不高的工程,蒸汽养护的各种混凝土制品、水中或地下混凝土工程、大体积混凝土工程等。

(四)生产硅酸盐制品

以石灰和硅质材料(如石英砂、粉煤灰、矿渣等)为原料,加水拌和成型后经蒸汽养护或蒸压养护即可生成硅酸盐制品。此外,石灰与粉煤灰、浮石等含二氧化硅的材料混合,加入少量石膏,可制成密实或多孔的硅酸盐混凝土。常用的硅酸盐制品有炉渣砖、矿渣砖及砌块、蒸压灰砖及砌块、加气混凝土、蒸压灰砂混凝土空心板等。

(五)加固含水的软土地基

生石灰可用来加固含水的软土地基,如石灰桩,它是在桩孔内灌入生石灰块,利用生石灰吸水熟化时体积膨胀的性能产生膨胀压力,从而使地基加固。

(六)生产碳化制品

磨细的生石灰与砂子、尾矿粉或石粉配料,加入少量石膏,拌和并压制成型后得到碳化板坯体,利用石灰窑所产生的二氧化碳对此坯体进行人工碳化,即可得到碳化制品,且强度大幅度提高。如碳化砖、碳化板等,其中碳化石灰空心板适宜用做非承重的内墙板、天花板。

(七)存储与运输

由石灰的熟化和硬化可知,生石灰在空气中放置时间过长,即熟化为氢氧化钙,放出大量的热,且体积膨胀;继而与空气中的二氧化碳结合产生硬化反应,碳酸钙浆体耐水性差,不宜受潮。因此,石灰在运输和储存时应防止受潮,且保管期不应超过一个月。生石灰不能与易燃易爆及液体物质混存、混运,以免引起爆炸和发生火灾。

课题三　水玻璃

一、水玻璃的组成

水玻璃俗称泡花碱,纯净的水玻璃为无色透明的黏稠液体,溶于水,但因含有杂质而常呈淡黄色或青灰色。水玻璃根据所含碱金属氧化物的不同分为硅酸钠水玻璃($Na_2O \cdot nSiO_2$)和硅酸钾水玻璃($K_2O \cdot nSiO_2$)两类。土木工程中常使用硅酸钠水玻璃,而硅酸钾水玻璃因价格昂贵,较少使用,当工程技术要求较高时也可采用硅酸钾水玻璃。硅酸钠水玻璃分子式中的 n 是 Na_2O 和 SiO_2 的分子数比,称为水玻璃的模数,其决定着水玻璃的品质及其应用性能,是非常重要的参数。n 值越大,水玻璃的黏度越大,强度越高,但亦越难溶于水。当 n 等于 1.0 时,水玻璃能溶于常温水中;当 n 为 1.0~3.0 时,水玻璃只能溶于热水中;当 n 大于 3.0 时,水玻璃只能在 4 个大气压以上的蒸汽中才能够溶解。土木工程中为获得既易溶于水又有较高强度的水玻璃,常采用的模数 n 为 2.6~2.8。

水玻璃在水溶液中的含量(或浓度)常用密度表示。模数相同的水玻璃,随着密度的增加,水玻璃含量越高,浓度越大,黏性越好,黏结力越好,土木工程中常用水玻璃的密度一般为 1.36~1.50 g/cm^3。

二、水玻璃的原料及生产

水玻璃生产通常将石英粉(SiO_2)和纯碱(Na_2CO_3)混合磨细拌匀,在 1 300~1 400 ℃的高温下煅烧,经冷却后生成固体水玻璃,再在高温或高温高压水中溶解,制得液体水玻璃。反应式如下

$$Na_2CO_3 + nSiO_2 \rightarrow Na_2O \cdot nSiO_2 + CO_2 \uparrow \tag{2-6}$$

三、水玻璃的凝结硬化

水玻璃在空气中的凝结硬化与石灰的凝结硬化非常相似,反应式如下

$$Na_2O \cdot nSiO_2 + CO_2 + mH_2O \rightarrow Na_2CO_3 + nSiO_2 \cdot mH_2O \tag{2-7}$$

水玻璃吸收空气中的二氧化碳，生成碳酸钠与二氧化硅凝胶（$nSiO_2 \cdot mH_2O$），随着碳化反应的进行，硅胶含量增加，继而水分蒸发和硅胶脱水成固体二氧化硅而凝结硬化，其特点如下。

（一）速度慢

由于空气中二氧化碳浓度较低，水玻璃的凝结硬化过程十分缓慢，常需要几个星期或更久。为加速水玻璃的凝结硬化速度和提高强度，使用水玻璃时一般要求加入固化剂氟硅酸钠（Na_2SiF_6）。其反应式如下

$$2(Na_2O \cdot nSiO_2) + Na_2SiF_6 + mH_2O \rightarrow 6NaF + (2n+1)SiO_2 \cdot mH_2O \qquad (2\text{-}8)$$

使用固化剂氟硅酸钠时应严格控制其掺量，一般为水玻璃质量的12%～15%，且根据气温、湿度、水玻璃的模数、密度在上述范围内适当调整。即气温高、模数大、密度小时选下限，反之亦然。掺量少，凝结硬化慢，且强度低，耐水性差；掺量太多，则凝结硬化过快，给施工操作带来不便，渗透性增加，而且硬化后的早期强度虽高，但后期强度明显降低。

氟硅酸钠是一种有毒物质，储存或使用时应注意安全。

（二）体积收缩

水玻璃凝结硬化时体积会产生收缩。

（三）强度低

水玻璃凝结硬化后的强度较低。

四、水玻璃的主要技术性质

（一）黏结力和强度较高

水玻璃硬化后的主要成分为硅酸凝胶和固体，比表面积大，因而具有较高的黏结力。但水玻璃自身质量、配合料性能及施工养护对强度有显著影响。

（二）耐热性好

硬化后形成的二氧化硅为网状骨架，在高温下不分解且强度下降很小，尤其当采用耐热耐火骨料配制水玻璃、砂浆和混凝土时，耐热度可达1 000 ℃。

（三）耐酸性好

水玻璃可以抵抗除氢氟酸（HF）、热磷酸和高级脂肪酸外的几乎所有无机酸和有机酸的腐蚀。

（四）耐水性差

硬化后的水玻璃除主要成分二氧化硅和硅酸凝胶外，还包括一部分氟化钠和没有完全反应的氟硅酸钠和硅酸钠水玻璃，其中后三者均易溶于水而不耐水，但可采用中等浓度的酸对已硬化水玻璃进行酸洗处理，提高耐水性。

五、水玻璃的应用

（一）涂刷建筑表面

水玻璃溶液可用来涂刷或浸渍建筑材料（如普通混凝土、黏土砖、硅酸盐制品等），它能渗入材料缝隙和孔隙中，硬化的硅酸凝胶能堵塞毛细孔通道，提高材料的密实度和强

度，从而提高材料的抗风化能力，且其抗渗性、抗冻性和耐腐蚀性均有不同程度的提高。在工程中，可采用水玻璃溶液对黏土砖硅酸盐制品等进行多次洗刷和浸渍，尤其是对含有氢氧化钙的材料，效果更佳。但因为水玻璃与石膏反应生成硫酸钠（Na_2SO_4），在制品孔隙内结晶膨胀，导致石膏制品开裂破坏，所以水玻璃不得用来涂刷或浸渍石膏制品。

（二）加固土壤

水玻璃常用于粉土、砂土和填土的地基加固。将水玻璃与氯化钙溶液交替注入土壤中，两种溶液迅速发生化学反应，生成硅胶和硅酸钙凝胶，胶结和填充土壤孔隙，并阻止水分渗透，从而提高了土壤的密实度、强度和承载能力。水玻璃加固土壤的这种方法称为双液注浆。

（三）配制速凝防水剂

水玻璃可与两种、三种或四种矾配制成速凝防水剂，称为多矾防水剂。多矾防水剂常用胆矾（硫酸铜，$CuSO_4 \cdot 5H_2O$）、红矾（重铬酸钾，$K_2Cr_2O_7$）、明矾（也称白矾，硫酸铝钾）、紫矾等四种矾。

这种多矾防水剂凝结迅速，一般为几分钟，其中四矾防水剂不超过 1 min，常用于堵漏、填缝等局部抢修，且必须即配即用。

（四）配制耐热胶凝、耐热砂浆和耐热混凝土

水玻璃硬化后，具有较好的耐热性质。以水玻璃作为胶凝材料，加入氟硅酸钠，掺入黏土熟粉料、石英砂粉等磨细的填料及耐火砖碎块、铬铁矿、玄武岩等粗细骨料，可配制成水玻璃耐热混凝土或耐热砂浆，其极限使用温度可达到 1 200 ℃。

水玻璃胶凝主要用于耐火材料的砌筑和修补。水玻璃耐热砂浆和混凝土主要用于热工设备基础和其他耐热工程或有耐热要求的结构部位。

（五）配制耐酸胶凝、耐酸砂浆和耐酸混凝土

水玻璃和耐酸粉料（常用石英粉）配合可制成耐酸胶凝，再加入耐酸骨料即可配制出耐酸砂浆和耐酸混凝土，耐酸胶凝与耐酸砂浆和混凝土一样，可广泛应用于有耐酸腐蚀要求的工程中。

（六）配制水玻璃矿渣砂浆

将水玻璃、氟硅酸钠、磨细的粒化高炉矿渣以及砂按照一定的比例配合，可以配制成水玻璃矿渣砂浆，适用于砖墙裂缝修补等工程。

思考题

2-1　什么叫气硬性胶凝材料，它们有什么共同的缺点？

2-2　欠火石灰与过火石灰对石灰品质有哪些危害，并讲述建筑上使用石灰时，为什么一定要先进行熟化陈伏？

2-3　某宿舍内墙使用石灰砂浆抹面，数月后，墙面上出现了许多不规则的网状裂纹，同时在个别部位还发现了部分凸起的放射状裂纹。试结合石灰的特性分析上述现象产生的原因，并给出解决方法。

2-4　建筑石灰有哪些主要用途，与其性能有什么联系？

2-5　生石灰熟化时必须陈伏的目的是什么？磨细生石灰粉为什么不经陈伏可直接使用？

2-6　建筑石膏的主要特性是什么,与其用途有哪些关系？

2-7　为什么说石膏是一种很好的室内装饰材料？

2-8　水玻璃的硬化有什么特点？水玻璃有哪些技术性质？

2-9　水玻璃的模数和溶液密度对水玻璃的性能有什么影响？

单元三 水 泥

课题一 硅酸盐水泥

水泥是水硬性矿物胶凝材料。粉末状的水泥与水混合成可塑性浆体，经过一系列的物理化学反应，由可塑性浆体变成坚硬的石状体，并能将散粒状（或块状）材料黏结成为一个整体。水泥浆体不仅能在空气中凝结硬化，而且能更好地在水中凝结硬化并继续增长其强度。

水泥的品种繁多，有多种分类方法。水泥根据其水硬性成分不同可分为硅酸盐水泥、铝酸盐水泥和硫铝酸盐水泥等系列。其中硅酸盐水泥系列产量最大，应用最广。硅酸盐水泥系列按其用途不同可分为通用水泥、专用水泥和特性水泥三种。通用水泥包括硅酸盐水泥、普通硅酸盐水泥、矿渣硅酸盐水泥、火山灰质硅酸盐水泥、粉煤灰硅酸盐水泥和复合硅酸盐水泥六种。专用水泥如道路硅酸盐水泥和砌筑硅酸盐水泥等。特性水泥如快硬硅酸盐水泥、白色硅酸盐水泥和彩色硅酸盐水泥等。

水泥是国民经济建设最主要的建筑与装饰材料之一，是制造混凝土、钢筋混凝土、预应力混凝土构件的最基本的组成材料，广泛应用于建筑、交通、水利、道桥和国防等工程中。

一、硅酸盐水泥的生产和矿物组成

根据《通用硅酸盐水泥》（GB 175—2007）标准规定，凡是由硅酸盐水泥熟料、0～5%石灰石或粒化高炉矿渣、适量石膏磨细制成的水硬性胶凝材料，称为硅酸盐水泥（波特兰水泥）。硅酸盐水泥根据其是否掺有混合材料可分为Ⅰ型硅酸盐水泥和Ⅱ型硅酸盐水泥。不掺混合材料的为Ⅰ型硅酸盐水泥，其代号为P·Ⅰ；掺有混合材料的为Ⅱ型硅酸盐水泥，其代号为P·Ⅱ。

（一）硅酸盐水泥的生产

1. 生产硅酸盐水泥的主要原材料

生产硅酸盐水泥的主要原材料包括石灰质原材料和黏土质原材料两种。石灰质原材料采用石灰石、白垩和石灰质凝灰岩，它主要提供 CaO；黏土质原材料有黏土和黄土等，主要提供 SiO_2、Al_2O_3 和少量的 Fe_2O_3，有时还需要加入少量的铁矿石以弥补 Fe_2O_3 的不足。为了改善煅烧条件，常常加入少量的矿化剂和晶种等。

2. 硅酸盐水泥的生产

生产步骤是：先将几种原材料按一定比例混合磨细制成生料；然后将生料入窑进行高温（温度为 1 450 ℃）煅烧得熟料；在熟料中加入适量石膏（和混合材料）混合磨细即得到硅酸盐水泥，此过程简称为“两磨一烧”。水泥生料的配合比例不同，直接影响硅酸盐水泥熟料的矿物成分比例和主要建筑技术性能。水泥生料在窑内的煅烧过程是保证水泥熟料质量的关键。

烧成的水泥熟料经过迅速冷却,即得水泥熟料块。

(二)硅酸盐水泥熟料的矿物组成

硅酸盐水泥熟料的主要矿物名称、简式和含量范围见表3-1。

表3-1 硅酸盐水泥熟料的矿物组成

矿物名称	化学符号	简式	含量
硅酸三钙	$3CaO \cdot SiO_2$	C_3S	37% ~60%
硅酸二钙	$2CaO \cdot SiO_2$	C_2S	15% ~37%
铝酸三钙	$3CaO \cdot Al_2O_3$	C_3A	7% ~15%
铁铝酸四钙	$4CaO \cdot Al_2O_3 \cdot Fe_2O_3$	C_4AF	10% ~18%

上述主要矿物成分中:前两种矿物成分总含量在70%以上,称为硅酸盐矿物,因此称为硅酸盐水泥;后两种矿物成分总含量约为25%,称为溶剂矿物。除以上四种主要熟料矿物成分外,硅酸盐水泥中还含有少量游离氧化钙、游离氧化镁,其含量过高,会引起水泥体积安定性不良。所以,水泥中游离的氧化钙、游离氧化镁和碱的含量应加以控制,国家标准明确规定其总含量一般不超过水泥量的10%。水泥中还含有少量的碱(Na_2O、K_2O),碱含量高的水泥如果遇到活性骨料,易产生碱-骨料膨胀反应。

二、硅酸盐水泥的水化与凝结硬化

(一)硅酸盐水泥的水化

硅酸盐水泥的性质由熟料矿物组成及其水化特性决定,由于熟料矿物成分的水化特性不同,使硅酸盐水泥具有许多性质。

硅酸盐水泥熟料矿物与水反应称为硅酸盐水泥的水化。在硅酸盐水泥的水化过程中,就目前的认识,铝酸三钙立即发生水化反应,而后是硅酸三钙和铁铝酸四钙也很快水化,硅酸二钙水化最慢。水泥熟料发生水化反应后得到的产物主要有4种:氢氧化钙(CH)、水化硅酸钙($C_3S_2H_6$)、水化铝酸三钙(C_3AH_6)和水化铁酸钙(CFH)。

水泥熟料矿物中,硅酸三钙和硅酸二钙水化产物为水化硅酸钙和氢氧化钙。水化硅酸钙不溶于水,以胶粒析出,逐渐凝聚成凝胶体(C-S-H凝胶),氢氧化钙在溶液中很快达到饱和,以晶体析出。铝酸三钙和铁铝酸四钙水化后生成水化铝酸三钙和水化铁酸钙,水化铁酸钙以胶粒析出,而后凝聚成凝胶,水化铝酸三钙以晶体析出。由于在硅酸盐水泥熟料中加入了适量石膏,石膏与水化铝酸三钙反应生成了高硫型的水化硫铝酸钙,以针状晶体析出,也称为钙矾石。当石膏消耗完以后,部分高硫型的水化硫铝酸钙晶体转化为低硫型的水化硫铝酸钙晶体。

硅酸盐水泥熟料4种主要矿物的水化特性各不相同,主要表现在对水泥强度、凝结硬化速度和水化热的影响上,各主要矿物成分的水化特性如表3-2所示。

由表3-2可知,不同熟料矿物单独与水作用的特性是不同的。

(1)硅酸三钙的水化速度较快,早期强度高,28 d强度可达一年强度的70% ~80%;水化热较高,且主要是早期放出,其含量也最高,是决定水泥性质的主要矿物。

(2)硅酸二钙的水化速度最慢,水化热最低,且主要是后期放出的,是保证水泥后期强度的主要矿物,且耐化学侵蚀性好。

表3-2 各熟料矿物成分的水化特性

名称	硅酸三钙	硅酸二钙	铝酸三钙	铁铝酸四钙
水化速度	快	慢	最快	快
28 d水化热	高	低	最高	中
强度	早期强度高	早期低、后期高	低	低

(3)铝酸三钙的水化速度最快(故需掺入适量石膏做缓凝剂),也是水化热最高的矿物。其强度值最低,但形成最快,3 d几乎接近最终强度。但其耐化学侵蚀性差,且硬化时体积收缩最大。

(4)铁铝酸四钙的水化速度也较快,仅次于铝酸三钙,其水化热中等,且有利于提高水泥抗拉(折)强度。

水泥是几种熟料矿物的混合物,改变矿物成分间比例时,水泥性质即发生相应的变化,可制成不同性能的水泥。如增加C_3S含量,可制成高强、早强水泥;增加C_2S含量而减少C_3S含量,水泥的强度发展慢,早期强度低,但后期强度高,其更大的优势是水化热降低;若提高C_4AF含量,可制成抗折强度较高的道路水泥。

(二)硅酸盐水泥的凝结硬化

水泥加水拌和后,形成既有可塑性又有流动性的水泥浆,同时产生水化反应,随着水化反应的进行,逐渐失去流动能力达到初凝。待完全失去可塑性,开始产生强度时,即为终凝。随着水化凝结的继续进行,水泥浆体逐渐转变成一个坚硬的石状体(即水泥石),这一过程称为水泥的硬化。

水泥加水拌和后,未水化的水泥颗粒分散在水中,形成了水泥浆体,如图3-1(a)所示。

水泥的水化从其颗粒表面开始。水和水泥接触,首先是水泥颗粒的矿物成分溶解,然后与水发生化学反应,或水直接进入水泥颗粒内部发生水化反应,形成相应的水化产物,大多数水化产物溶解度很小,其生成速度大于扩散速度,在很短时间内,在水泥颗粒周围形成了水化产物膜层。由于水化产物较少,包有水化产物膜层的水泥颗粒仍然是分离的,水泥浆体具有良好的可塑性,如图3-1(b)所示。

随着水泥颗粒的继续水化,水化产物不断增多,水泥颗粒的包裹层不断增厚而破裂,使水泥颗粒之间的空隙逐渐缩小,带有包裹层的水泥颗粒逐渐接近,甚至相互接触,在水泥颗粒之间形成了网状结构,水泥浆体的稠度不断增大,失去可塑性,但是不具有强度,这一过程称为水泥的凝结,如图3-1(c)所示。

水泥的水化过程继续进行,水化产物不断增多并填充水泥颗粒之间的空隙,整个结构的孔隙率降低,密实度增加,水泥浆体开始产生强度并最后发展成具有一定强度的石状体,这就是水泥的硬化过程,如图3-1(d)所示。

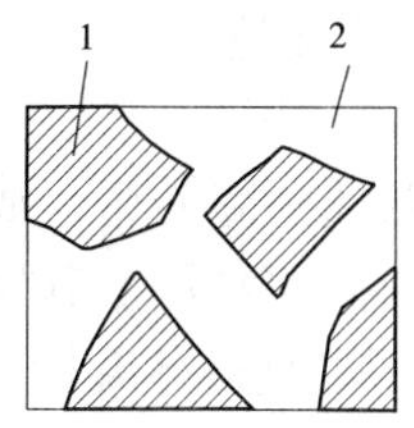

(a)分散在水中未水化的水泥颗粒

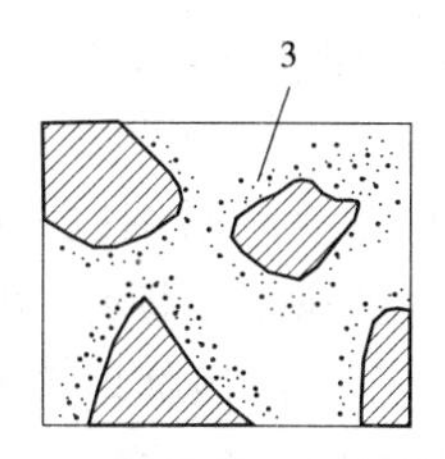

(b)在水泥颗粒表面形成水化产物膜层

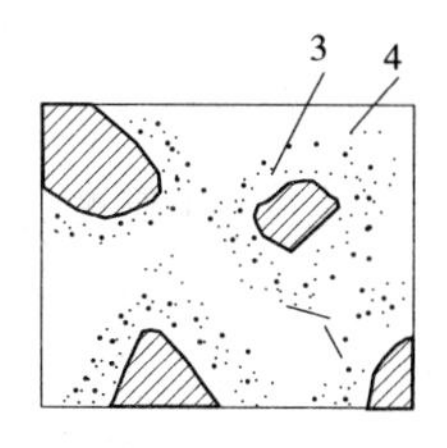

(c)膜层增厚并互相连接

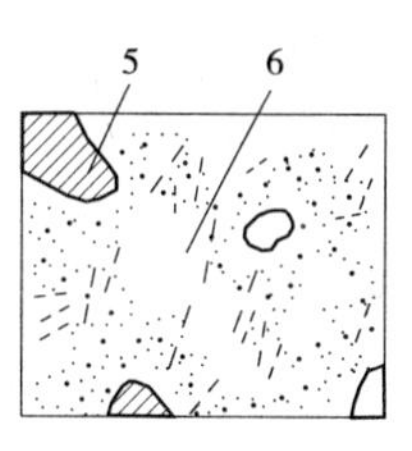

(d)水化产物进一步增多，填充毛细孔隙

1—水泥颗粒;2—水;3—凝胶;4—晶体;5—未水化的水泥颗粒内核;6—毛细孔

图 3-1　水泥凝结硬化过程示意

水泥的水化与凝结硬化是从水泥颗粒表面开始进行,并逐渐深入到水泥的内核的。初始的水化速度较快,水化产物增长较快,水泥石的强度提高也快。由于水化产物的增多,堆积在水泥颗粒周围,水分渗入到水泥颗粒内部速度和数量大大减小,水化速度也随之大幅度降低。但是无论时间持续多久,多数水泥颗粒内核不可能完全水化。因此,硬化的水泥石是由水化产物(凝胶体和晶体)、未水化的水泥颗粒内核、水(自由水和吸附水)和孔隙(毛细孔和凝胶孔)组成的一非均质体。

水泥熟料中各矿物成分对硅酸盐水泥强度发展的贡献各不相同,一般认为,硅酸三钙在28 d以内对水泥的强度起决定性作用,是决定水泥强度等级的主要矿物成分。硅酸二钙在28 d以后才发挥其强度作用,是决定水泥后期强度的主要矿物成分。约一年以后,二者对水泥强度的贡献基本相等。铝酸三钙对水泥早期强度有所贡献。关于铁铝酸四钙对水泥强度的贡献无统一说法。实践证明若温度和湿度适宜,未水化水泥颗粒仍将继续水化,水泥石的强度在几年甚至几十年后仍缓慢增长。

综上所述,水泥的凝结硬化是人为划分的,其实际上是一个连续的复杂的物理化学变化过程。水泥的凝结硬化是一个由表及里、由快到慢的过程,较粗颗粒的内部很难完全水化,在最初几天(1 ~3 d)水分渗入速度快,所以强度增长快。因此,硬化后的水泥石是由水泥水化产物凝胶体(内含凝胶孔)及结晶体、未完全水化的水泥颗粒、毛细孔(含毛细孔水)等组成的不匀质结构体。

三、影响硅酸盐水泥凝结、硬化的因素

水泥的凝结硬化过程,也就是水泥强度发展的过程,其受到许多因素的影响,有内部的,也有外界的,其主要影响因素分析如下。

(一)矿物组成

矿物组成是影响水泥凝结硬化的主要内因,如前所述,不同的熟料矿物成分单独与水作用时,水化反应的速度、强度发展的规律、水化放热是不同的,因此改变水泥的矿物组成,其凝结硬化将产生明显的变化。

(二)水泥细度

水泥颗粒的粗细程度直接影响水泥的水化、凝结硬化、强度、干缩及水化热等。水泥的颗粒越细,与水接触的比表面积越大,水化速度快且较充分,水泥的早期强度和后期强度都高。但水泥颗粒过细,需水增加,在硬化时收缩也较大,且水泥颗粒过细在生产过程

中消耗的能量增多,机械损耗也加大,生产成本增加,因而水泥的细度应适中。

(三)石膏掺量

为了调节水泥的凝结硬化速度,在硅酸盐水泥熟料磨细以前掺入适量石膏。如不掺入石膏或石膏掺量不足,水泥浆会在很短时间内迅速凝结硬化(也称为急凝)。其原因是铝酸三钙在溶液中电离出三价铝离子,三价铝离子与凝胶体电荷相反,使胶体凝聚。当掺入适量石膏时,石膏与铝酸三钙反应,生成了难溶于水的高硫型水化硫铝酸钙覆盖在水泥颗粒周围,减少了溶液中三价铝离子的含量,因此延缓了水泥的凝结硬化速度。但是如果石膏掺量过多,会使凝结硬化速度加快,同时还会引起硬化水泥石膨胀开裂(称为体积安定性不良)。

石膏的掺量取决于熟料中铝酸三钙含量和石膏中三氧化硫含量。一般为水泥质量的3% ~5%,具体掺量应通过试验确定。

(四)水灰比

拌和水泥浆时,水和水泥的质量比称为水灰比。从理论上讲,水泥完全水化所需的水灰比为0.23左右。但拌和水泥浆时,为使浆体具有一定的流动性和可塑性,所加入的水量通常要大大超过水泥充分水化时所需用的水量,多余的水在成型时也会占据空间,因而会在硬化的水泥石内形成毛细孔。因此,拌和水越多,硬化水泥石中的毛细孔就越多,水泥石强度随其孔隙增加而降低。因此,在不影响施工的条件下,水灰比小,则水泥浆稠,易于形成胶体网状结构,水泥的凝结硬化速度快,同时水泥石整体结构毛细孔少,强度也高。

(五)温度和湿度

温度对水泥的凝结硬化的影响较大,温度升高,水化速度加快,水化产物增多,可提高水泥早期强度,但是后期强度反而降低。当温度降至5 ℃以下时,水泥的凝结硬化速度明显降低。温度继续降低至0 ℃以下时,水化反应停止。如果此时水泥石的强度较低,就会因水结冰膨胀,而导致水泥石结构破坏。

在潮湿的条件下,有足够的水分能保证水泥正常凝结硬化,水化产物逐渐增多,水泥石的密实度继续增加,也就保证了水泥石强度正常发展。在干燥条件下,水泥石内部的水分蒸发完后,水泥的水化反应无法进行,强度停止增长。

在适当的温度和湿度条件下,保证水泥石强度不断增长的措施,称为养护。在实际工程中,应加强养护,以保证水泥石强度正常发展。

(六)养护时间(龄期)

水泥的水化程度随着时间不断增强,水化产物不断增多,并继续填充毛细孔,使毛细孔的孔隙率降低。所以,水泥石的强度随着时间而提高。硅酸盐水泥在28 d以内强度发展最快,28 d以后强度发展明显减慢。只要保持适当的温度与湿度,水泥强度在几年甚至几十年内仍保持增长。

水泥的凝结硬化与上述主要因素有关外,还与水泥的存放时间、受潮程度及掺入的外加剂种类等因素的影响有关。

四、硅酸盐水泥的技术性质与应用

根据国家标准GB 175—2007规定,硅酸盐水泥的技术性质包括细度、标准稠度用水量、凝结时间、体积安定性和强度等。

(一)细度

水泥颗粒的粗细对水泥性质有较大影响,水泥颗粒粒径一般在0.007~0.2 mm。水泥颗粒越细,比表面积越大,水化反应速度越快,水泥石的早、后期强度均高。但是消耗的粉磨能量高使成本增加,而且水泥硬化后收缩大。如果水泥颗粒过粗,不利于水泥活性的发挥。一般认为,水泥颗粒粒径在0.04 mm以下活性较高,而水泥颗粒粒径在0.1 mm以上时活性就很小了。

国家标准规定,水泥的细度可采用筛析法和比表面积法测定。筛析法是采用孔边长为0.08 mm的方孔筛的筛余百分数表示水泥的细度。比表面积是指单位质量水泥粉末具有的总表面积,采用勃氏透气仪测定,其原理是根据一定量空气通过一定空隙和厚度水泥层时,因受阻力而引起流速变化来测定水泥的比表面积,其单位为m^2/kg或cm^2/g。

国家标准GB 175—2007规定,硅酸盐水泥的细度采用比表面积法测定,其比表面积须大于3 000 cm^2/g(或300 m^2/kg)。凡是水泥细度不符合标准的为不合格品。

(二)标准稠度用水量

在进行水泥的凝结时间、体积安定性等测定时,为了使试验结果具有可比性,要求必须采用标准稠度净浆来测定。水泥净浆达到标准稠度时所需拌和水量称为水泥的标准稠度用水量,以水占水泥质量的百分数表示。对于不同的水泥品种,水泥的标准稠度用水量各不相同,一般为24%~33%。

水泥的标准稠度用水量主要取决于熟料矿物组成、混合材料的种类及水泥细度。

(三)凝结时间

水泥的凝结时间分为初凝时间和终凝时间。初凝时间是指从水泥加水拌和起到水泥标准稠度净浆开始失去可塑性所需的时间。终凝时间是指从水泥加水拌和起到水泥标准稠度净浆完全失去可塑性,并开始产生强度所需的时间。

水泥的凝结时间在水泥混凝土工程施工中具有重要意义,施工时要求"初凝时间不宜过早,终凝时间不宜过迟"。初凝时间不宜过早,以便有足够的时间,完成混凝土搅拌、运输、浇筑和振捣等工序。终凝时间不宜过迟,混凝土浇捣完毕后,尽快硬化并达到一定强度,以利于下一步工序的进行。

国家标准规定,水泥凝结时间的测定采用标准稠度水泥净浆,在规定的温度与湿度条件下,用凝结时间测定仪来测定。国家标准GB 175—2007规定,硅酸盐水泥初凝时间不得早于45 min,终凝时间不得迟于6.5 h。

(四)体积安定性

体积安定性是指水泥凝结硬化过程中,水泥石体积变化的均匀性。如水泥硬化中,发生不均匀的体积变化,称为体积安定性不良。体积安定性不良的水泥会使混凝土构件因膨胀而产生裂缝,降低工程质量,甚至导致严重的工程事故。

引起水泥体积安定性不良的原因是:

(1)水泥熟料中存在过多的游离氧化钙和游离氧化镁。游离氧化钙和游离氧化镁均是过烧的,熟化很缓慢,在水泥硬化并产生一定强度后,才开始水化(熟化)成$Ca(OH)_2$或$Mg(OH)_2$。在此过程中,体积膨胀,引起水泥石不均匀的体积变化,使水泥石出现开裂、翘曲、疏松和崩溃等现象,甚至完全破坏。

(2)石膏掺量过多。水泥熟料中石膏掺量过多,水泥硬化后,残余石膏还会与固态的水化铝酸钙反应生成含有31个结晶水的高硫型水化硫铝酸钙,体积膨胀1.5倍以上,导致水泥体积安定性不良,使水泥石开裂。

对于过量的游离氧化钙引起的水泥体积安定性不良,国家标准规定采用沸煮法检验。因为沸煮法可以加速游离氧化钙的熟化,沸煮法又分为试饼法和雷氏法两种。沸煮法将标准稠度的净浆制成规定尺寸和形状的试饼,凝结后沸煮3 h,如不开裂、不翘曲定为合格,否则为不合格。雷氏法测定标准稠度水泥净浆在雷氏夹中沸煮3 h后的膨胀值,如两个试件膨胀值的平均值不大于5 mm,可判断体积安定性合格。当这两种方法发生争议时,以雷氏法为准。

由于游离氧化镁比游离氧化钙熟化更为缓慢,因此沸煮法对游离氧化镁根本无效,一般采用压蒸法来测定游离氧化镁的体积安定性。石膏掺量过多引起水泥的体积安定性不良需要长期浸在常温水中才能发现。由此可知,游离氧化镁和石膏掺量过多引起的水泥体积安定性不良均不能快速检测,因此国家标准规定,硅酸盐水泥熟料中氧化镁含量不得超过5.0%,硅酸盐水泥中三氧化硫含量不得超过3.5%,以保证水泥的体积安定性。

国家标准规定水泥体积安定性必须合格,安定性不良的水泥视为废品,不能用在工程中。

(五)强度和强度等级

水泥的强度是力学性质的一项主要技术指标,是确定水泥强度等级的依据。由于硅酸盐水泥在硬化过程中,其强度随着龄期而提高,在28 d以内强度发展较快,一般以28 d的抗压强度来表征硅酸盐水泥的强度等级。

目前,水泥强度的测定采用《水泥胶砂强度检验方法(ISO法)》(GB/T 17671—1999)规定的方法。水泥与ISO标准砂的比为1∶3,水灰比为0.5,按规定的方法制成40 mm×40 mm×160 mm的条形试件,在标准温度(20±1)℃的水中养护,分别测定3 d、28 d的抗折强度与抗压强度,根据测定结果及国家标准GB 175—2007,将硅酸盐水泥分为42.5、42.5R、52.5、52.5R、62.5和62.5R六个强度等级,其中代号R属于早强型水泥。不同类型各强度等级的硅酸盐水泥各龄期强度不得低于表3-3规定的数值。

表3-3 硅酸盐水泥各龄期的强度要求(GB 175—2007)

强度等级	抗压强度(MPa)		抗折强度(MPa)	
	3 d	28 d	3 d	28 d
42.5	≥17.0	≥42.5	≥3.5	≥6.5
42.5R	≥22.0	≥42.5	≥4.0	≥6.5
52.5	≥23.0	≥52.5	≥4.0	≥7.0
52.5R	≥27.0	≥52.5	≥5.0	≥7.0
62.5	≥28.0	≥62.5	≥5.0	≥8.0
62.5R	≥32.0	≥62.5	≥5.5	≥8.0

由于水泥的强度随着放置时间的延长而降低,所以为了保证水泥在工程中的使用质量,生产厂家在控制出厂水泥28 d强度时,均留有一定的富余强度。通常富余系数为

1.06～1.18。

（六）碱含量

水泥熟料中含有少量的碱，如 Na_2O 和 K_2O。水泥中的碱含量是用 $Na_2O+0.658K_2O$ 的计算值表示的。如果使用活性骨料，碱含量过高将导致碱－骨料反应破坏，为了避免碱－骨料反应造成的破坏，如使用活性骨料，应选用低碱水泥（水泥中碱含量不得大于0.6%）。

（七）水化热

水泥在水化过程中放出的热量称为水化热。水化热的多少与放热速度大小取决于水泥熟料的矿物成分与水泥的细度，还与混合材料、外加剂的品种及掺量有关。如水泥熟料矿物成分中铝酸三钙和硅酸三钙的含量较高，水泥颗粒较细，水化热就多，放热速度也快。如果水泥熟料矿物成分中硅酸二钙的含量较高，水泥颗粒较粗，在水泥中掺入混合材料，水化热少，放热速度也缓慢。

水泥的水化热对混凝土工程既有利也有弊，水泥的水化热有利于混凝土的冬季施工，但是对大体积混凝土是不利的。由于硅酸盐水泥放热量大而且集中，对于大型基础、大坝和桥墩等大体积混凝土，其内部散热缓慢，使内部温度常常达到50～60 ℃。而大体积混凝土外部散热较快，温度较低，内外温差达到一定值时，就会形成温差裂缝，降低混凝土强度和耐久性。

（八）密度和堆积密度

在混凝土配合比计算和水泥储运时，需要了解水泥的密度和堆积密度等基础数据。硅酸盐水泥的密度为3.0～3.15 g/cm^3，一般采用3.1 g/cm^3。堆积密度与其堆积紧密程度有关，水泥在松散状态时的堆积密度一般为900～1 300 kg/m^3。

五、硅酸盐水泥的腐蚀与防止

硅酸盐水泥硬化后，在一般使用条件下，具有较高的耐久性。但是，当水泥石长期处于有某些腐蚀性介质环境（如流动的淡水、酸性或盐类溶液、强碱等）中时，会逐渐受到侵蚀变得疏松，使其强度和耐久性降低，甚至导致混凝土结构破坏。这种现象称为水泥石腐蚀。水泥石腐蚀主要有以下四种类型。

（一）软水腐蚀（溶出性腐蚀）

暂时硬度较低的水称为软水，暂时硬度是按每升水中重碳酸盐含量来计算的。如雨水、雪水、蒸馏水和冷凝水均为软水，有些重碳酸盐含量较低的湖水和河水也可看做软水。

当水泥石长期与软水接触时，水化产物都不同程度地溶解于水中，其中氢氧化钙溶解度最大。氢氧化钙首先溶出，并很快达到饱和。如果水是静止的或是无压水，氢氧化钙的溶出仅限于水泥石表面，因此对水泥石影响不大。相反在流动水或者有压水中，水泥石中的氢氧化钙溶出并被水带走，水泥石中氢氧化钙浓度会不断的降低，当水泥石中氢氧化钙的浓度降到一定值时，其他水化产物（如水化硅酸钙、水化铝酸钙和水化硫铝酸钙等）所赖依存在的环境遭到破坏，它们将相继分解溶蚀。水泥石结构不断遭到破坏，强度逐渐降低，最终将导致整个水泥混凝土和钢筋混凝土工程的破坏。

如环境水质较硬（重碳酸盐含量较高），重碳酸盐与水泥石中的氢氧化钙反应生成溶解度较低的碳酸钙。碳酸钙沉积在水泥石表面孔隙内,使水泥石表面变得密实,阻止了介质水继续侵入。因此,水的暂时硬度越高,腐蚀性越小,而水质越软,腐蚀性越严重。

因此,对须与软水接触的混凝土构件,应预先在空气中放置一段时间,使水泥中的氢氧化钙与空气中的 CO_2 作用形成碳酸钙外壳,则可对溶出性侵蚀起到一定的保护作用。

(二)酸的腐蚀

1. 碳酸的腐蚀

在工业废水和地下水中,常常溶解有较多的二氧化碳,这种水对水泥石的腐蚀是通过以下方式进行的:首先是水泥石中的氢氧化钙和二氧化碳作用生成不溶于水的碳酸钙,碳酸钙与二氧化碳反应生成了易溶于水的碳酸氢钙。此反应过程可逆,但由于水中溶解的二氧化碳较多,使得反应向生成碳酸氢钙的方向进行,从而流失。当水泥石中氢氧化钙浓度降低到一定值时,其他水化产物相继分解,使水泥石结构遭到破坏。

2. 一般酸的腐蚀

工业废水、地下水和沼泽水中常含有无机酸和有机酸。各种酸对水泥石腐蚀程度不同,它们与水泥石中的氢氧化钙发生反应,其产物或者易溶于水,或者结晶膨胀,均会降低水泥石的强度。无机酸中对水泥石腐蚀最严重的是盐酸、氢氟酸、硫酸和硝酸等,而有机酸中醋酸、蚁酸和乳酸等腐蚀作用最为严重。如盐酸与水泥石中的氢氧化钙反应生成易溶于水的氯化钙。硫酸与水泥石中的氢氧化钙反应生成带 2 个结晶水的硫酸钙,它在水泥石的孔隙中结晶膨胀。若硫酸钙生成量较多,还会与水泥石中的固态水化铝酸钙反应,生成高硫型水化硫铝酸钙,结晶膨胀 1.5 倍以上,对水泥石的危害更大。

(三)盐的腐蚀

1. 硫酸盐腐蚀

在海水、盐沼水、地下水和某些工业污水中常含有钠、钾和铵等硫酸盐,它们与水泥石中的氢氧化钙发生复分解反应,产物硫酸钙沉积在已硬化的水泥石表面孔隙内结晶膨胀,导致水泥石开裂。如生成的硫酸钙较多,新生成的硫酸钙活性高,容易与水泥石中固态水化铝酸钙反应生成含有 31 个结晶水的高硫型水化硫铝酸钙,膨胀为原体积的 1.5 倍以上,对水泥石结构造成的破坏更为严重。由于高硫型水化硫铝酸钙是针状晶体,因此称之为“水泥杆菌”。

值得注意的是,在生产硅酸盐水泥时,为了调节硅酸盐水泥的凝结时间,加入了适量石膏。石膏与水化铝酸钙反应也生成了高硫型水化硫铝酸钙,但是它是在水泥浆尚具有一定可塑性时生成的,因此不具有破坏作用。

2. 镁盐腐蚀

在海水、地下水和盐沼水中,常常含有大量的以硫酸镁和氯化镁为主的镁盐,它们与水泥石中的氢氧化钙发生复分解反应生成氢氧化镁及二水硫酸钙或氯化钙。

产物中氢氧化镁松散没有胶结能力,而氯化钙易溶于水,二水硫酸钙则会产生硫酸盐的腐蚀。因此,硫酸镁对水泥石具有镁盐和硫酸盐双重破坏作用。

(四)强碱的腐蚀

硅酸盐水泥水化后,由于水化产物中的氢氧化钙存在,使水泥石显碱性(pH 值一般为 12.5 ~ 13.5),所以一般碱浓度不高时,对水泥石不产生腐蚀。当水泥中铝酸盐含量较高时，遇到强碱介质，两者反应生成易溶于水的铝酸钠及氢氧化钙。氢氧化钠浸透水泥石后，在空气中，氢氧化钠与二氧化碳反应生成碳酸钠和水。碳酸钠在水泥石孔隙中结晶膨胀，导致水泥石产生裂缝，强度降低。

综上所述，水泥石腐蚀有三种表现形式：一是溶出性侵蚀，主要是水泥石中 $Ca(OH)_2$ 溶解使水泥石中 $Ca(OH)_2$ 的浓度降低，进而引起其他水化产物的溶解；二是离子交换反应型侵蚀，侵蚀性介质与水泥石中 $Ca(OH)_2$ 发生离子交换反应，生成易溶解或是无胶结能力的产物，破坏水泥石原有的结构；三是膨胀型侵蚀，水泥石中的水化铝酸钙与硫酸钙作用形成膨胀性结晶产物，产生有害的内应力，引起膨胀性破坏。

在实际工程中，由于环境介质比较复杂，单一介质对水泥石造成的腐蚀几乎不存在，而是几种腐蚀类型同时存在、相互影响、共同作用的。水泥石腐蚀是内外因并存的。造成水泥石腐蚀的外在原因为腐蚀性介质。内在原因包括两方面：一方面是水泥石中存在着氢氧化钙和水化铝酸钙等易腐蚀的组分；另一方面水泥石本身不密实，内部存在着很多腐蚀性介质容易进入的毛细孔通道。

除上述四种腐蚀类型外，对水泥石有腐蚀作用的还有其他一些物质，如糖、酒精、动物脂肪等。

（五）水泥石腐蚀的防止措施

根据以上腐蚀环境特点和水泥石腐蚀的内在原因，在实际工程中，可采取以下防止措施。

1. 根据侵蚀性介质合理选择水泥品种

水泥石中易引起腐蚀的组分是氢氧化钙和水化铝酸钙。若选用水化产物中氢氧化钙含量少的水泥（掺有混合材料的水泥）可有效地防止软水和镁盐（硫酸镁除外）等介质的侵蚀；若选用铝酸盐含量较少的水泥（抗硫酸盐水泥），可显著地提高水泥石抵抗硫酸盐侵蚀的能力；选择混合材料掺量较大的水泥可提高抗各类侵蚀（除抗碳化外）的能力。

2. 提高水泥石的密实度，改善水泥石的抗腐蚀能力

由于实际拌和用水量明显大于其化学反应的理论需水量，多余水分蒸发，在水泥石中形成连通孔隙，腐蚀介质就易渗入水泥石内部，从而加速水泥石侵蚀。在实际工程中，一般采用降低水灰比、选择级配良好的骨料、掺入混合材料和外加剂、改善施工工艺等方法来提高混凝土的密实度，从而提高水泥石的抗腐蚀能力。另外，还可以在混凝土表面进行碳化处理或者氟硅酸处理，使混凝土表面生成了难溶的碳酸钙外壳或者氟化钙及硅胶，提高混凝土表面的密实度以阻止侵蚀性介质侵入内部。

3. 对水泥石结构采取隔离保护措施

若遇到较强的腐蚀性介质，在采取上述措施的基础上，可在混凝土表面加做耐腐蚀性高且不透水的保护层，如工程中常采用耐酸陶瓷、耐酸石料、玻璃、塑料等覆盖于水泥石的表面，防止侵蚀性介质与水泥直接接触，达到抗侵蚀的目的。

六、硅酸盐水泥的性质与应用

水泥的特性与其应用是相适应的，硅酸盐水泥与其他水泥（四种掺有混合材料的水泥）相比具有以下特性。

(一)强度发展快,强度高

由于硅酸盐水泥熟料中硅酸三钙和铝酸三钙含量高,凝结硬化快,强度高,尤其是早期(包括 3 d 和 28 d)强度高,因此强度等级高。主要用于重要结构的高强混凝土、预应力混凝土和有早强要求的混凝土工程。

(二)抗冻性高

由于硅酸盐水泥凝结硬化快,早期强度高,而且其拌和物不易发生泌水,密实度高。因此,适用于寒冷地区和严寒地区遭受反复冻融的混凝土工程。

(三)抗碳化性能好

由于硅酸盐水泥凝结硬化后,水化产物中氢氧化钙浓度高,水泥石的碱度高,再加上硅酸盐水泥混凝土的密实度高,开始碳化生成的碳酸钙填充混凝土表面的孔隙,使混凝土表面更密实,有效地阻止了进一步碳化。因此,硅酸盐水泥抗碳化性能高,可用于有碳化要求的混凝土工程中。

(四)耐腐蚀性差

由于硅酸盐水泥熟料中硅酸三钙和铝酸三钙含量高,其水化产物中易腐蚀的氢氧化钙和水化铝酸三钙含量高,因此耐腐蚀性差,不宜长期使用在含有侵蚀性介质(如软水、酸和盐)的环境中。

(五)水化热高

由于硅酸盐水泥熟料中硅酸三钙和铝酸三钙含量较高,水化热高,而且释放集中,因此不宜用于大体积混凝土工程中,但是可应用于冬季施工的工程中。

(六)耐热性差

硅酸盐水泥混凝土在温度不高时(一般为 100 ~ 250 ℃),尚存的游离水的水化继续进行,混凝土的密实度进一步增加,强度有所提高。当温度高于 250 ℃时,硅酸盐水泥中的水化产物氢氧化钙分解为氧化钙,如再遇到潮湿的环境,氧化钙熟化体积膨胀,使混凝土遭到破坏。因此,硅酸盐水泥不宜用于有耐热性要求的混凝土工程中。

(七)耐磨性好

由于硅酸盐水泥混凝土强度高,因此耐磨性好,可用于路面和机场跑道等混凝土工程中。

课题二　混合材料及掺混合材料的硅酸盐水泥

一、混合材料

在生产水泥时,加入的人工或天然的矿物材料称为水泥混合材料。掺混合材料的目的是调整水泥的强度等级,改善水泥的某些性能,增加水泥的品种,扩大使用范围,降低水泥成本和提高产量,并且充分利用工业废料。水泥混合材料分为活性混合材料和非活性混合材料两大类。

(一)活性混合材料

具有火山灰活性或潜在水硬性的混合材料称为活性混合材料。所谓火山灰活性,是指混合材料磨成细粉与石灰加水拌和后，在常温下，能生成具有水硬性水化产物的性质。而潜在水硬性一般是指磨细的混合材料和石灰与石膏（硫酸盐激发剂）加水拌和，在湿空气中才能生成水硬性水化产物的性质。在水泥中加入活性混合材料的目的是：改善水泥性质，调整水泥强度等级和增加水泥品种以扩大其应用范围，增加水泥产量以降低成本，同时既节约了熟料，又充分利用了工业废渣。常用的活性混合材料有粒化高炉矿渣、火山灰质混合材料和粉煤灰三种。

1. 粒化高炉矿渣

将炼铁高炉中浮在铁水表面的熔渣，经急速冷却处理得到的松软颗粒称为粒化高炉矿渣，其粒径一般在 0.5 ~ 5 mm。急速冷却处理一般采用水淬的方法进行，因此又称为水淬矿渣。急速冷却的目的是阻止结晶，使其大部分成为不稳定的玻璃体，具有较高的化学活性。

粒化高炉矿渣的活性取决于其化学成分含量和玻璃体含量，高炉矿渣的主要化学成分为 CaO、MgO、Al_2O_3 和 SiO_2 等，其中活性二氧化硅和活性氧化铝含量越高，高炉矿渣的活性越高。高炉矿渣中玻璃体含量越高，其活性越高。

用于水泥混合材料的粒化高炉矿渣，应满足国家标准的规定。

2. 火山灰质混合材料

火山喷发时，随熔岩喷发大量碎屑沉积在地面和水中的松软物质称为火山灰。由于其高温喷发物在地面或水中急速冷却，在其内部形成了大量玻璃体，因此火山灰具有较高的活性。火山灰质混合材料泛指火山灰一类材料，根据其活性化学成分和矿物结构不同可分为含水硅酸质、铝硅玻璃质和烧黏土质三类。含水硅酸质混合材料的活性化学成分为氧化硅，如硅藻土、硅藻石和蛋白石等。铝硅玻璃质混合材料活性化学成分为 SiO_2 和 Al_2O_3，如火山灰、凝灰岩和浮石等。烧黏土质混合材料的活性化学成分为 Al_2O_3，如烧黏土、煤渣和煅烧的煤矸石等。

3. 粉煤灰

粉煤灰是燃煤电厂所排放的工业废渣，从烟囱道中收集的粉末，因此又称为飞灰。目前，我国粉煤灰的年排放量为 1.2 亿 t 以上，同粒化高炉矿渣相比，粉煤灰的利用率偏低。粉煤灰由煤粉悬浮态燃烧后急冷而形成，因此粉煤灰大多是直径 0.001 ~ 0.05 mm 的实心或空心玻璃态球粒。粉煤灰化学活性的高低取决于活性化学成分 SiO_2 和 Al_2O_3 的含量及玻璃体的含量。

（二）非活性混合材料

凡是不具有活性或活性很低的天然或人工矿物质材料称为非活性混合材料，它与水泥的水化产物基本不发生化学反应。在水泥中掺入非活性混合材料的目的是：调整水泥强度等级，增加产量，降低水化热。也就是说，非活性混合材料仅起填充作用，常用的非活性混合材料有石英砂、石灰石和慢冷矿渣。

二、掺活性混合材料的硅酸盐水泥的水化特点

掺活性混合材料的硅酸盐水泥在与水拌和后，首先是水泥熟料水化，水化生成的 $Ca(OH)_2$ 作为活性“激发剂”，与活性混合材料中活性 SiO_2 和活性 Al_2O_3 反应，即“二次水

化反应”，生成具有水硬性的水化硅酸钙和水化铝酸钙。当石膏存在时，石膏可与上述反应生成的水化铝酸钙进一步反应生成水硬性的低钙型水化硫铝酸钙，使凝结硬化强度进一步提高。

与水泥熟料的水化相比，“二次水化反应”具有的特点是速度慢、水化热小、对温度和湿度较敏感。

三、普通硅酸盐水泥

凡是由硅酸盐水泥熟料、6%～15%混合材料、适量石膏磨细制成的水硬性胶凝材料，称为普通硅酸盐水泥，简称普通水泥，代号为P·O。混合材料的掺量按质量百分比计。

普通硅酸盐水泥的技术要求如下所述。

（一）强度

国家标准GB 175—2007规定，普通硅酸盐水泥的强度等级分为32.5、32.5R、42.5、42.5R、52.5和52.5R六个强度等级，各强度等级不同龄期强度不得低于表3-4规定的数值。

表3-4　普通硅酸盐水泥各龄期的强度要求（GB 175—2007）

强度等级	抗压强度（MPa）		抗折强度（MPa）	
	3 d	28 d	3 d	28 d
32.5	≥11.0	≥32.5	≥2.5	≥5.5
32.5R	≥16.0	≥32.5	≥3.5	≥5.5
42.5	≥17.0	≥42.5	≥3.5	≥6.5
42.5R	≥22.0	≥42.5	≥4.0	≥6.5
52.5	≥23.0	≥52.5	≥4.0	≥7.0
52.5R	≥27.0	≥52.5	≥5.0	≥7.0

（二）细度

普通硅酸盐水泥细度以比表面积表示，其比表面积不小于300 m^2/kg。

（三）凝结时间

普通硅酸盐水泥的初凝时间不得早于45 min，终凝时间不得迟于600 min。

其他技术要求同硅酸盐水泥。

普通硅酸盐水泥是在硅酸盐水泥熟料中掺入了少量的混合材料，主要是调节水泥强度等级，以合理利用水泥。由于混合材料掺量较少，和硅酸盐水泥相比，性能与应用范围相近，具体表现为：①早期强度略低；②水化热略低；③耐腐蚀性略有提高；④耐热性稍好；⑤抗冻性、耐磨性、抗碳化性略有降低。在应用方面，普通硅酸盐水泥与硅酸盐水泥基本相同，甚至在一些不能用硅酸盐水泥的地方也可采用普通硅酸盐水泥，使得普通硅酸盐水泥成为建筑行业应用面最广、使用量最大的水泥品种。

四、矿渣硅酸盐水泥

凡是由硅酸盐水泥熟料和粒化高炉矿渣、适量石膏磨细制成的水硬性胶凝材料称为矿渣硅酸盐水泥,简称矿渣水泥,代号 P·S。粒化高炉矿渣的掺量按质量百分比计。

矿渣硅酸盐水泥的水化过程分两步进行:首先是水泥熟料水化,其产物同硅酸盐水泥,然后是水化产物中的氢氧化钙与粒化高炉矿渣中活性二氧化硅和氧化铝反应,此反应称为二次反应,其主要水化产物为水化硅酸钙凝胶、水化铝酸钙晶体。

根据国家标准 GB 175—2007 规定,矿渣硅酸盐水泥熟料中氧化镁含量不得超过 5.0%,如矿渣硅酸盐水泥压蒸试验合格,则熟料中氧化镁含量可以放宽到 6.0%。矿渣硅酸盐水泥中三氧化硫含量不得超过 4.0%,因为石膏既调节水泥的凝结硬化时间,又作为硫酸盐激发剂,它与水化产物中水化铝酸钙反应,生成水化硫铝酸钙。因此,其掺量和普通硅酸盐水泥相比有所提高。其他技术要求同普通硅酸水泥。

矿渣硅酸盐水泥分为 32.5、32.5R、42.5、42.5R、52.5 和 52.5R 六个强度等级,不同强度等级的矿渣硅酸盐水泥在各龄期强度不得低于表 3-5 中规定的数值。

表 3-5　矿渣硅酸盐水泥、粉煤灰硅酸盐水泥和火山灰质硅酸盐水泥各龄期强度要求(GB 175—2007)

强度等级	抗压强度(MPa)		抗折强度(MPa)	
	3 d	28 d	3 d	28 d
32.5	≥10.0	≥32.5	≥2.5	≥5.5
32.5R	≥15.0	≥32.5	≥3.5	≥5.5
42.5	≥15.0	≥42.5	≥3.5	≥6.5
42.5R	≥19.0	≥42.5	≥4.0	≥6.5
52.5	≥21.0	≥52.5	≥4.0	≥7.0
52.5R	≥23.0	≥52.5	≥4.5	≥7.0

与硅酸盐水泥和普通硅酸盐水泥相比,矿渣硅酸盐水泥具有以下特点。

(一)早期强度低,后期强度增长较快

由于矿渣硅酸盐水泥中熟料含量少,再加上氢氧化钙与矿渣中活性二氧化硅、氧化铝在常温下反应较缓慢,因此凝结硬化缓慢。早期(指 3 d)强度低,28 d 以后由于二次反应的产物增多,使强度不断提高,后期强度可以赶上甚至超过同强度等级的普通硅酸盐水泥。因此,矿渣硅酸盐水泥不适合有早强要求的混凝土工程。

(二)水化热较低

由于矿渣硅酸盐水泥中熟料含量较少,硅酸三钙和铝酸三钙的含量较少。二次反应速度缓慢,所以矿渣硅酸盐水泥水化热少。其适用于大体积混凝土工程,不适用于冬季施工的混凝土工程。

(三)硬化时对温湿敏感性强

粒化高炉矿渣中活性二氧化硅、活性氧化铝与水泥熟料水化产物中氢氧化钙的反应受温湿度影响较大。在湿热养护(包括蒸汽养护和蒸压养护)的条件下,可明显加快二次反应的速度,不但可以提高矿渣硅酸盐水泥的早期强度,还可提高其后期强度。因此,矿渣硅酸盐水泥适用于采用蒸汽养护的混凝土预制构件厂。

（四）耐腐蚀性强

由于矿渣硅酸盐水泥中熟料含量较少，熟料水化所产生的氢氧化钙和水化铝酸钙也少。矿渣硅酸盐水泥的二次反应又消耗了大量的氢氧化钙，由此可见矿渣硅酸盐水泥石中氢氧化钙浓度就更低了。因此，矿渣硅酸盐水泥的抗腐蚀能力很强，适用于有抗腐蚀性要求的混凝土工程中，如海港混凝土工程和软水中的混凝土工程等。

（五）抗碳化性能较差

矿渣硅酸盐水泥石中，氢氧化钙浓度低。由于矿渣硅酸盐水泥本身泌水性大，形成的水泥石不密实，因此抗碳化性能差，而且对钢筋的防锈也不利。其不适用于有抗碳化性能要求的混凝土工程，也不适用于重要的钢筋混凝土工程。

（六）耐热性好

由于矿渣硅酸盐水泥石中氢氧化钙含量少，再加上粒化高炉矿渣本身具有较高的耐热性，因此矿渣硅酸盐水泥具有较高的耐热性。它与耐热骨料可以配制耐热混凝土，用于冶炼车间、锅炉房等有耐热要求的混凝土工程中。

（七）保水性差、泌水性大、干缩性大

粒化高炉矿渣很难磨得很细，加上矿渣玻璃体亲水性差，在拌制混凝土时泌水性大，容易形成毛细管通道和粗大孔隙，在空气中硬化时易产生较大干缩。

（八）抗冻性差、耐磨性差

由于矿渣硅酸盐水泥石中含有较多孔隙，而且矿渣硅酸盐水泥早期强度低；因此矿渣硅酸盐水泥抗冻性差，不宜用在严寒地区的水位变化区的混凝土工程中。矿渣硅酸盐水泥耐磨性差，不适用于路面混凝土工程。

矿渣硅酸盐水泥也是我国主要的水泥品种之一，广泛应用在混凝土工程中。

五、火山灰质硅酸盐水泥

凡是由硅酸盐水泥熟料和火山灰质混合材料、适量石膏磨细制成的水硬性胶凝材料称为火山灰质硅酸盐水泥，简称火山灰质水泥，代号 P·P。火山灰质混合材料掺量按质量百分比计。

根据国家标准 GB 175—2007 规定，火山灰质硅酸盐水泥中氧化镁含量不得超过 5.0%，如火山灰质硅酸盐水泥压蒸试验合格，则水泥中氧化镁含量可以放宽到 6.0%。火山灰质硅酸盐水泥中三氧化硫含量不得超过 3.5%。火山灰质硅酸盐水泥的密度为 2.8 ~ 3.1 g/cm^3，堆积密度通常为 900 ~ 1 000 kg/m^3。

火山灰质硅酸盐水泥的细度、凝结时间、体积安定性和强度等技术要求同矿渣硅酸盐水泥。

从火山灰质硅酸盐水泥凝结硬化过程来看，其与矿渣硅酸盐水泥基本相同。首先是硅酸盐水泥熟料的水化，产物氢氧化钙与火山灰质混合材料中的活性氧化物发生二次反应，生成水硬性产物。

火山灰质硅酸盐水泥的许多性能，如凝结硬化特性（指其凝结硬化缓慢和凝结硬化过程对温湿度比较敏感，适用于湿热养护）、早期强度低、水化热低、抗碳化性能差等，基本同矿渣硅酸盐水泥。而火山灰质硅酸盐水泥的抗冻性与耐磨性比矿渣硅酸盐水泥还要差，因此不适用于寒冷地区和严寒地区的混凝土工程，也不适用于路面混凝土工程。

与矿渣硅酸盐水泥相比，火山灰质硅酸盐水泥还具有以下特性。

（一）抗渗性好

由于火山灰质混合材料含有大量的微细孔隙，使其具有良好的保水性，并且在水化过程中形成大量的水化硅酸钙凝胶，使火山灰质硅酸盐水泥的水泥石结构密实，从而具有较高的抗渗性。

（二）干缩大，在干燥环境中表面易“起毛”

火山灰质硅酸盐水泥的干缩性能比矿渣硅酸盐水泥还要大，原因是火山灰质硅酸盐水泥水化产物中含有大量胶体，长期处于干燥环境时，胶体会脱水产生严重的收缩，导致干缩裂缝。同时，在干燥空气中，火山灰质硅酸盐水泥石中水化硅酸钙与二氧化碳反应，在硬化的水泥石表面生成碳酸钙和二氧化硅等粉状物质，此种现象称为起粉。在实际混凝土工程中，为防止火山灰质硅酸盐水泥形成干缩裂缝和起粉，应加强养护、适当延长保湿时间。因此，火山灰质硅酸盐水泥不适用于干燥环境中的混凝土工程。

（三）耐腐蚀强

在火山灰质硅酸盐水泥中，由于所掺火山灰质混合材料种类的不同，表现的耐腐蚀性能也有差异。如所掺火山灰质混合材料活性氧化铝含量较高，火山灰质硅酸盐水泥的二次反应产物中水化铝酸钙含量较高，抵抗硫酸盐侵蚀的能力较差。相反如所掺火山灰质混合材料中活性氧化铝含量较低，则其抗腐蚀性能与矿渣硅酸盐水泥基本相同，在此种情况下，火山灰质硅酸盐水泥适用于抗硫酸盐侵蚀的混凝土工程中。因此，由于火山灰质混合材料种类较多，在使用火山灰质硅酸盐水泥时，应特别注意所掺火山灰质混合材料的种类，以正确使用。

六、粉煤灰硅酸盐水泥

凡由硅酸盐水泥熟料和粉煤灰、适量石膏磨细制成的水硬性胶凝材料称为粉煤灰硅酸盐水泥，简称粉煤灰水泥，代号为 P·F。粉煤灰掺量按质量百分比计。

根据国家标准规定，粉煤灰硅酸盐水泥的细度、凝结时间、体积安定性和强度等技术要求同火山灰质硅酸盐水泥。

粉煤灰硅酸盐水泥的凝结硬化过程与火山灰质硅酸盐水泥和矿渣硅酸盐水泥基本相同，这里不再重述。

粉煤灰硅酸盐水泥的性能与应用同火山灰质硅酸盐水泥基本相同，但是由于粉煤灰本身的特性，使粉煤灰硅酸盐水泥与其他水泥相比具有如下特性。

（一）早期强度低、水化热低

由于粉煤灰多为球状颗粒，表面致密，内比表面积较小，水化速度十分缓慢，因此粉煤灰硅酸盐水泥的早期强度比矿渣硅酸盐水泥和火山灰质硅酸盐水泥相比还要低。但是，随着时间的延长，由于粉煤灰硅酸盐水泥的二次产物增多，后期强度（约 90 d 后）能赶上甚至超过同强度等级的硅酸盐水泥。因此，粉煤灰硅酸盐水泥适用于承受荷载较迟的混凝土工程。

（二）干缩性小，抗裂性好

由于粉煤灰多为表面致密的球状结构，吸附水的能力差，标准稠度用水量小（与矿渣硅酸盐水泥和火山灰质硅酸盐水泥相比），因此干缩性小，抗裂性好。而球形颗粒保水性差，容易失水而产生裂缝，因此在实际工程中，应对粉煤灰硅酸盐水泥混凝土加强养护，以免产生失水裂缝。

另外，由于粉煤灰本身多为球状体，可以有效地改善混凝土拌和物的和易性。

七、复合硅酸盐水泥

凡由硅酸盐水泥熟料、两种或两种以上规定的混合材料、适量石膏磨细制成的水硬性胶凝材料，称为复合硅酸盐水泥，简称复合水泥，代号 P·C。水泥中混合材料掺量按质量百分比计。

根据国家标准 GB 175—2007 规定，复合硅酸盐水泥中氧化镁含量不得超过 5.0%，如复合硅酸盐水泥压蒸试验合格，则熟料中氧化镁含量可以放宽到 6.0%。复合硅酸盐水泥中三氧化硫含量不得超过 3.5%。

复合硅酸盐水泥根据国家标准规定，其强度分为 32.5、32.5R、42.5、42.5R、52.5 和 52.5R 六个强度等级，不同强度等级的复合硅酸盐水泥各龄期强度不得低于表 3-6 中规定的数值。

表 3-6　复合硅酸盐水泥各龄期的强度要求（GB 175—2007）

强度等级	抗压强度（MPa）		抗折强度（MPa）	
	3 d	28 d	3 d	28 d
32.5	≥11.0	≥32.5	≥2.5	≥5.5
32.5R	≥16.0	≥32.5	≥3.5	≥5.5
42.5	≥16.0	≥42.5	≥3.5	≥6.5
42.5R	≥21.0	≥42.5	≥4.0	≥6.5
52.5	≥22.0	≥52.5	≥4.0	≥7.0
52.5R	≥26.0	≥52.5	≥5.0	≥7.0

复合硅酸盐水泥对细度、凝结时间和体积安定性等技术性能要求同普通硅酸盐水泥。

在复合硅酸盐水泥中，掺有两种及两种以上的混合材料，可显著改善水泥的性能。如在水泥中单掺粒化高炉矿渣，所得水泥的泌水性大；而在水泥中单掺粉煤灰，所得水泥的泌水性小、早期强度低；如同时掺有粒化高炉矿渣和粉煤灰，可使水泥的泌水性得到改善，而且早期强度也有所提高。复合硅酸盐水泥的特性取决于所掺混合材料的种类、掺量和相对比例。

复合硅酸盐水泥早期强度比矿渣硅酸盐水泥、火山灰质硅酸盐水泥和粉煤灰硅酸盐水泥稍高，与普通硅酸盐水泥相近，其他性能与矿渣硅酸盐水泥、火山灰质硅酸盐水泥和粉煤灰硅酸盐水泥相近或略有改善，其应用范围与矿渣硅酸盐水泥、火山灰质硅酸盐水泥和粉煤灰硅酸盐水泥相近。

将六种通用水泥(硅酸盐水泥、普通硅酸盐水泥、矿渣硅酸盐水泥、火山灰质硅酸盐水泥、粉煤灰硅酸盐水泥和复合硅酸盐水泥)的成分、特性及应用汇总列于表3-7中。

表3-7　六种通用水泥的成分、特性及应用

水泥品种	成分	特性	适用范围	不适用范围
硅酸盐水泥	水泥熟料、0～5%石灰石或粒化高炉矿渣、适量石膏	1. 早期强度高 2. 水化热高 3. 抗冻性好 4. 耐腐蚀性差 5. 干缩性小 6. 抗碳化性能好 7. 耐热性差 8. 耐磨性好 9. 湿热养护效果差	1. 早强混凝土 2. 路面混凝土 3. 有抗冻要求的混凝土 4. 干燥气候条件下的混凝土 5. 有抗碳化要求的混凝土 6. 高强混凝土、预应力混凝土	1. 大体积混凝土 2. 受侵蚀的混凝土 3. 耐热混凝土
普通硅酸盐水泥	水泥熟料、6%～15%混合材料、适量石膏	与硅酸盐水泥基本相同	与硅酸盐水泥基本相同	与硅酸盐水泥基本相同
矿渣硅酸盐水泥	水泥熟料、>20%且≤70%的粒化高炉矿渣、适量石膏	1. 水化热低 2. 耐腐蚀性较强 3. 抗冻性较差 4. 干缩性较大 5. 抗碳化性能差 6. 耐磨性较差 7. 抗渗性差 8. 耐热性好 9. 湿热养护效果好 10. 早期强度较低，后期强度增长快	1. 大体积混凝土 2. 受侵蚀的混凝土 3. 耐热混凝土 4. 蒸汽养护的预制构件厂	1. 有抗碳化要求的混凝土 2. 有抗渗性要求的混凝土 3. 早强混凝土
火山灰质硅酸盐水泥	水泥熟料、>20%且≤40%火山灰质混合材料、适量石膏	1. 水化热低 2. 耐腐蚀性较强 3. 抗冻性差 4. 抗碳化性能差 5. 耐磨性差 6. 干缩性大 7. 抗渗性好 8. 湿热养护效果好 9. 早期强度较低，后期强度增长快	1. 大体积混凝土 2. 受侵蚀的混凝土 3. 抗渗混凝土 4. 蒸汽养护的预制构件厂	1. 有抗冻要求的混凝土 2. 有抗碳化要求的混凝土 3. 早强混凝土 4. 干燥气候条件下混凝土

续表 3-7

水泥品种	成分	特性	适用范围	不适用范围
粉煤灰硅酸盐水泥	水泥熟料、20%~40%粉煤灰、适量石膏	1. 水化热低 2. 耐腐蚀性较强 3. 抗冻性差 4. 抗碳化性能差 5. 耐磨性差 6. 抗渗性差 7. 干缩性小,抗裂性好 8. 湿热养护效果好 9. 早期强度低,后期强度增长快	1. 大体积混凝土 2. 受侵蚀的混凝土 3. 蒸汽养护的预制构件厂 4. 承受荷载较迟的混凝土	1. 有抗冻要求的混凝土 2. 干燥气候条件下混凝土 3. 有抗碳化要求的混凝土 4. 路面混凝土 5. 早强混凝土
复合硅酸盐水泥	水泥熟料、>20%且≤50%两种或两种以上的混合材料、适量石膏	1. 水化热低 2. 耐腐蚀性较强 3. 抗冻性较差 4. 抗碳化性能差 5. 耐磨性差 6. 湿热养护效果好 7. 早期强度较低,后期强度增长快	1. 大体积混凝土 2. 蒸汽养护的预制构件厂 3. 受侵蚀的混凝土	1. 有抗冻要求的混凝土 2. 干燥气候条件下混凝土 3. 有抗碳化要求的混凝土 4. 路面混凝土

上述所讲的六种通用水泥,广泛应用在我国混凝土及钢筋混凝土工程中。针对一些混凝土及钢筋混凝土工程,在选用水泥时,应考虑混凝土的工程结构特点及工程所处环境。在满足上述条件下,尽量降低成本。

课题三　水泥的包装、验收、储存与保管

一、包装与验收

水泥可以散装或袋装。袋装水泥每袋净含量为 50 kg,且应不少于标志质量的 99%;随机抽取 20 袋总质量(含包装袋)应不少于 1 000 kg。其他包装形式由供需双方协商确定,但有关袋装质量要求,应符合上述规定。水泥包装袋应符合 GB 9774—2002 的规定。

水泥包装袋上应清楚标明执行标准、水泥品种、代号、强度等级、生产者名称、生产许可证标志(QS)及编号、出厂编号、包装日期、净含量。包装袋两侧应根据水泥的品种采用不同的颜色印刷水泥名称和强度等级,硅酸盐水泥和普通硅酸盐水泥采用红色,矿渣硅酸盐水泥采用绿色,火山灰质硅酸盐水泥、粉煤灰硅酸盐水泥和复合硅酸盐水泥采用黑色或

蓝色。

交货时水泥的质量验收可抽取实物试样以其检验结果为依据，也可以生产者的同编号水泥的检验报告为依据。采用何种方法验收由买卖双方商定，并在合同或协议中注明。卖方有告知买方验收方法的责任。当无书面合同或协议，或未在合同、协议中注明验收方法时，卖方应在发货票上注明“以本厂同编号水泥的检验报告为验收依据”字样。

以抽取实物试样的检验结果为验收依据时，买卖双方应在发货前或交货地共同取样和签封。取样方法按国家标准 GB 12573—2008 进行，取样数量为 20 kg，缩分为二等份。一份由卖方保存 40 d，另一份由买方按本标准规定的项目和方法进行检验。

在 40 d 以内，买方检验认为产品质量不符合本标准要求，而卖方又有异议时，则双方应将卖方保存的另一份试样送省级或省级以上国家认可的水泥质量监督检验机构进行仲裁检验。水泥安定性仲裁检验时，应在取样之日起 10 d 内完成。

以生产者同编号水泥的检验报告为验收依据时，在发货前或交货时买方在同编号水泥中取样，双方共同签封后由卖方保存 90 d，或认可卖方自行取样、签封并保存 90 d 的同编号水泥的封存样。

在 90 d 内，买方对水泥质量有疑问时，则买卖双方应将共同认可的试样送省级或省级以上国家认可的水泥质量监督检验机构进行仲裁检验。

二、水泥的储存与保管

水泥在保管时，应按不同生产厂、不同品种、强度等级和出厂日期分开堆放，严禁混杂；在运输及保管时要注意防潮和防止空气流动，先存先用，不可储存过久。若水泥保管不当会使水泥因风化而影响水泥正常使用，甚至会导致工程质量事故。

（一）水泥的风化

水泥中的活性矿物与空气中的水分、二氧化碳发生反应，而使水泥变质的现象，称为风化。

水泥中各熟料矿物都具有强烈与水作用的能力，这种趋于水解和水化的能力称为水泥的活性。具有活性的水泥在运输和储存过程中，易吸收空气中的水及二氧化碳，使水泥受潮而成粒状或块状，水泥强度等级越高，细度越细，吸湿受潮也越快。受潮的水泥活性降低、凝结迟缓、强度降低。在正常储存条件下，储存 3 个月，强度降低 10% ~25%，储存 6 个月，强度降低 25% ~40%。因此规定，常用水泥储存期为 3 个月，铝酸盐水泥为 2 个月，过期水泥在使用时应重新检测，按实际强度使用。

水泥一般应入库存放。水泥仓库应保持干燥，库房地面应高出室外地面 30 cm，离开窗户和墙壁 30 cm 以上。袋装水泥堆垛不宜过高，以免下部水泥受压结块，一般为 10 袋，如存放时间短，库房紧张，也不宜超过 15 袋；袋装水泥露天临时储存时，应选择地势高、排水条件好的场地，并认真做好上盖下垫，以防水泥受潮。若使用散装水泥，可用铁皮水泥灌仓，或散装水泥库存放。

（二）受潮水泥处理

受潮水泥处理参见表 3-8。

表 3-8　受潮水泥处理

受潮程度	状况	处理方法	使用方法
轻微	有松块、可以用手捏成粉末,无硬块	将松块、小球等压成粉末,同时加强搅拌	经试验按实际强度使用
较重	部分结成硬块	筛除硬块,并将松块压碎	经试验按实际强度使用,用于不重要的、受力小的部位,或用于砌筑砂浆
严重	呈硬块	将硬块压成粉末,换取25%硬块质量的新鲜水泥做强度试验	同受潮程度为较重的使用方法。严重受潮的水泥只可做掺合料或骨料

思考题

3-1　硅酸盐水泥的矿物组成有哪些？它们与水作用时各表现出什么特征？

3-2　简述硅酸盐水泥的硬化过程。水化后主要产物是什么？

3-3　生产水泥时,为什么要加入适量石膏？它对水泥不起破坏作用,而硬化后水泥遇到有硫酸盐溶液的环境,产生的石膏对水泥有破坏作用,为什么？

3-4　试述六大常用水泥的组成、特性及应用范围。

3-5　何谓水泥的凝结时间？国家标准为什么要规定水泥的凝结时间？

3-6　什么是水泥的体积安定性？体积安定性不良的原因及危害有哪些？

3-7　为防止水泥石受到腐蚀,可采取哪些措施进行预防？

3-8　已测得某普通硅酸盐水泥3 d的抗折强度及抗压强度均达到42.5级强度要求,28 d的抗折强度分别为8.20 MPa、7.90 MPa、7.80 MPa,28 d抗压破坏荷载分别为71.3 kN、72.4 kN、69.8 kN、70.5 kN、73.0 kN、70.8 kN。试评定该水泥的强度等级。

3-9　水泥中掺入混合材料的目的是什么？硅酸盐水泥常掺入哪几种活性混合材料？

3-10　水泥在运输和存放过程中为何不能受潮和雨淋？储存水泥时应注意哪些问题？

3-11　下列混凝土工程中应优先选用哪种水泥？并说明理由。

(1)大体积混凝土工程；

(2)采用湿热养护的混凝土构件；

(3)高强度混凝土工程；

(4)严寒地区受到反复冻融的混凝土工程；

(5)与硫酸介质接触的混凝土工程；

(6)有耐磨要求的混凝土工程。

单元四　混凝土

课题一　概　述

一、混凝土的定义及分类

从广义上讲，混凝土是指由胶凝材料、颗粒状骨料与水（根据需要可掺外加剂或掺合料），按照适当的比例配合，经均匀拌和、密实成型，在一定条件下养护而成的较坚硬的固体材料。混凝土是当今世界应用量最大、用途最广的人造石材，简写为“砼”。硬化前称之为混凝土拌和物或者新拌混凝土。

混凝土通常从以下几个方面进行分类：

（1）按混凝土中所用的胶凝材料可分为水泥混凝土（即常说的普通混凝土）、沥青混凝土、水玻璃混凝土等几种。

（2）按抗压强度分为低强混凝土（30 MPa 以下）、中强混凝土（30～60 MPa）、高强混凝土（60～100 MPa）和超高强混凝土（100 MPa 以上）。

（3）按混凝土表观密度分为重混凝土（干表观密度大于 2 800 kg/m^3）、普通混凝土（干表观密度为 2 000～2 800 kg/m^3）及轻混凝土（干表观密度小于 2 000 kg/m^3）。

（4）按混凝土生产工艺及施工方法分为普通浇筑混凝土、泵送混凝土、离心混凝土及碾压混凝土等。

（5）按混凝土用途分为结构混凝土、水工混凝土、道路混凝土，以及防水混凝土、装饰混凝土、耐热混凝土、耐酸混凝土、膨胀混凝土等特种混凝土。

（6）按流动性分为干硬性混凝土（坍落度小于 10 mm）、塑性混凝土（坍落度 10～90 mm）、流动性混凝土（坍落度 100～150 mm）等。

（7）按配筋情况分为素混凝土、钢筋混凝土、钢丝网混凝土及预应力混凝土等。

二、混凝土的特点

混凝土之所以能在土木建筑工程中得到广泛应用，是因为它具备以下许多其他材料无法替代的技术经济优点：

（1）原材料来源丰富，造价低廉、能耗低，还能充分利用工业废料（如粉煤灰、矿渣等）做骨料或掺合料，有利于环境保护。

（2）混凝土拌和物具有良好的可塑性。因此，可按工程结构要求在现场利用模板浇筑成各种形状和任意尺寸的整体结构或预制构件。

（3）配制灵活、适应性强。按照工程要求和使用环境的不同，不需要采取更多的工艺措施，只需选择原材料及改变配合比，就能配制出不同品种和技术性能的混凝土。

(4)抗压强度高。混凝土具有较高的抗压强度,在工程上 60 MPa 以上的混凝土应用已十分常见,如果需要,在实验室可配制出抗压强度超过 300 MPa 的混凝土。

(5)能和钢筋一起工作。混凝土与钢筋有着良好牢固的握裹力,且二者线膨胀系数大致相同,复合而成钢筋混凝土能互补优劣,混凝土强度得到增强,而混凝土对钢筋还有良好的保护作用,大大拓宽了混凝土的应用范围。

(6)耐久性好。性能良好的混凝土具有很高的抗冻性、抗渗性及耐腐蚀性等,通常能使用几十年,甚至数百年。混凝土一般不需维护和保养,即使需要也很简单,故日常维修费很低。

(7)耐火性好。普通混凝土的耐火性远比木材、塑料和钢材好,可耐数小时的高温作用而仍保持其力学性能,有利于及时扑救火灾。

(8)装饰性好。如果充分利用混凝土的塑性,采取适当的工艺方法和措施,在其表面形成一定的造型、线型、质感或色泽,就可使混凝土展现出独特的装饰效果。

同时,混凝土还存在一定的缺点有待克服,如自重大、抗拉强度低、硬化慢、生产周期长、变形能力小、导热系数大、易开裂等,随着现代混凝土科学技术的迅速发展,混凝土的不足之处已经并且不断被改进和克服。

三、混凝土的发展

混凝土材料在历史上可追溯到很古老的年代,不过最初使用的胶凝材料是黏土、石膏、石灰等。1824 年,阿斯普丁发明了波特兰水泥,制作混凝土的胶凝材料才产生质的变化。1850 年,朗波特用加钢筋网的方法制造了一条小水泥船,此后就用钢筋来增强混凝土。从混凝土问世至今,混凝土技术发展十分迅速,世界各国的混凝土平均强度不断提高。20 世纪 30 年代的混凝土平均强度约为 10 MPa,50 年代约为 20 MPa,60 年代约为 30 MPa,70 年代约为 40 MPa,21 世纪的今天,C60 的混凝土已在发达国家普遍采用,抗压强度达到 135 MPa 的混凝土已使用于一些重要工程中。为了减轻混凝土构件自重,使建筑物朝着大跨度、高层等方向发展,混凝土将向着轻质高强、高性能、绿色环保的方向发展。

课题二　普通混凝土的组成材料

普通混凝土的基本组成材料有水泥、水、砂子、石子等四种,其中水泥和水形成水泥浆包裹砂、石颗粒并填充其空隙,水泥浆在硬化前主要起润滑作用,在硬化后起胶结作用;而砂子和石子在混凝土中起骨架作用,分别是细骨料和粗骨料,两者体积占混凝土体积的 80% 左右,构成混凝土整体轮廓及承受外部荷载。为了改变混凝土的某些特性,在混凝土中往往还要加入一些外加剂或掺合料,同时也可以降低混凝土成本。硬化后的混凝土结构如图 4-1所示。

为了使配制的混凝土达到所要求的各项技术要求,并节省材料用量,降低工程造价,必须合理地选用材料。

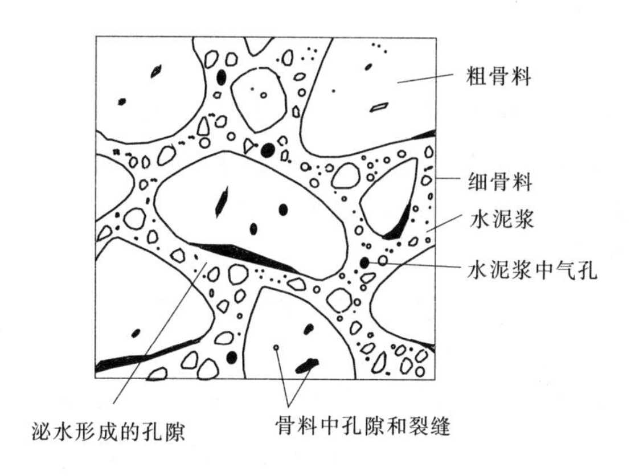

图4-1 硬化后的混凝土结构

一、水泥

水泥在混凝土中起胶结作用，是混凝土强度的本质来源。同时，其品种和用量的选用还对混凝土的和易性、耐久性有直接影响，水泥是混凝土原材料中价格最贵的材料，它的选择很大程度上影响着混凝土的经济性。水泥的技术性质及标准在单元三已作出详细讲解，这里再补充以下两个方面内容。

（一）品种选择

配制混凝土用的水泥，其品种应根据混凝土工程的性质和特点、环境条件、施工条件和混凝土所在的部位以及水泥的供应情况等综合考虑，力求做到在满足工程质量要求的前提下造价最低。如在普通气候环境中的混凝土可选用普通硅酸盐水泥，大体积混凝土应选用水化热低的粉煤灰硅酸盐水泥和矿渣硅酸盐水泥。

（二）强度等级选择

水泥强度等级应与混凝土的设计强度等级相适应。一般情况下，水泥的强度等级应为混凝土强度等级的1.5～2.0倍；配制高强度等级的混凝土时，水泥的强度等级应为混凝土强度等级的0.9～1.5倍。

若用高强度等级水泥配制低强度等级混凝土，少量水泥就能满足强度要求，但会使混凝土和易性及耐久性变差，要想满足整体要求，就要另加水泥，从而使混凝土强度过高，也不经济；若用低强度等级水泥配制高强度等级混凝土，需要相当多的水泥才能满足混凝土强度要求，不但不经济也使得混凝土收缩及水化热增大，同时又必须采用很小的水灰比，从而造成混凝土太干，施工困难，不能保证混凝土质量。

二、混凝土用水

混凝土用水是混凝土拌和用水和混凝土养护用水的总称，包括饮用水、地表水、地下水、再生水、混凝土企业设备洗刷水和海水等。《混凝土拌和用水标准》（JGJ 63—2006）规定，符合国家标准的生活饮用水可用于拌和混凝土，海水可用于拌制素混凝土，但不得用于拌制钢筋混凝土和预应力钢筋混凝土，也不得拌制有饰面要求的混凝土。

三、骨料

普通混凝土用骨料主要有细骨料和粗骨料，以公称粒径是否大于5.00 mm为判断标准。公称粒径小于5.00 mm的岩石颗粒为细骨料，即砂，粒径范围一般为0.16～5.00 mm。公称粒径大于5.00 mm的岩石颗粒为粗骨料，即石。

（一）砂子（细骨料）

《普通混凝土用砂、石质量及检验方法标准》（JGJ 52—2006）将砂子分为天然砂、人工砂两种。天然砂是由自然条件形成的，按产源不同，天然砂可分为河砂、海砂、山砂，其中河砂较为圆滑而洁净，在建筑工程中应用较为普遍。人工砂则是岩石经除土开采、机械破碎、筛分而成的。工程中常采用天然砂，因为人工砂虽然富有棱角，表面也比较洁净，但其中常含有一定量的片状颗粒和石粉，且成本较高。一般只有当地缺乏天然砂时，才采用人工砂作为细骨料。也可使用由天然砂和人工砂按一定比例混合而成的混合砂。

1. 对混凝土用砂质量的总体要求

混凝土用砂要求表面清洁，质地坚硬，细度适当，级配良好。

2. 粗细程度和颗粒级配

1）粗细程度

砂的粗细程度是指不同粒径的砂粒混合在一起的总体砂的粗细程度。砂的颗粒细度按细度模数 μ_f 分为粗、中、细、特细四级。在砂用量相同的条件下，砂越细，比表面积越大，配制混凝土时，包裹砂粒表面所需水泥浆越多；若要满足一定的混凝土拌和物的和易性，用较粗的砂配制的混凝土比用较细的砂所用水泥少。但如果砂过粗，易使混凝土拌和物产生离析、泌水等不良现象，从而影响混凝土的工作性。因此，配制混凝土用砂，不宜过细，也不宜过粗。

2）颗粒级配

砂的颗粒级配指的是不同粒径的砂粒的搭配情况。如图4-2所示，当砂粒大小分布合理、级配良好时，砂的空隙率和总表面积均较小，不仅节省水泥，比较经济，而且还能提高混凝土的和易性、密实性及强度。

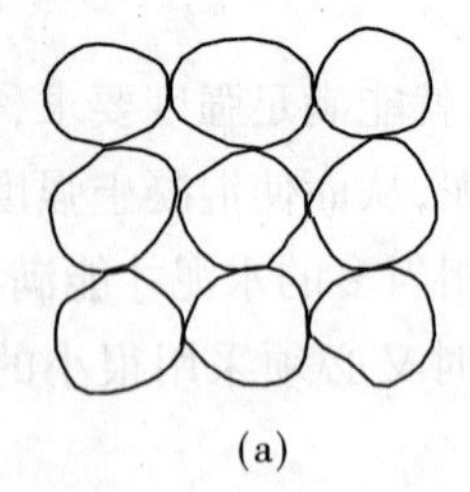

(a)

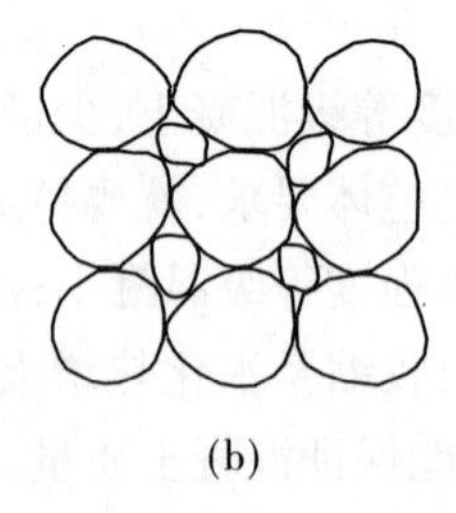

(b)

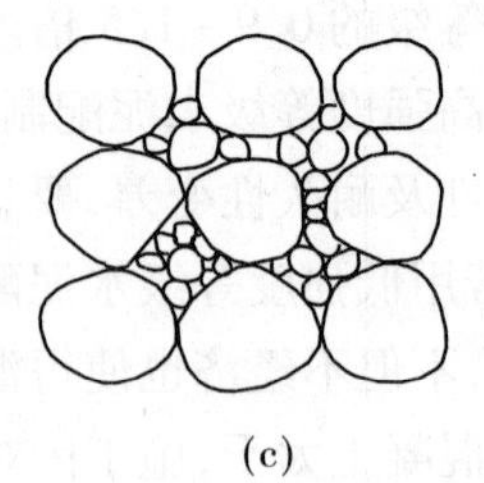

(c)

图4-2　骨料颗粒级配示意

3）筛分析试验

砂的粗细程度及颗粒级配都可以通过筛分析的方法来确定。砂的粗细程度用细度模数表示，颗粒级配用级配曲线或级配区表示。筛分析法是将砂过10.0 mm方孔筛并筛分过，烘干后称取500 g，置于按筛孔大小顺序排列（大孔在上，小孔在下，按公称直径依次为

5.00 mm、2.50 mm、1.25 mm、630 μm、315 μm、160 μm)的套筛上,经机筛或手筛后,称取并记录各筛上的砂质量 $m_1 \sim m_6$,并计算各筛上的分计筛余百分率$a_1 \sim a_6$,再计算出各筛的累计筛余百分率 $\beta_1 \sim \beta_6$。累计筛余百分率与分计筛余百分率关系见表 4-1。将 $\beta_1 \sim \beta_6$ 代入公式(4-1)计算出细度模数 μ_f。

$$\mu_f = \frac{(\beta_2 + \beta_3 + \beta_4 + \beta_5 + \beta_6) - 5\beta_1}{100 - \beta_1} \tag{4-1}$$

按细度模数 μ_f,可将砂分为:粗砂 $\mu_f = 3.7 \sim 3.1$,中砂 $\mu_f = 3.0 \sim 2.3$,细砂 $\mu_f = 2.2 \sim 1.6$,特细砂 $\mu_f = 1.5 \sim 0.7$。

表 4-1　累计筛余与分计筛余计算关系

筛孔尺寸(mm)	筛余量(g)	分计筛余百分率(%)	累计筛余百分率(%)
5	m_1	$a_1 = (m_1/500) \times 100\%$	$\beta_1 = a_1$
2.5	m_2	$a_2 = (m_2/500) \times 100\%$	$\beta_2 = a_1 + a_2$
1.25	m_3	$a_3 = (m_3/500) \times 100\%$	$\beta_3 = a_1 + a_2 + a_3$
0.63	m_4	$a_4 = (m_4/500) \times 100\%$	$\beta_4 = a_1 + a_2 + a_3 + a_4$
0.315	m_5	$a_5 = (m_5/500) \times 100\%$	$\beta_5 = a_1 + a_2 + a_3 + a_4 + a_5$
0.160	m_6	$a_6 = (m_6/500) \times 100\%$	$\beta_6 = a_1 + a_2 + a_3 + a_4 + a_5 + a_6$

除特细砂外,砂的颗粒级配可按公称直径 630 μm 筛孔的累计筛余量分成三个级配区,且砂的颗粒级配应符合有关要求。

(二)石子(粗骨料)

混凝土中的粗骨料常用的有碎石和卵石两种。碎石由天然岩石或卵石经破碎、筛分而得。卵石是自然条件形成的,按其产源可分为河卵石、海卵石及山卵石等几种,其中河卵石应用较多。卵石中有机杂质含量较多,但与碎石相比,其表面光滑、少棱角、空隙率及表面积较小,拌制混凝土时水泥浆用量较少,和易性较好,但与水泥浆的黏结能力较差。在相同条件下,碎石混凝土较卵石混凝土的强度高。在建筑工程中,通常采用碎石作为混凝土的粗骨料。

为保证混凝土质量,《普通混凝土用砂、石质量及检验方法标准》(JGJ 52—2006)及《混凝土结构工程施工质量验收规范》(GB 50204—2002)对混凝土中粗骨料的技术要求有如下要求和规定。

1. 最大粒径及颗粒级配

1)最大粒经(D_M)

粗骨料公称粒级的上限称为该粒级的最大粒径,如公称粒级 5 ~ 40 mm 的粗骨料,40 mm即为最大粒径。粗骨料的最大粒径增大,其总表面积减小,因此包裹其表面所需水泥浆量减少,能够节约水泥;而且,在一定和易性及水泥用量条件下,可减少用水量,从而增加混凝土的密实度,提高混凝土强度,同时也可减少混凝土的发热量及体积收缩。由此,可以说,在条件允许的情况下,当配制中等强度等级以下的混凝土时,应尽量选用最大粒径大的粗骨料。但最大粒径的确定,还要受混凝土结构截面尺寸、钢筋净距及施工条件等方面的限制。根据国家标准 GB 50204—2002 的规定，混凝土用的粗骨料，其最大粒径不得超过构件截面最小尺寸的 1/4，且不得超过钢筋最小净间距的 3/4。对于混凝土实心板，骨料的最大粒径不宜超过板厚的 1/3，且不得超过 40 mm。《混凝土质量控制标准》（GB 50164—1992）还规定：泵送混凝土用的碎石，其最大粒径不应大于输送管内径的 1/3；卵石最大粒径不应大于输送管内径的 2/5。

2）颗粒级配

粗骨料的颗粒级配原理与细骨料基本相同，要求大小石子掺配适当，以减少粗骨料的空隙率及表面积，减少水泥用量并保证混凝土的和易性和强度。

粗骨料的颗粒级配也是通过筛分析试验来确定的。各筛上累计筛余应符合规定。

粗骨料的颗粒级配有连续级配和间断级配两种。采石场按供应方式，也将石子分为连续粒级和单粒级两种。

连续级配是石子由大到小各粒级相连的级配，其中每一级石子都占有适当的比例。建筑工程中通常采用连续级配，因为它可以最大限度地发挥骨料的骨架作用与稳定作用，由它配制的混凝土和易性良好，不易发生分层、离析现象。

间断级配是指人为剔除某些中间粒级颗粒，用小颗粒的粒级直接和大颗粒的粒级相配，由于缺少中间粒级而为不连续的级配。间断级配能减小骨料的空隙率，节约水泥，适用于强力振捣、流动性低的干硬性混凝土，但拌和物易产生离析现象，施工难度增大，所以工程中应用较少。

选用骨料级配时，应从料场情况、建筑物性质等实际情况出发，将试验选定的最优级配与天然级配结合起来考虑，对各级骨料用量进行必要的调整与平衡，作为实际使用的级配，目的是减少弃料。所谓最优级配，即几个单粒级骨料级配时采用合适的比例关系，经级配后石子堆积密度较大，空隙率较小，混凝土拌和物和易性较好，水泥用量又少。

2. 针、片状颗粒含量

混凝土用粗骨料粒形应接近球形或立方体形，但不可避免地存在针状或片状的颗粒。凡岩石颗粒的长度大于该颗粒所属粒级的平均粒径 2.4 倍者为针状颗粒，厚度小于平均粒径 0.4 倍者为片状颗粒。平均粒径指该粒级上、下限粒径的平均值。

针、片状颗粒受力易折断，在混凝土搅拌过程中会产生较大阻力，且使粗骨料空隙率增大，对混凝土的和易性及强度影响很大，故应限制粗骨料中针、片状颗粒含量。国家标准 JGJ 52—2006 规定：C25 及以下等级混凝土针、片状颗粒含量不大于 25%，C60 及以上等级混凝土不大于 8%，C55 ~ C30 等级混凝土不大于 15%。

3. 强度

碎石的强度可用岩石的抗压强度和压碎指标值表示。岩石的抗压强度应比所配制的混凝土强度至少高 20%。当混凝土强度等级大于或等于 C60 时，应进行岩石抗压强度检验。岩石强度首先应由生产单位提供，工程中可采用压碎指标值进行质量控制。对于不同品种的岩石，根据所要配制混凝土强度等级，国家标准 JGJ 52—2006 分别规定了其压碎值指标。

卵石的强度可用压碎指标值表示：对强度等级不大于 C35 的混凝土，要求不大于 16%；对强度等级 C60 ~ C40 的混凝土，要求不大于 12%。

（三）骨料中含泥量、泥块含量及石粉含量

含泥量指公称粒径小于 80 μm 的颗粒含量；泥块含量指公称粒径大于 1.25 mm，经水洗、手捏后变成小于 630 μm 的颗粒含量；石粉含量指人工砂或混合砂中公称粒径小于 80 μm，且其矿物组成和化学成分与被加工母岩相同的颗粒含量。

泥遇水成泥浆，包裹在砂、石表面，难以分离，影响砂、石与水泥的黏结力，进而影响混凝土的强度；泥块还将不同程度地影响混凝土的抗渗性、抗冻性等。石粉主要是微粒，能够完善细骨料级配，从而提高混凝土的密实性。

国家标准 JGJ 52—2006 对不同强度等级混凝土中砂、石泥块含量和含泥量及人工砂的石粉含量作出了相关规定。

（四）骨料中有害物质含量

有害物质主要指能降低混凝土强度和耐久性的物质。国家标准 JGJ 52—2006 对砂中云母、轻物质、有机物、硫化物、硫酸盐等有害物质含量，氯离子含量，海砂中贝壳含量及碎石或卵石中的硫化物及硫酸盐含量，有机物含量作出了限定。同时，砂中还不宜混有草根、树枝、树叶、煤块、煤渣、塑料等杂物。

（五）骨料坚固性

坚固性是指骨料（包括粗骨料）在气候、环境变化或其他物理因素作用下抵抗破裂的能力。国家标准 JGJ 52—2006 规定，混凝土用砂、石坚固性应采用硫酸钠溶液检验，试样经 5 次循环后，其在不同环境条件和性能要求下的质量损失应符合规定。人工砂采用压碎指标值法进行试验，其总压碎指标值应小于 30%。

四、外加剂

随着现代建筑物功能的变化及要求的提高，越来越需要混凝土具备良好的性能，比如高层建筑物需要混凝土轻质高强、性能多样，单纯用常规的四种材料配制混凝土已远远跟不上建筑发展的需要。混凝土外加剂作为混凝土的第五种组成材料应用非常普遍，而外加剂的掺加，不但改善了混凝土的性能，也对节约资源起到了一定的作用，同时使混凝土的经济性增加。例如，掺加减水剂可使混凝土强度提高或流动性增加或节约水泥；掺加缓凝剂可延长混凝土的凝结时间，对夏季施工作用明显；掺加膨胀剂，提高了混凝土的防渗抗裂能力，并能显著克服和减少混凝土的收缩裂缝。工程中常用混凝土外加剂的品种及性能将在其他课题中较详细地介绍。

五、掺合料

混凝土掺合料是在混凝土拌和时掺入的能节约水泥、改善混凝土性能、调节混凝土强度等级的天然或人工的粉状矿物材料，分为活性和非活性两大类。工程中常掺加的活性掺合料多为工业废渣、废料，通过参加“火山灰反应”，提高了混凝土密实度和强度，改善了混凝土的耐久性能，同时也有利于环保、节约能源。常用的混凝土活性掺合料有粉煤灰、粒化高炉矿渣、沸石粉、硅灰、火山灰质材料等。其中，尤以超细粉煤灰、超细粒化高炉矿渣和硅灰等应用效果为好。

混凝土外加剂和掺合料可以单独掺加到混凝土中，称为“单掺”；也可同时掺入，称为

"双掺"。工程实践中,常采用"双掺"技术,既掺入外加剂也掺入掺合料,以此配制的混凝土,能节约水泥,更能提高混凝土的工作性、强度、耐久性,并可显著降低大体积混凝土的水化热,能满足不同工程的施工技术要求。

课题三 普通混凝土的主要技术性能

混凝土在凝结硬化前,称为混凝土拌和物或新拌混凝土。它必须具备与施工条件相适应的和易性,才便于施工并制得密实且均匀的混凝土硬化体,从而保证混凝土质量。硬化后的混凝土应达到设计要求的强度等级并产生较小的变形,还要具有与使用环境相适应的耐久性。

一、混凝土拌和物的和易性

(一)和易性的概念及内容

将粗细骨料、水泥和水等组分按适当比例配合,并经均匀搅拌而成的混合材料称为混凝土拌和物。

和易性(也称工作性),是指混凝土拌和物在一定施工条件下,易于各工序施工操作(搅拌、运输、浇筑、振捣成型),并能获得质量均匀、密实、稳定的混凝土的性能。和易性是一项综合技术性质,包括流动性、黏聚性及保水性三个方面。

流动性(稠度)是指混凝土拌和物在自重或机械振捣作用下,能产生流动并均匀密实地充满模型的性能。流动性的大小,反应混凝土拌和物的稀稠,直接影响浇捣施工的难易和混凝土浇筑成型的质量。若拌和物太干稠(即流动性过小),则难以成型与捣实,且易形成内部或表面孔洞等缺陷;若拌和物过稀(即流动性过大),振捣后的混凝土易出现分层离析现象,影响混凝土的质量均匀性。

黏聚性是混凝土拌和物内部组分之间具有一定的黏聚力,在运输和浇筑过程中,不致产生分层离析,使混凝土保持整体均匀的性能。混凝土拌和物是由密度粒径不同的固体材料及水组成,各组成材料本身存在有分层的趋向,如果混凝土拌和物中各材料比例不当,黏聚性差。黏聚性差的拌和物,或者发涩,或者使水泥浆或砂浆与石子分离,振捣后会出现蜂窝、麻面、空洞等不密实现象,严重影响混凝土的质量。分层:拌和物中各组分出现层状分离现象。离析:混凝土拌和物内某些组分的分离、析出现象。泌水:水从水泥浆中泌出的现象。对大流动性的泵送混凝土,若黏聚性差,分层离析现象更为严重。

保水性是指混凝土拌和物具有一定的保持内部水分不易析出的能力。保水性差的拌和物在运输、浇筑过程中,部分水分析出,形成渗水通道;浮在表面的水分,在上、下两混凝土浇筑层间形成薄弱夹层,也引起表面疏松;部分水分还会积聚在骨料或钢筋的下表面形成水隙,从而削弱了水泥浆与骨料或钢筋的胶结力。这些都将影响混凝土的密实性,降低混凝土的强度和耐久性。

混凝土拌和物的流动性、黏聚性及保水性既相互联系又相互矛盾。当流动性大时,黏聚性和保水性差,反之亦然。因此,混凝土拌和物良好,就是要使这三方面的性能在某种具体条件下得到统一,达到均匀良好的状况。

（二）和易性的评定

混凝土拌和物和易性的内涵比较复杂，难以用一种简单的测定方法和指标来全面恰当地表达。目前，国内外还没有能全面反映混凝土拌和物和易性的方法。国家标准《普通混凝土拌合物性能试验方法标准》（GB 50080—2002）规定，在工地和实验室，用坍落度或维勃稠度来测定混凝土拌和物的流动性，并辅以直观经验目测评定黏聚性和保水性，以综合评定和易性。

1. 坍落度法

坍落度法适用于骨料最大粒径不大于 40 mm、坍落度不小于 10 mm 的塑性及流动性混凝土拌和物稠度测定。此法是将拌和物按规定方法装入坍落度筒内，装满抹平后，将坍落度筒垂直提起，置于混凝土试体一侧，测量筒高与因自重而坍落的混凝土试体最高点之间的高度差，即为混凝土拌和物的坍落度值（见图 4-3），以 mm 为单位。然后用捣棒轻轻敲打已坍落的混凝土锥体侧面，若锥体渐渐下沉，表示黏聚性良好；如果锥体倒塌、部分崩裂或出现离析现象，则表示黏聚性不好。保水性是以混凝土拌和物稀浆析出的程度来评定的，坍落度筒提起后如有较多的稀浆从底部析出，锥体部分的混凝土也因失浆而骨料外露，则表明保水性不好；若无稀浆或仅有少量稀浆从底部析出，表明保水性良好。

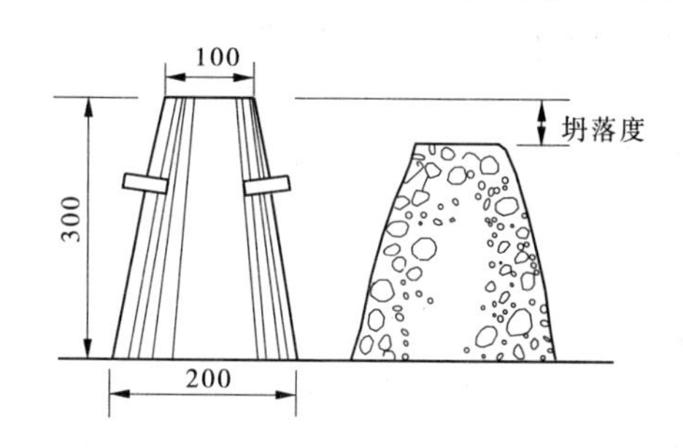

图 4-3　坍落度示意　（单位：mm）

《混凝土质量控制标准》（GB 50164—1992）规定，混凝土坍落度实测值与要求坍落度之间的允许偏差应符合表 4-2 的规定；混凝土拌和物，按其坍落度大小分为四级，如表 4-2 所示。

表 4-2　混凝土按坍落度分级及允许偏差

级别	名称	坍落度（mm）	允许偏差（mm）
T_1	低塑性混凝土	10～40	±10
T_2	塑性混凝土	50～90	±20
T_3	流动性混凝土	100～150	±30
T_4	大流动性混凝土	≥160	±30

注：坍落度检测结果，在分级评定时，其表达取舍至邻近的 10 mm。

2. 维勃稠度法

维勃稠度法适用于骨料最大粒径不大于 40 mm、维勃稠度在 5～30 s 之间的混凝土拌和物稠度测定。测法是按规定方法装好坍落度锥体，在其顶面放置透明圆盘，从开启振动台到水泥浆布满圆盘所经历的时间即为维勃稠度，以 s 表示。维勃稠度试验装置如图 4-4 所示。维勃稠度代表拌和物振实所需的能量，时间越短，表明拌和物越易被振实。它能较好地反映混凝土拌和物在振动作用下便于施工的性能。根据维勃稠度值，混凝土可分为如表 4-3 所示的四级。

表 4-3　混凝土按维勃稠度的分级及允许偏差

级别	名称	维勃稠度(s)	允许偏差(mm)
V_0	超干硬性混凝土	≥31	±6
V_1	特干硬性混凝土	30 ~ 21	±6
V_2	干硬性混凝土	20 ~ 11	±4
V_3	半干硬性混凝土	10 ~ 5	±3

(三)流动性选择

正确选择混凝土拌和物的流动性(即坍落度),对保证混凝土施工质量及节约水泥,具有重要意义。原则上,应在便于施工操作并保证振捣密实的前提下,尽可能选取较小的坍落度,以节约水泥并获得质量较好的混凝土。

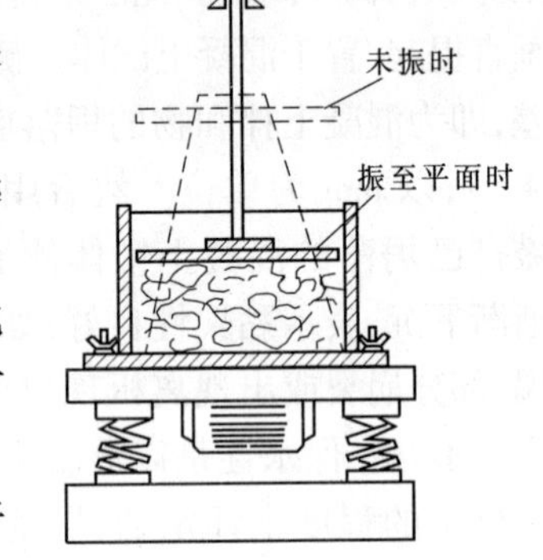

图 4-4　维勃稠度仪

当设计图纸有坍落度要求时,可按要求进行配合比设计。当没有明确要求时,则坍落度的选择可从以下方面考虑:

(1)构件截面尺寸大小。结构构件截面尺寸大,易于振捣成型,坍落度适当选小些。

(2)钢筋疏密。结构构件钢筋较密,则坍落度选大些。

(3)振捣方式。人工振捣,则坍落度宜选大些;机械振捣则选小些。

(4)运输距离。从搅拌机出口至浇捣现场运输距离较远时,应考虑途中坍落度损失,坍落度宜适当选大些,特别是商品混凝土。

(5)气候条件。气温高、空气相对湿度小时,因水泥水化速度加快及水分挥发加速,坍落度损失大,坍落度宜选大些,反之亦然。

根据《混凝土结构工程施工质量验收规范》(GB 50204—2002)规定,混凝土浇筑时的坍落度,宜参照表 4-4 选用。

表 4-4　混凝土浇筑时的坍落度

项目	结构种类	坍落度(mm)	
		振捣器捣实	人工捣实
1	基础或地面等的垫层 无配筋的大体积结构(挡土墙、基础等)或配筋稀疏的结构	10 ~ 30 10 ~ 30	20 ~ 40 35 ~ 50
2	板、梁和大型及中型截面的柱子等	30 ~ 50	55 ~ 70
3	配筋密列的结构(薄壁、斗仓、筒仓、细柱等)	50 ~ 70	75 ~ 90
4	配筋特密的结构	70 ~ 90	90 ~ 120

当采用混凝土泵输送混凝土拌和物或在炎热气候条件下施工时,则可选用坍落度为

150～180 mm 或更大。

(四)影响混凝土拌和物和易性的因素

影响混凝土拌和物和易性的因素很多,主要有水泥浆数量、水泥浆的稀稠、砂率、原材料的品种和性质以及外界因素等。

1. 水泥浆数量

混凝土拌和物的流动性(或可塑性)主要由水泥浆引起,保持水泥浆稀稠及砂率不变,水泥浆含量越多,混凝土拌和物的流动性越大。由于水泥浆的稠度不变,水泥浆用量增加,则意味着用水量增加。但若水泥浆过多,混凝土拌和物将会出现流浆、泌水、离析和分层现象,使拌和物的黏聚性和保水性变差。这不仅增加水泥用量,也使得混凝土强度及耐久性降低。因此,混凝土内水泥浆的含量以使混凝土拌和物达到要求的流动性为准,不应任意加大。

2. 水泥浆的稀稠

在水泥品种一定的条件下,水泥浆的稀稠取决于水灰比的大小。当水泥品种、水泥用量一定,而水灰比较小时,水泥浆较稠,拌和物的黏聚性及保水性较好,泌水较少,但流动性较小;相反,水灰比较大时,拌和物流动性较大但黏聚性及保水性较差。若水灰比过小,拌和物过于干稠,会导致施工困难,且不能保证混凝土的密实性;若水灰比过大,拌和物过稀,将产生严重的离析、泌水现象,严重影响混凝土的强度和耐久性。因此,决不可以单纯加水来增大拌和物的流动性,而应在保持水灰比不变的条件下,以加水增加水泥浆数量来调整流动性。

3. 砂率

混凝土的砂率是指混凝土中砂质量占砂、石总质量的百分数。砂率过小,砂浆量不足,将降低拌和物的流动性,也使得混凝土易于离析、泌水。砂率过大,骨料的总表面积及空隙率都较大,在水灰比不变的情况下,水泥浆相对变少,混凝土拌和物显得干稠,流动性显著降低,如图 4-5 所示;反之,若要保持混凝土流动性不变,水泥浆用量就要显著增大,如图 4-6 所示。因此,混凝土砂率不能过小也不能过大,应该有一个合理值,即最佳值。当采用合理砂率时,在用水量及水泥用量一定的情况下,使混凝土拌和物获得最大的流动性并保持良好的黏聚性和保水性,或者在保证拌和物达到要求的流动性及良好的黏聚性与保水性时,水泥用量最省。

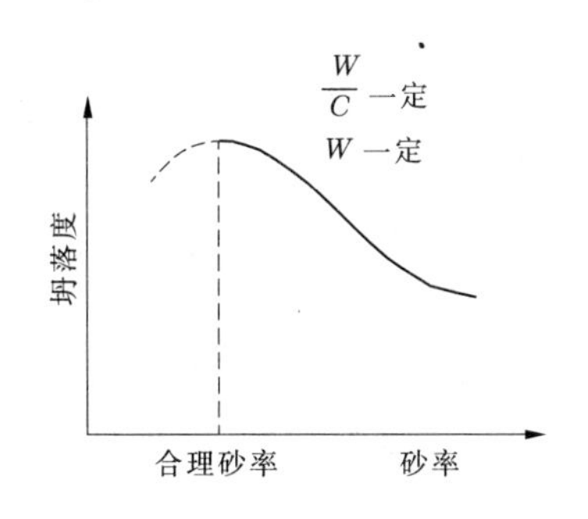

图 4-5　砂率与坍落度的关系曲线

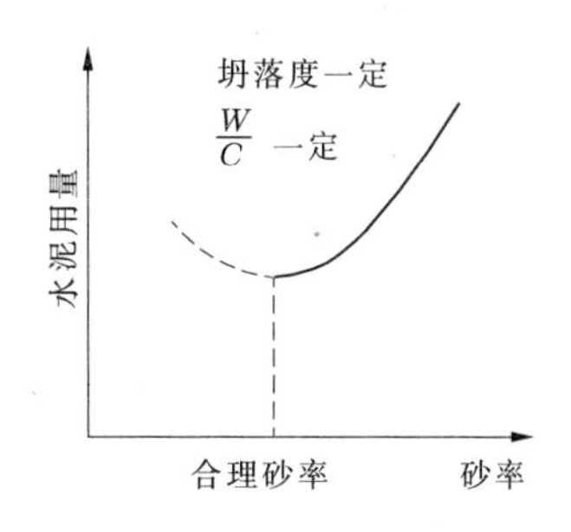

图 4-6　砂率与水泥用量的关系曲线

4. 原材料的品种及性质

当混凝土其他组成材料都相同时,水泥需水量大者,流动性较小。如使用火山灰质硅酸盐水泥及矿渣硅酸盐水泥会获得流动性差的混凝土拌和物,火山灰质硅酸盐水泥配制的混凝土黏聚性较好,矿渣硅酸盐水泥配制的混凝土黏聚性较差且泌水率较大。若水泥颗粒较细,拌和物黏聚性好、泌水少,但坍落度较小。若掺入优质粉煤灰或外加剂(如减水剂),混凝土和易性将显著改善。若使用表面粗糙、多棱角的骨料,配制的混凝土流动性差些,但黏聚性保水性较好。

5. 外界因素

环境温度较高、湿度较小、风速较大以及拌和物静停时间较长,都会使得拌和物流动性降低,引起坍落度损失。如拌和后 0.5 ~1 h,坍落度损失可达40%,甚至100%;在40 ℃以下,温度每升高 5 ℃,坍落度损失达 10 mm。

(五)改善和易性的措施

掌握了混凝土拌和物的变化规律,就可能动地调整其和易性,但同时还要综合考虑混凝土的其他性质(如强度、变形等),达到兼顾和共同改善的目的。在实际施工中,可采取以下措施:

(1)通过试验,选取合理砂率,以提高混凝土质量并节约水泥。

(2)改善砂、石(尤其是石子)的级配,在可能的条件下尽量选用较粗的砂、石。

(3)当混凝土拌和物坍落度太小时,保持水灰比不变,适当增加水泥浆,或者掺入外加剂、优质掺合料等;当砂率合理而坍落度太大时,保持砂率不变,增加适量砂、石。

二、混凝土的强度

强度是硬化混凝土最重要的性质之一,与混凝土的其他性能密切相关,也是工程施工中控制和评定混凝土质量的主要指标。混凝土的强度包括抗压强度、抗拉强度、抗弯强度、抗剪强度以及钢筋与混凝土的黏结强度等,其中抗压强度最大,故在结构工程中混凝土主要用来承受压力。

(一)混凝土抗压强度

1. 混凝土立方体抗压强度

混凝土立方体抗压强度是按照《普通混凝土力学性能试验方法标准》(GB/T 50081—2002),制作边长为 150 mm 的立方体试件,按照标准规定的方法成型、养护至 28 d 龄期(详见试验二),用标准试验方法测得的极限抗压强度,称为混凝土标准立方体抗压强度,以 f_{cu} 表示。

《混凝土结构设计规范》(GB 50010—2002)规定,按照标准方法制作养护的边长为150 mm 的立方体试件,在 28 d 龄期用标准试验方法测得的具有 95% 强度保证率的抗压强度,称为混凝土立方体抗压强度标准值(以 MPa 计),以 $f_{cu,k}$ 表示。

混凝土抗压强度的测定是采用标准试件在标准条件下进行的,这样具有可比性。在实际工程中,因骨料最大粒径有所差别,也可制作非标准尺寸的试件,但应将其抗压强度折算为标准试件抗压强度,边长为 100 mm、200 mm 的非标准试件折算系数分别为 0.95 和 1.05。

混凝土的强度等级是按其立方体抗压强度标准值划分的，用“C”和立方体抗压强度标准值来表示，共分为C7.5、C10～C80（每隔5 MPa一个强度等级），共16个等级。例如，强度等级为C25的混凝土，是指25 MPa$\leqslant f_{cu,k}<$30 MPa的混凝土。预应力混凝土结构的混凝土强度等级不应低于C30。

2. 混凝土轴心抗压强度

混凝土轴心抗压强度又叫棱柱体抗压强度。确定混凝土强度等级采用标准试件，但在实际工程中，为了使测得的混凝土强度接近混凝土结构的实际情况，在钢筋混凝土结构计算中，计算轴心受压构件时（如柱子、桁架的腹杆等），均以混凝土轴心抗压强度作为依据。

国家标准GB/T 50081—2002规定，混凝土轴心抗压强度（f_{ck}）试验采用150 mm×150 mm×300 mm的棱柱体作为标准试件，其制作及养护同立方体试件。试验表明，轴心抗压强度与立方体抗压强度之间存在一定的关系，即$f_{ck}\approx 0.67f_{cu,k}$。

（二）混凝土抗拉强度

混凝土的抗拉强度很低，只有其抗压强度的1/20～1/10，且这个比值随混凝土强度等级的提高而降低。混凝土的抗拉强度对混凝土抗裂性具有重要作用，是结构设计中确定混凝土抗裂度的重要指标，有时也可用它间接衡量混凝土的抗冲击强度、钢筋与混凝土的黏结强度等。

国家标准GB/T 50081—2002采用劈裂法检测混凝土的抗拉强度。在无试验资料时，混凝土的劈裂抗拉强度可用其与立方体抗压强度的关系计算

$$f_{tk}=0.35f_{cu,k}^{3/4} \tag{4-2}$$

（三）影响混凝土强度的因素

混凝土的受力破坏，有水泥石本身破坏、水泥石与骨料界面破坏和骨料被压坏三种情况，如图4-7所示。混凝土受压破坏主要发生在水泥石与骨料的界面上，这就是常见的黏结面破坏形式，如图4-7（b）所示；当水泥石强度较低时（则混凝土强度也低），水泥石本身也会被破坏，如图4-7（a）所示；而对于高强混凝土或轻骨料混凝土，因骨料强度同水泥石强度及水泥石与骨料的黏结强度相差不大，受力后会发生整体破坏的情况，如图4-7（c）所示。混凝土的强度主要受以下几种因素的影响。

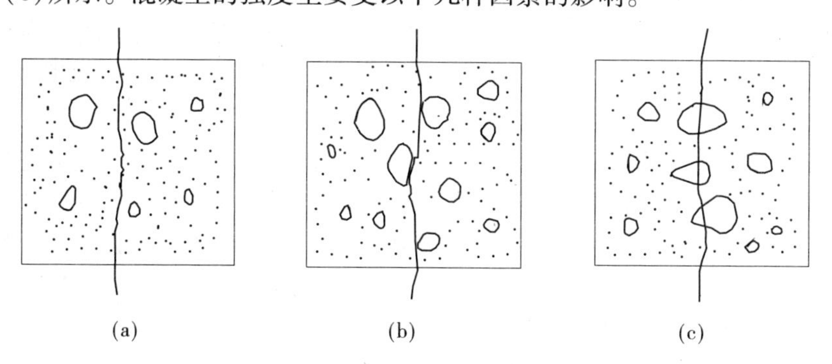

图4-7　混凝土受压破坏过程

1. 水泥强度和水灰比

水泥强度和水灰比是影响混凝土强度最主要的因素，也是决定性因素。在其他条件一定时，水泥强度越大、水灰比越小，水泥石及其与骨料的黏结强度大，混凝土强度就高。

根据大量试验结果，在原材料一定的情况下，混凝土28 d抗压强度与水泥强度、水灰比之间的线性关系符合下面的经验公式（强度公式）

$$f_{cu} = \alpha_a f_{ce}\left(\frac{C}{W} - \alpha_b\right) \tag{4-3}$$

式中 f_{cu}——混凝土28 d立方体抗压强度，MPa；

f_{ce}——水泥28 d抗压强度实测值，MPa，当无水泥28 d抗压强度实测值时，f_{ce}可按式$f_{ce}=\gamma_c f_{ce,g}$确定，其中，γ_c为水泥强度等级值的富余系数，可按实际统计资料确定，$f_{ce,g}$为水泥强度等级值，MPa，f_{ce}值也可根据3 d强度或快测强度推定28 d强度关系式推定得出；

α_a、α_b——回归系数，应根据工程所使用的水泥、骨料，通过试验确定，当无试验统计资料时，对碎石混凝土，$\alpha_a=0.46$、$\alpha_b=0.07$，对卵石混凝土，$\alpha_a=0.48$、$\alpha_b=0.33$；

C/W——灰水比。

式（4-3）适用于强度等级在C60以下的塑性和低流动性混凝土。式（4-3）具有实用意义，可解决两个问题：一是混凝土配合比设计时，估算应采用的W/C值；二是混凝土质量控制过程中，估算混凝土28 d可达到的抗压强度。

2. 骨料的种类及性质

骨料强度越高，所配制的混凝土强度也越高。表面粗糙且多棱角的骨料，与水泥石的黏结比较牢固，所以用碎石配制的混凝土强度高些。骨料级配良好、砂率合理时，因能组成坚固密实的骨架，故有利于强度的提高。

3. 养护温度和湿度

温度是决定水泥水化速度的重要条件。养护温度高，水泥早期水化快，混凝土早期强度高，但后期强度增进率低。若温度在冰点以下，水泥停止水化，混凝土强度不再发展，还会因水结冰的膨胀压应力，使混凝土结构遭到破坏。

湿度是决定水泥水化能否正常进行的必要条件。若环境湿度较小，混凝土中水分蒸发，水泥不能正常水化，甚至停止，将严重降低混凝土强度，还因失水产生干缩裂缝，降低混凝土的耐久性。

《混凝土结构工程施工质量验收规范》（GB 50204—2002）规定，应在混凝土浇筑完毕后的12 h以内对混凝土加以覆盖并保湿养护。混凝土浇水养护的时间：对采用硅酸盐水泥、普通硅酸盐水泥或矿渣硅酸盐水泥拌制的混凝土，不得少于7 d；对掺用缓凝型外加剂或有抗渗要求的混凝土，不得少于14 d。浇水次数应能保持混凝土处于湿润状态。

4. 龄期

在正常养护条件下，混凝土强度随龄期增加而不断发展。最初7～14 d发展较快，28 d达到设计强度。以后增长缓慢，但在适宜的温度、湿度条件下，强度增长将延续数十年。混凝土工程，一般以28 d强度作为设计及质量评定的依据。

实践证明,普通硅酸盐水泥制成的混凝土,在标准养护条件下,强度发展大致与龄期对数成正比,其经验估算公式如下

$$f_n = f_{28}\frac{\lg n}{\lg 28} \tag{4-4}$$

式中 f_n——$n(n \geqslant 3)$ d 龄期混凝土的抗压强度,MPa;

f_{28}——28 d 龄期混凝土的抗压强度,MPa。

根据式(4-4),可由早期强度估算 28 d 龄期强度,或由 28 d 强度要求,推算 28 d 前达到某强度所需养护天数,以利于确定拆模、构件起吊、制品堆放等的时间。但因混凝土影响因素很多,用式(4-4)估算的结果仅供参考。

5. 外加剂和掺合料

掺减水剂,降低用水量,在水泥用量不变的条件下,可显著提高混凝土强度;掺缓凝剂,延缓了水泥凝结,混凝土早期强度较低;掺引气剂,因孔隙增多,混凝土强度降低。

在混凝土中掺入活性混合材料(如粉煤灰、硅灰等),因掺合料可参加反应,生成物填充原有孔隙,密实度增加,混凝土强度提高。

6. 试验条件

试件形状:当试件受压面积相同时,高宽比越大,抗压强度越小。

试件大小:相同配合比的试件,尺寸越大,强度越低。

试件表面状态:若试件表面光滑,环箍效应降低;若试件表面不平整,实际受力面积减小或出现应力集中,所得混凝土强度降低。

加荷速度:在做混凝土强度试验时,加快试验机的加荷速度,混凝土内部裂缝来不及扩展即发生破坏,所得混凝土强度大。

(四)提高混凝土强度的措施

针对混凝土强度的影响因素,可采取相应的措施改变混凝土的强度,以满足工程实际的需要,主要措施如下:

(1)采用高强度等级水泥或早强型水泥。

(2)采用低水灰比、少用水量的干硬性混凝土,但水灰比过小,易使流动性太小造成施工困难,可掺加减水剂解决这一问题。

(3)采用质量合格、级配良好的骨料及合理砂率。如此,可减小混凝土孔隙率,也可使水泥石与骨料黏结良好,从而提高混凝土强度。

(4)掺加外加剂和掺合料。掺加外加剂是获得早强、高强混凝土的手段之一。掺加高活性的掺合料,可发生二次水化反应,使混凝土更密实,强度得到提高。

(5)改进施工工艺,提高混凝土的密实度。采用机械搅拌、机械振捣的方式,可降低水泥浆黏度及骨料间的摩擦阻力,从而提高流动性,使混凝土拌和物很好地充满试模,则内部孔隙大大减少,从而大大提高混凝土的密实度和强度。

(6)采用合适的养护方法。应根据混凝土工程或制品实际,采用自然养护或对混凝土采用湿热处理的方法养护混凝土,以保证混凝土强度持续增长。

三、混凝土的耐久性

用于建筑物或构筑物的混凝土,除具有设计要求的强度外,还应具有与所处环境及使

用条件相适应的耐久性。混凝土的耐久性是指在使用条件下能抵抗自身和环境因素的长期作用,并保持其稳定良好的使用性能和外观完整性,从而维持混凝土结构安全和正常使用的能力。

混凝土的耐久性是一个综合性概念,包括抗渗、抗冻、抗侵蚀、抗碳化、抗磨性、抗碱-骨料反应等性能。

(一)混凝土的抗渗性

抗渗性是指混凝土抵抗液体(水、油、溶液等)在压力作用下渗透的性能。它直接影响混凝土的抗冻性和抗侵蚀性。

混凝土的抗渗性用抗渗等级(P)表示,即以28 d龄期的标准试件,按标准试验方法进行试验所能承受的最大水压力(MPa)来确定。混凝土的抗渗等级划分为P4、P6、P8、P10、P12等五个等级,如P6表示混凝土抗渗试验时一组6个试件中4个试件未出现渗水时的最大水压力(不渗水压力)为0.6 MPa。

混凝土的抗渗性主要与其密实度及内部孔隙的大小和构造有关,主要受水泥品种、强度等级、水灰比、骨料的品质等的影响。因此,可通过以下几种措施来提高混凝土抗渗性:选用适当品种的水泥,减小水灰比,使用致密、干净、级配良好的骨料,掺加引气剂或引气型减水剂,施工振捣密实、养护充分等。

(二)混凝土的抗冻性

混凝土的抗冻性是指混凝土在饱水状态下能经受多次冻融循环作用,外观完整、强度也不严重降低的性能。对于寒冷地区或处于寒冷环境的建筑,特别是正负温交替环境下的混凝土,必须具有一定的抗冻能力。

混凝土中水分受冻结冰,体积膨胀产生压应力,导致混凝土产生微细裂缝,反复冻融使裂缝不断扩展,混凝土强度降低甚至破坏,影响建筑物的安全。

混凝土的抗冻性通常以抗冻等级(F)表示,抗冻等级按标准养护的28 d龄期试件用快冻试验方法测定,分为F50、F100、F150、F200、F300、F400等六个等级,如F150表示混凝土所能承受的最大冻融循环次数不小于150次。

抗渗性差的混凝土,其抗冻性也不好,因此影响抗渗性的因素都将影响混凝土的抗冻性。另外,混凝土的充水程度也对其抗冻性产生影响,当混凝土中充水程度较小时,孔隙中有足够空间容纳水结冰引起的膨胀,故混凝土抗冻性较好。

(三)混凝土的抗侵蚀性

当混凝土所处环境含有侵蚀性介质(软水,含酸、盐水等)时,将会出现结构破坏、强度降低的现象。混凝土受侵蚀破坏的实质是水泥石受侵蚀破坏,关于水泥石的侵蚀破坏可参见单元三相关内容。合理选择水泥品种、降低水灰比、提高混凝土密实度、改善孔结构都能提高混凝土的抗侵蚀性。

(四)混凝土的抗碳化性

混凝土的碳化是空气中二氧化碳与混凝土中的氢氧化钙在湿度适宜时发生化学反应,生成碳酸钙和水,使混凝土中的碱度降低,故又称中性化。碳化过程是二氧化碳通过混凝土中的毛细孔隙,由表及里向内部逐渐扩散的过程。混凝土的碳化在工程中是很难避免的。

混凝土的碳化对其性能既有有利影响，也有不利影响。其不利影响，首先是降低了混凝土的碱度，从而削弱了对钢筋的保护作用，钢筋一旦生锈将产生体积膨胀，致使混凝土保护层开裂，二氧化碳、水、氧气等有害介质更易进入，加剧碳化和钢筋锈蚀，最终混凝土将顺钢筋开裂破坏；其次是碳化还将显著增加混凝土的收缩，引起混凝土表面出现细微裂缝，降低混凝土抗拉强度、抗折强度及抗渗能力。

其有利影响是，碳化作用生成物填充水泥石孔隙，碳化生成的水有助于未水化水泥的水化，从而提高了混凝土碳化层的密实度，对提高抗压强度有利。

影响混凝土碳化速度的因素主要有环境中二氧化碳浓度、水灰比、环境湿度、水泥品种、外加剂和施工质量等。处于高浓度二氧化碳环境（如炼钢车间）的混凝土、水灰比较大的混凝土以及掺有混合材料的水泥，碳化速度快；环境湿度过高过低，二氧化碳和水均不易侵入，碳化就慢；掺加减水剂或引气剂，或降低水灰比、改善孔结构，都能使碳化速度减慢；在施工过程中，若振捣不密实或养护不良，混凝土密实度差，碳化加快。

在实际工程中，为减少碳化对钢筋混凝土结构的不利影响，可采取如下措施：

（1）根据工程所处环境及使用条件，合理选用水泥品种；

（2）在可能的情况下，尽量采用水灰比小、单位水泥用量大的混凝土配合比；

（3）使用减水剂，改善混凝土的和易性，提高密实度；

（4）保证有足够的保护层，也可在表面抹刷涂层（如聚合物砂浆、涂料等）或粘贴面层材料（如贴面砖等），防止二氧化碳侵入到钢筋表面；

（5）加强施工质量控制，加强养护，保证振捣质量，减少或避免混凝土出现蜂窝等质量事故。

（五）混凝土的碱－骨料反应

混凝土的碱－骨料反应，是水泥中的碱（Na_2O 和 K_2O）与骨料中的活性二氧化硅发生反应，在骨料表面生成可吸水膨胀的碱－硅酸凝胶，凝胶吸水后体积膨胀 3 倍以上，造成裂缝、强度下降等不良现象，严重威胁建筑物的安全。

碱－骨料反应是一个很缓慢的过程，通常要在混凝土使用几年甚至几十年后才会出现，由碱－骨料反应造成破坏的混凝土，即便进行修补仍可继续膨胀开裂，再次破坏。

混凝土中发生碱－骨料反应必须具备以下三个条件：

（1）混凝土中碱含量高。混凝土中的碱主要来自水泥，一些掺合料也含部分碱。

（2）骨料中含有活性二氧化硅。含活性二氧化硅的矿物有蛋白石、玉髓、鳞石英等，常存在于流纹岩、安山岩、凝灰岩等天然岩石中。

（3）有水存在。有水时，碱才能成为溶液，进而发生碱－骨料反应。

（六）提高混凝土耐久性的主要措施

混凝土的密实度是影响混凝土耐久性的关键因素，其次是原材料的品质和施工质量。提高混凝土的耐久性可从以下几个方面着手，主要措施有：

（1）严格控制水灰比并保证足够的水泥用量。提高混凝土密实度，是使所配混凝土具有必要耐久性的重要措施。

（2）选用合理的水泥品种以及质量合格、级配良好的骨料及合理砂率。

（3）严格控制原材料品质，使之符合规范要求。

(4)掺用减水剂、引气剂或掺合料。在保证混凝土和易性的前提下,减少用水量及水泥用量,改善混凝土孔隙结构。

(5)采用浸渍处理或表面涂刷有机材料,阻止引起耐久性不良的介质的侵入。

(6)改善施工操作,保证混凝土施工质量。在混凝土施工中,应做到搅拌均匀、振捣密实、加强养护,避免出现蜂窝、气孔、裂缝等质量问题,以保证混凝土耐久性。

为保证混凝土的耐久性,在配制混凝土时,应保证水灰比不能过大,水泥用量不能过小,具体规定见表4-5。

表4-5　混凝土的最大水灰比及最小水泥用量(JGJ 55—2000)

环境条件		结构物类别	最大水灰比			最小水泥用量(kg/m^3)		
			素混凝土	钢筋混凝土	预应力混凝土	素混凝土	钢筋混凝土	预应力混凝土
干燥环境		正常的居住或办公用房屋内部件	不作规定	0.65	0.60	200	260	300
潮湿环境	无冻害	1. 高湿度的室内部件 2. 室外部件 3. 在非侵蚀土和(或)水中的部件	0.70	0.60	0.60	225	280	300
潮湿环境	有冻害	1. 经受冻害的室外部件 2. 在非侵蚀性土和(或)水中且受冻害的部件 3. 高湿度且经受冻害的室内部件	0.55	0.55	0.55	250	280	300
有冻害和除冰剂的潮湿环境		经受冻害和除冰剂作用的室内和室外部件	0.50	0.50	0.50	300	300	300

注:1. 当活性掺合料取代部分水泥时,表中的最大水灰比及最小水泥用量即为代替前的水灰比和水泥用量。

2. 配制C15及其以下等级的混凝土,可不受本表限制。

课题四　混凝土外加剂

混凝土外加剂是一种在混凝土搅拌之前或拌制过程中加入的、用以改善新拌混凝土和(或)硬化混凝土性能的材料,其掺量一般不超过水泥质量的5%。

掺加外加剂是混凝土应用技术的重大突破。它不仅是提高混凝土强度、改善混凝土各种性能、降低成本、加快施工进度的有效措施,也是满足现代工程建设对混凝土性能的某些特殊要求的有效手段。

一、外加剂的分类

混凝土外加剂种类繁多,按其主要使用功能,《混凝土外加剂定义、分类、命名与术语》(GB 8075—2005)将外加剂分为以下四类:

(1)改善混凝土拌和物流变性能的外加剂,包括各种减水剂和泵送剂等;

(2)调节混凝土凝结时间、硬化性能的外加剂,包括缓凝剂、促凝剂、速凝剂等;

(3)改善混凝土耐久性的外加剂,包括引气剂、防水剂、阻锈剂和矿物外加剂等;

(4)改善混凝土其他性能的外加剂,包括膨胀剂、防冻剂、着色剂等。

目前,建筑工程中应用较多、较成熟的外加剂有减水剂、早强剂、引气剂和调凝剂等。

二、减水剂

减水剂是指在混凝土坍落度基本相同的条件下,能减少拌和用水量的外加剂。

(一)减水剂的作用机理

减水剂多为表面活性剂,其分子由亲水(憎油)基团和憎水(亲油)基团两部分组成。水泥加水拌和后,会形成絮凝结构,包裹了部分拌和水,致使流动性较低。掺加减水剂后,憎水基团定向吸附在水泥颗粒表面,亲水基团指向水溶液。由于亲水基团的电离作用,使水泥颗粒表面带上了相同电荷,在静电斥力作用下,水泥颗粒相互分开,絮凝结构解体,释放出游离水,从而有效地增加了混凝土拌和物的流动性。水泥颗粒表面吸附了足够的减水剂后,形成一层稳定的溶剂化水膜,包裹水泥颗粒,并在颗粒间起润滑作用,混凝土流动性进一步提高;由于水泥颗粒相互间不能直接接触,其分散程度增大,增大了水泥颗粒的水化面积,水泥水化比较充分,既改善了和易性也提高了强度。

(二)减水剂的技术经济效果

(1)增加流动性。在用水量及水灰比不变的情况下,可增大混凝土拌和物的流动性(坍落度增大100~200 mm),用于配制流态混凝土,且不影响混凝土的强度。

(2)提高混凝土强度。在保持流动性及水泥用量不变的条件下,可以减少用水量(10%~20%),降低了水灰比,从而提高了强度。

(3)节约水泥。在保持流动性及强度不变的条件下,可节约水泥用量10%~15%。

(4)改善耐久性。减水剂的掺入,显著改善了混凝土的孔结构,密实度提高、透水性降低(40%~80%),从而提高混凝土的抗渗、抗冻、抗化学腐蚀及防锈蚀等能力。

(5)掺入减水剂后,混凝土拌和物的离析、泌水现象得以改善;若减水剂兼有缓凝作用,还可延缓水泥凝结时间,减慢水化热的放热速度,推迟热峰。

(三)常用减水剂品种及适用范围

减水剂是使用最广泛、效果最显著的一种外加剂,其品种很多,分类方法也多样。按减水效果分为普通减水剂和高效减水剂两类,按化学成分分为木质素磺酸盐类、多环芳香磺酸盐类、水溶性树脂磺酸盐类、脂肪族类及其他改性减水剂,按是否引气分为引气型和非引气型两种,按其对凝结时间的影响可分为标准型、早强型和缓凝型三种。

减水剂可用于素混凝土、钢筋混凝土和预应力混凝土,并可制备高强高性能混凝土。普通减水剂宜用于日最低气温5 ℃以上施工的混凝土,不宜单独用于蒸养混凝土;高效减水剂宜用于日最低气温0 ℃以上施工的混凝土。

三、引气剂

引气剂是在混凝土搅拌过程中能引入大量均匀分布、稳定而封闭的微小气泡且能保留在硬化混凝土中的外加剂。由引气剂和减水剂复合可得引气减水剂。

引气剂按其化学成分分为松香树脂类、烷基和烷基芳烃磺酸类、脂肪醇磺酸类、皂苷类及其他共四大类，其中以松香树脂类应用最广，主要有松香热聚物和松香皂两种。

引气剂和引气减水剂可用于抗渗混凝土、抗冻混凝土、抗硫酸盐混凝土、泌水严重的混凝土、贫混凝土、轻骨料混凝土、人工骨料配制的普通混凝土、高性能混凝土以及有饰面要求的混凝土，但不宜用于蒸养混凝土及预应力混凝土。

引气剂掺量很小，但对混凝土的性能影响很大，其主要影响及作用原理如下。

（一）改善混凝土拌和物的和易性

大量微小封闭的气泡在混凝土拌和物内形成，相对增加了水泥浆体积，而气泡本身如滚珠一样减小了颗粒间的摩擦阻力，使混凝土拌和物流动性提高。同时，微小气泡的存在阻滞了固体颗粒的沉降和水分的上升，加之气泡膜的形成需要消耗部分水，减少了混凝土拌和物的泌水和离析，黏聚性和保水性明显改善。

（二）提高混凝土的抗渗性和抗冻性

大量均匀分布的封闭气泡堵塞或隔断混凝土中的毛细管渗水通道，改变了混凝土的孔结构；同时，由于保水性的提高，减少了混凝土因沉降和泌水造成的孔隙；再者，混凝土和易性的改善，也减少了施工造成的孔隙。因此，引气剂的掺加，使混凝土的抗渗性显著提高。此外，封闭气泡具有较大的弹性变形能力，它能在一定程度上缓冲孔隙中水分结冰所产生的膨胀应力，从而显著提高混凝土的抗冻性。

（三）变形增大，但强度及耐磨性有所降低

掺入引气剂后，混凝土中大量气泡的存在会使弹性变形能力有所增大，弹性模量有所降低，这对提高其抗裂性是有利的。但是，也会使其变形有所增加。

由于混凝土中大量气泡的存在，使其孔隙率增大和有效受力面积减小，使其强度及耐磨性有所降低。通常，混凝土中含气量每增加1%，其抗压强度可降低4%～6%，抗折强度可降低2%～3%。为防止混凝土强度的显著下降，应严格控制引气剂的掺量，以保证混凝土的含气量不致过大。《混凝土外加剂应用技术规范》（GB 50119—2003）对掺引气剂及引气减水剂混凝土的含气量作了规定，粗骨料最大粒径20 mm的混凝土含气量不得超过5.5%，40 mm的不得超过4.5%。

近年来，引气剂逐渐被引气减水剂取代，因为引气减水剂兼有引气和减水的作用，既能提高混凝土强度，又可节约水泥，取得良好的经济技术效果。

四、缓凝剂

能延缓混凝土凝结时间的外加剂，称为缓凝剂。

缓凝剂的缓凝作用是由于在水泥颗粒表面形成了不溶性物质，使水泥悬浮体稳定度提高并抑制了水泥颗粒的凝聚，延缓了水泥的水化和凝聚。

缓凝剂具有缓凝、减水、降低水化热的作用，同时对混凝土后期强度发展无不利影响，对钢筋也无锈蚀作用。主要适用于大体积混凝土、碾压混凝土、炎热气候条件下施工的混凝土、大面积浇筑的混凝土、避免冷缝产生的混凝土、需要长时间停放或长距离运输的混凝土、滑模施工或拉模施工的混凝土以及其他需要延缓凝结时间的混凝土。缓凝高效减水剂可制备高强高性能混凝土。

缓凝剂、缓凝减水剂及缓凝高效减水剂宜用于日最低气温5 ℃以上施工的混凝土，不宜单独用于有早强要求的混凝土及蒸养混凝土。

缓凝剂主要有糖类、木质素磺酸盐类、羟基羧酸及其盐类、无机盐类和其他类别。在我国，使用最多的缓凝剂是糖钙、木钙，它们兼具缓凝及减水作用。其掺量一般为水泥质量的0.01% ~0.20%，掺量过大会使混凝土长时间不凝结且强度严重下降，故应严格控制。

五、早强剂

早强剂是指能加速混凝土早期强度发展的外加剂。早强剂可加速水泥水化或与熟料中 C_3A、C_3S 和 C_2S 反应生成提高固相比例的产物，从而提高混凝土的早期强度，同时对后期强度无明显影响。

早强剂的掺加，可加速模板周转、缩短混凝土养护时间、快速到达混凝土冬期施工的临界强度等，从而缩短施工周期。多用于冬季施工或紧急抢修工程。

早强剂及早强减水剂适用于蒸养混凝土及常温、低温和最低温度不低于 -5 ℃环境中施工的有早强要求的混凝土工程。炎热环境条件下不宜使用早强剂、早强减水剂。

混凝土工程中可采用下列早强剂：强电解质无机盐类早强剂（硫酸盐、硫酸复盐、硝酸盐、亚硝酸盐、氯盐等）、水溶性有机化合物（三乙醇胺、甲酸盐、乙酸盐、丙酸盐等）以及其他减水剂（有机化合物、无机盐复合物）。

（一）氯化钙

工程中应用最早、最广泛、价廉易得的早强剂是氯化钙（氯盐类），它易溶于水，掺入混凝土后，可以加速水泥的凝结硬化，提高早期强度；还能提早水泥水化热放出时间，起到促凝作用；也可降低水的冰点，提高混凝土早期抗冻能力。

氯化钙的适宜掺量为水泥质量的0.5% ~2%，可使1 d强度提高70% ~140%，3 d强度提高40% ~70%，28 d以后便无差别或略有降低。

因氯化钙等含有氯离子的早强剂能促使钢筋锈蚀，故掺用量必须严格限制，《混凝土外加剂应用技术规范》（GB 50119—2003）等国家有关标准规范规定，严禁在许多结构中采用含有氯盐配制的早强剂及早强减水剂。

（二）硫酸钠

硫酸钠属硫酸盐类早强剂，它兼起速凝剂的作用。掺入混凝土后，迅速与水泥水化产物氢氧化钙发生反应，生成的二水石膏均匀分布于混凝土中，它与 C_3A 的反应要比外掺二水石膏更快，迅速生成钙矾石，体积膨胀1 ~2倍，使水泥石密实，提高了水泥浆中固相的比例，加速了混凝土的硬化过程，从而提高混凝土的早期强度。

硫酸钠的适宜掺量为水泥质量0.5% ~2%。当掺量为1.0% ~1.5%时，3 d强度可提高20% ~40%，对矿渣硅酸盐水泥混凝土的早强效果优于普通硅酸盐水泥混凝土。一般多与氯化钠、亚硝酸钠、二水石膏、三乙醇胺、重铬酸盐等复合使用，早强效果更好。

硫酸钠对钢筋无锈蚀作用，适用于不允许掺加氯盐早强剂的混凝土。但它与氢氧化钙作用会生成碱（NaOH），可参与碱 - 骨料反应。为防止碱 - 骨料反应，所用骨料不得含有蛋白石等矿物。在使用中，应注意硫酸钠不能超量掺加，以免混凝土产生后期膨胀破坏,以及防止混凝土表面产生“白霜”,影响其外观和表面粘贴装饰层。

(三)三乙醇胺

三乙醇胺属有机胺类早强剂,它易溶于水,呈碱性,对钢筋无锈蚀作用,适用于禁用氯盐的钢筋混凝土等结构中。

三乙醇胺属非离子型表面活性剂,掺入混凝土后,吸附在水泥颗粒表面,形成一层带电荷的亲水膜,阻止水泥颗粒的凝聚,从而引起水泥缓凝;同时,降低了水溶液的表面张力,促进水对水泥颗粒的渗透,加速水化的进行(但不改变水泥的水化生成物),也促进C_3A与石膏之间生成钙矾石的反应,从而提高混凝土的早期强度。

三乙醇胺单独使用,早强效果不明显,通常与其他早强剂复合使用,具有较好的早强效果,28 d强度不但不降低还略有提高。当与无机盐类材料复合使用时,不但能催化水泥本身的水化,而且可催化无机盐类与水泥的反应,所以在硬化早期,含有三乙醇胺的复合早强剂,其早强效果大于不含三乙醇胺的复合早强剂。

三乙醇胺的适宜掺量为水泥质量0.02%~0.05%,3 d强度可提高50%左右。在使用三乙醇胺时,必须严格控制掺量,不能超量掺加,否则将造成混凝土严重缓凝,当掺量大于0.1%时,会使混凝土强度显著下降。

六、防冻剂

防冻剂是能使混凝土在负温下硬化,并在规定养护条件下达到预期性能的外加剂。

防冻剂能显著降低混凝土的冰点,使混凝土液相不冻结或部分冻结,保证了水泥的水化作用,改善了混凝土的早期抗冻性能,但对混凝土后期性能可能产生不利影响。

防冻剂可分为强电解质无机盐类(氯盐类、氯盐阻锈类、无氯盐类)、水溶性有机化合物类、有机化合物与无机盐复合类及复合型防冻剂(可复合早强、引气、减水等组分)。

防冻组分是复合型防冻剂的重要组分,按其有无盐类可分为三类:

(1)氯盐类。常用氯化钙、氯化钠,氯盐类防冻剂适用于无筋混凝土。

(2)氯盐阻锈类。以氯盐与阻锈剂(多为亚硝酸钠)复合而成,可用于钢筋混凝土。

(3)无氯盐类。以硝酸盐、亚硝酸盐、碳酸盐、乙酸钠或尿素复合而成,因不锈蚀钢筋,可用于钢筋混凝土工程和预应力钢筋混凝土工程。因易引起应力腐蚀,含亚硝酸盐、碳酸盐的防冻剂严禁用于预应力混凝土结构。含有六价铬盐、亚硝酸盐等有害成分的防冻剂,严禁用于饮水工程及与食品相接触的工程,严禁食用。

有机化合物类防冻剂(以某些醇类等有机化合物为防冻组)可用于素混凝土、钢筋混凝土及预应力混凝土工程;有机化合物与无机盐复合防冻剂及复合型防冻剂可用于素混凝土、钢筋混凝土及预应力钢筋混凝土工程。

在日最低气温为0~-5 ℃,混凝土采用塑料薄膜和保温材料覆盖养护时,可采用早强剂或早强减水剂;在日最低气温为-5~-10 ℃、-10~-15 ℃、-15~-20 ℃,采用上述保温措施时,宜分别采用规定温度为-5 ℃、-10 ℃、-15 ℃的防冻剂。

七、泵送剂

能改善混凝土拌和物泵送性能的外加剂称为泵送剂。所谓泵送性能,就是混凝土拌和物具有能顺利通过输送管道、不阻塞、不离析、黏塑性良好的性能。泵送剂由减水剂、缓凝剂、引气剂等复合而成。

泵送剂的主要成分是减水剂，能够显著改善混凝土的和易性，尤其是贫混凝土。在正确的掺量下能够提高混凝土坍落度 80 mm 以上。泌水率关系到泵送混凝土的匀质性和可泵性，泵送剂的掺加使得混凝土拌和物即便在有压力作用下，泌水率也较小，另外掺加泵送剂可使混凝土的黏聚性提高，不易堵泵。泵送剂有一定的缓凝作用，特别是对初凝时间有一定的延缓，还可以延缓混凝土的早期水化热，降低混凝土在强度很低时由于内外温差而产生的裂缝。

好的泵送剂，具有降低混凝土收缩的功能；通过降低水灰比，能够改善混凝土中的孔结构，使混凝土中的孔结构趋于完全封闭的结构，从而提高混凝土的耐久性（包括降低碳化）。

泵送剂适用于工业与民用建筑及其他构筑物的泵送施工的混凝土，特别适用于大体积混凝土、高层建筑和超高层建筑，适用于滑模施工等，也适用于水下灌注桩混凝土。

八、外加剂的选择和使用

在混凝土中掺外加剂，能明显改善其技术性能，取得显著的技术经济效果。但若选择和使用不当，会造成质量事故，应特别注意。除通过试验合理选择外加剂品种和确定掺量外，还应该采用一定的掺入方法。

（一）品种选择

外加剂品种、品牌很多，效果各有不同。即便同一品牌的同种外加剂，对不同的水泥效果可能会有较大不同。外加剂的品种应根据工程设计和施工要求选择，通过试验及技术经济比较确定。在品种选择和使用时，还要注意以下几个问题：

（1）严禁使用对人体产生危害、对环境产生污染的外加剂。

（2）掺外加剂混凝土所用水泥，宜采用通用硅酸盐水泥，并应检验外加剂与水泥的适应性，符合要求方可使用。

（3）掺外加剂混凝土所用材料（如水泥、砂、石、掺合料、外加剂）均应符合国家现行有关标准的规定。试配掺外加剂的混凝土时，应采用工程使用的原材料，检测项目应根据设计及施工要求确定，检测条件应与施工条件相同，当工程所用原材料或混凝土性能要求发生变化时，应再进行试配试验。

（4）不同品种外加剂复合使用时，应注意其相容性及对混凝土性能的影响，使用前应进行试验，满足要求方可使用。

（二）掺量确定

外加剂掺量应以胶凝材料总量的百分比表示，或以 mL/kg 胶凝材料表示。外加剂都有适宜掺量，掺量过小，不易达到预期效果；掺量过大，将会影响混凝土质量，甚至造成质量事故。因此，外加剂的掺量应按供货单位推荐掺量、使用要求、施工条件、混凝土原材料等因素通过试验确定。

同时，还要注意：对含有氯离子、硫酸根离子等的外加剂应符合《混凝土外加剂应用技术规范》(GB 50119—2003)及有关标准的规定;处于与水相接触或潮湿环境中的混凝土,当使用碱活性骨料时,由外加剂带入的碱含量(以当量氧化钠计)不宜超过1 kg/m³混凝土,混凝土总碱含量尚应符合有关标准的规定。

(三)掺加方法

外加剂是一种用量小、作用大的材料,使用时必须计量准确,其误差不应大于外加剂用量的2%。掺加外加剂,必须保证其均匀分散,一般不能直接加入搅拌机内。

使用粉状外加剂时,应事先按每拌标准用量称好,用小包装好备用,不应临时用小勺或量杯以体积代替质量;使用胶体、液体、固体型外加剂时,可先用水按比例稀释备用,用前必须拌匀。若外加剂为溶液或需配成溶液,溶液中的水量应从拌和水中扣除。

为保证外加剂效果,不同包装规格的外加剂,在施工中可视工程的具体要求,可选择先掺、同掺、滞水和后掺四种掺加方法。比如,液体减水剂、引气剂(宜以溶液掺加)、缓凝剂、水溶性粉状泵送剂或液体泵送剂,宜采用同掺法,与拌和水同时加入搅拌机内;粉剂减水剂、难溶和不溶物较多的缓凝剂、粉剂早强剂和早强减水剂、含有水不溶物的粉状泵送剂,宜采用先掺法,与胶凝材料同时加入搅拌机内。

课题五　混凝土的配合比设计

混凝土配合比是指混凝土中各组成材料用量之间的比例关系。确定比例的工作是配合比设计。常用的表示方法有两种:①以每立方米混凝土中各项材料的质量来表示;②以各项材料相互间的质量比来表示(以水泥质量为1),顺序为水泥:砂子:石子,水灰比单独表示。

一、混凝土配合比设计的技术要求

混凝土配合比设计的任务,就是根据原材料的技术性能及施工条件,确定出满足工程所要求的各项技术经济指标的各项组成材料的用量。混凝土配合比设计必须达到以下四项基本要求:

(1)硬化后的混凝土应满足结构设计要求的强度。

(2)混凝土拌和物应具有一定的和易性,以满足搅拌、运输和浇捣密实的施工,并能保证混凝土的均匀性。

(3)硬化后的混凝土应满足工程所处环境和使用条件所必需的耐久性。

(4)在满足上述三项要求的前提下,各项材料的配合比应经济合理,尽量节约成本。

二、混凝土配合比设计的资料准备

混凝土所用各种材料的品质,直接关系着混凝土的各项技术性质,它们改变时,配合比也应因之而变,否则难以保证混凝土性质稳定一致。因此,在进行混凝土配合比设计前,必须预先掌握下列基本资料:

(1)明确设计所要求的技术指标,如强度、和易性、耐久性等,以便确定混凝土配制强度、最大水灰比、最小水泥用量等。

(2)掌握原材料性能指标:水泥品种及强度等级、密度等;砂石骨料的品种规格、细度模数、颗粒级配、表观密度、堆积密度、石子最大粒径等;是否掺用外加剂及掺合料,若掺加应掌握其品种、性能、掺量等。

三、混凝土配合比设计的依据

(一)确定基本参数的原则

配合比设计,就是确定各材料用量间的关系。即水与水泥间的比例关系,用水灰比表示;砂、石间的比例关系,用砂率表示;水泥浆与骨料间的比例关系,用单位用水量表示。

水灰比、砂率、单位用水量是混凝土配合比设计的三个重要参数,可以根据下述原则确定这三个参数:在满足强度和耐久性的前提下,确定水灰比(W/C),并尽量选择较大值,以节约水泥;在保证混凝土拌和物黏聚性和保水性要求的前提下,确定砂率(β_s);在满足和易性要求的基础上,根据粗骨料种类及规格确定单位用水量,尽量取小值。

(二)算料基准

混凝土配合比设计以计算 1 m^3 混凝土中各材料用量为基准土木工程采用干燥状态的骨料为准,水利工程也可以饱和面干状态的骨料为准。所谓干燥状态骨料,是指含水率小于 0.5% 的细骨料或含水率小于 0.2% 的粗骨料。因外加剂掺量很小,其体积可忽略,计算混凝土表观密度时,其质量也可不计入。

四、混凝土配合比设计的方法及步骤

混凝土配合比设计的步骤,首先按照已选择的原材料性能及对混凝土的技术要求,参照有关标准给定的公式和表格进行计算,得出初步计算配合比;再通过试验,对和易性、强度(或包括耐久性)进行检验,并调整确定为设计配合比;在工地,考虑砂、石含水情况,将设计配合比换算成施工配合比。

(一)计算混凝土初步配合比

1. 确定混凝土配制强度($f_{cu,0}$)

根据设计要求的混凝土强度等级,混凝土的配制强度可按下式确定

$$f_{cu,0} \geq f_{cu,k} + 1.645\sigma \tag{4-5}$$

式中 $f_{cu,0}$——混凝土的配制强度,MPa;

$f_{cu,k}$——设计要求的混凝土强度,MPa;

σ——混凝土强度标准差,由生产单位同类混凝土统计资料计算确定(混凝土试件组数 $N \geq 25$),MPa。

当混凝土强度等级为 C20 和 C25,其强度标准差计算值小于 2.5 MPa 时,计算配制强度用的标准差应取不小于 2.5 MPa;当混凝土强度等级等于或大于 C30,其强度标准差计算值小于 3.0 MPa 时,计算配制强度用的标准差应取不小于 3.0 MPa;当无统计资料计算混凝土强度标准差时,其值应按现行国家标准《混凝土结构工程施工质量及验收规范》(GB 50204—2002)的规定取用,如表 4-6 所示。

表 4-6　混凝土强度标准差 σ 值选用

混凝土强度等级	低于 C20	C20 ~ C35	高于 C35
σ(MPa)	4.0	5.0	6.0

注:采用本表时,施工单位可根据实际情况,对 σ 值作适当调整。

2. 确定水灰比(W/C)

(1)满足强度要求的水灰比。根据已测定的水泥实际强度 f_{ce}、粗骨料种类及所要求的混凝土配制强度 $f_{cu,0}$,当混凝土强度等级小于 C60 时,混凝土的水灰比宜按下式计算

$$\frac{W}{C}=\frac{\alpha_a f_{ce}}{f_{cu,0}+\alpha_a\alpha_b f_{ce}} \tag{4-6}$$

(2)满足耐久性要求的水灰比。根据表 4-5、表 4-7 及表 4-8 分别查出满足最大水灰比要求及抗渗性、抗冻性要求的水灰比值。

同时满足强度、耐久性要求的水灰比,应取计算和查表所得水灰比中的较小值。

表 4-7　抗渗混凝土最大水灰比

抗渗等级	最大水灰比	
	C20 ~ C30 混凝土	C30 以上混凝土
P6	0.60	0.55
P8 ~ P12	0.55	0.50
P12 以上	0.50	0.45

表 4-8　抗冻混凝土最大水灰比

抗冻等级	无引气剂	掺引气剂
F50	0.55	0.60
F100	—	0.55
F150 及以上	—	0.50

3. 确定单位用水量(m_{w0})

干硬性和塑性混凝土用水量的确定:

(1)W/C 为 0.40 ~ 0.80 时,根据粗骨料品种、粒径及施工要求的坍落度值可按表 4-9(或表 4-10)选取。

表 4-9　干硬性混凝土的用水量　(单位:kg/m³)

项目	指标	卵石最大粒径(mm)			碎石最大粒径(mm)		
		10	20	40	16	20	40
维勃稠度(s)	16 ~ 20	175	160	145	180	170	155
	11 ~ 15	180	165	150	185	175	160
	5 ~ 10	185	170	155	190	180	165

表 4-10 塑性混凝土的用水量 （单位:kg/m^3）

项目	指标	卵石最大粒径(mm)				碎石最大粒径(mm)			
		10	20	31.5	40	16	20	31.5	40
坍落度(mm)	10~30	190	170	160	150	200	185	175	165
	35~50	200	180	170	160	210	195	185	175
	55~70	210	190	180	170	220	205	195	185
	75~90	215	195	185	175	230	215	205	195

注:1. 本表用水量是采用中砂时的平均取值,采用细砂时,每立方米混凝土用水量可增加5~10 kg,采用粗砂时,则可减少5~10 kg。

2. 掺用各种外加剂或掺合料时,用水量应相应调整。

(2)W/C 小于0.40的混凝土以及采用特殊成型工艺的混凝土用水量应通过试验确定。

流动性和大流动性混凝土的用水量宜按下列步骤计算:

(1)以表4-10中坍落度90 mm的用水量为基础,按坍落度每增大20 mm,用水量增加5 kg计算出未掺外加剂时混凝土的用水量。

(2)掺外加剂时混凝土的用水量可按下式计算

$$m_{wa} = m_{w0}(1 - \beta) \tag{4-7}$$

式中 m_{wa}——掺外加剂混凝土的单位用水量,kg;

m_{w0}——未掺外加剂混凝土的单位用水量,kg;

β——外加剂的减水率(%)。

(3)外加剂的减水率应经试验确定。

4. 计算每立方米混凝土水泥用量(m_{c0})

根据已选定的单位用水量(m_{w0})和水灰比(W/C)值,可由下式求出水泥用量

$$m_{c0} = \frac{m_{w0}}{W/C} \tag{4-8}$$

同时还要考虑耐久性要求,查表4-5,取所查结果及计算值中的大值作为1 m^3 混凝土的水泥用量。

5. 确定砂率(β_s)

1)计算法

通过试验并计算,得到混凝土所用砂、石的堆积密度及石子的空隙率,按照砂子填充石子空隙并略有富余以拨开石子的原则计算砂率。即

$$\beta_s = \frac{m_{s0}}{m_{s0} + m_{g0}} \times 100\% = k\frac{\rho'_{0s}P'_g}{\rho'_{0s}P'_g + \rho'_{0g}} \times 100\% \tag{4-9}$$

式中 β_s——砂率(%);

m_{s0}、m_{g0}——1 m^3 混凝土中砂、石用量,kg;

ρ'_{0s}、ρ'_{0g}——砂、石的堆积密度,kg/m^3;

P'_g——石子的空隙率;

k——拨开系数，一般取1.1~1.4，机械搅拌、振捣时取1.1~1.2，人工拌和、插捣时取1.2~1.4，用碎石及粗砂时取大值。

2)查实践资料法

生产单位可根据本单位对所用材料的使用经验选用砂率。如无使用经验，按骨料种类规格及混凝土的水灰比，参考表4-11选取。

表4-11　混凝土的砂率　　(%)

水灰比	卵石最大粒径(mm)			碎石最大粒径(mm)		
	10	20	40	16	20	40
0.40	26~32	25~31	24~30	30~35	29~34	27~32
0.50	30~35	29~34	28~33	33~38	32~37	30~35
0.60	33~38	32~37	31~36	36~41	35~40	33~38
0.70	36~41	35~40	34~39	39~44	38~43	36~41

注：1. 本表数值系中砂的选用砂率，对细砂或粗砂，可相应地减少或增大砂率。

2. 只用一个单粒级粗骨料配制混凝土，砂率应适当增大。

3. 对薄壁构件，砂率取偏大值。

4. 坍落度大于60 mm的混凝土砂率，可经试验确定，也可在本表的基础上，按坍落度每增大20 mm，砂率增大1%的幅度予以调整。

6. 计算1 m³混凝土的砂、石用量(m_{s0}、m_{g0})

砂、石用量的计算可用质量法和体积法中的一种，质量法计算快捷简便，体积法计算结果相对准确。

(1)当采用质量法时，应按下列公式计算

$$\left.\begin{aligned} m_{c0}+m_{s0}+m_{g0}+m_{w0}&=\rho_{cp}\\ \beta_s&=\frac{m_{s0}}{m_{s0}+m_{g0}}\times 100\% \end{aligned}\right\}\qquad(4\text{-}10)$$

式中　ρ_{cp}——混凝土拌和物的表观密度，即每立方米混凝土拌和物的假定质量，kg，其值可取2 350~2 450 kg；

m_{c0}——每立方米混凝土的水泥用量，kg；

m_{s0}——每立方米混凝土的砂用量，kg；

m_{g0}——每立方米混凝土的石子用量，kg；

m_{w0}——每立方米混凝土的用水量，kg。

(2)当采用体积法时，假定混凝土拌和物的体积等于各组成材料绝对体积及拌和物中所含空气的体积之和，用下式计算1 m³混凝土拌和物的各材料用量

$$\left.\begin{aligned} \frac{m_{c0}}{\rho_c}+\frac{m_{w0}}{\rho_w}+\frac{m_{s0}}{\rho'_s}+\frac{m_{g0}}{\rho'_g}+0.01\alpha&=1\\ \beta_s&=\frac{m_{s0}}{m_{s0}+m_{g0}}\times 100\% \end{aligned}\right\}\qquad(4\text{-}11)$$

式中　ρ_c——水泥密度，kg/m³，可取2 900~3 100 kg/m³；

ρ_w——水的密度，kg/m³，可取1 000 kg/m³；

ρ'_s、ρ'_g——砂、石的表观密度，kg/m³；

α——混凝土含气量百分数，在不使用引气剂外加剂时，可取为1。

解以上联式，即可求出 m_{s0}、m_{g0}。

（二）基准配合比的试配

以上求出的各材料用量，是借助一些经验公式和数据计算出来的，或是利用经验资料查得，需进行试配并经过调整后确定。进行混凝土配合比试配时，应采用工程中实际使用的原材料及搅拌方法。

首先进行试拌，以检查拌和物的性能。按计算的配合比分别求出试配时各混凝土材料用量（每盘混凝土的最小搅拌量为：骨料最大粒径在31.5 mm及以下的取15 L，骨料最大粒径为40 mm的取25 L），拌制成混凝土拌和物。首先，通过试验测定其流动性，并观察黏聚性和保水性。当试拌得出的混凝土拌和物流动性不能满足要求，或黏聚性和保水性不好时，应进行相应调整，直到符合要求。然后提出供混凝土强度试验用的基准配合比。

调整原则如下：若流动性太小，应在保持水灰比不变的条件下，增加适量的水和水泥；若流动性太大，可在砂率不变的条件下，适当增加砂、石用量；若黏聚性和保水性不良，实质上是混凝土拌和物中砂浆不足或砂浆过多，可适当增大砂率或适当降低砂率，调整到和易性满足要求为止。其调整量可参考表4-12。当试拌调整工作完成后，应测出混凝土拌和物的表观密度（ρ_{cp}），重新计算出每立方米混凝土的各项材料用量，即为供混凝土强度试验用的基准配合比。

表4-12 条件变动时材料用量调整参考值

条件变化情况	大致的调整值		条件变化情况	大致的调整值	
	加水量	砂率		加水量	砂率
坍落度增减10 mm	±2%～±4%	·	砂率增减1%	±2 kg/m³	
含气量增减1%	±3%	±0.5%	砂细度模数增减0.1%		±0.5%

假定试拌并调整和易性满足要求后，混凝土的材料用量为 m_{wb}（水）、m_{cb}（水泥）、m_{sb}（砂）、m_{gb}（石子），则基准配合比可用以下方法计算

$$\left.\begin{aligned}m_{wJ} &= \frac{\rho_{cp}\times 1\ \text{m}^3}{m_{wb}+m_{cb}+m_{sb}+m_{gb}}m_{wb}\\ m_{cJ} &= \frac{\rho_{cp}\times 1\ \text{m}^3}{m_{wb}+m_{cb}+m_{sb}+m_{gb}}m_{cb}\\ m_{sJ} &= \frac{\rho_{cp}\times 1\ \text{m}^3}{m_{wb}+m_{cb}+m_{sb}+m_{gb}}m_{sb}\\ m_{gJ} &= \frac{\rho_{cp}\times 1\ \text{m}^3}{m_{wb}+m_{cb}+m_{sb}+m_{gb}}m_{gb}\end{aligned}\right\}\tag{4-12}$$

式中 m_{wJ}、m_{cJ}、m_{sJ}、m_{gJ}——基准配合比混凝土每立方米的用水量、水泥用量、砂子用量和石子用量，kg；

ρ_{cp}——混凝土拌和物表观密度实测值，kg/m³。

经过和易性调整试验得出的混凝土基准配合比，满足了和易性的要求，但其水灰比不一定选用恰当，混凝土的强度不一定符合要求，故应对混凝土强度进行复核。

混凝土强度试验时至少应采用三个不同的配合比。当采用三个不同的配合比时，其中一个应为基准配合比，另外两个配合比的水灰比，宜较基准配合比分别增加和减少0.05；用水量应与基准配合比相同，砂率可分别增加和减少1%。当不同水灰比的混凝土拌和物坍落度与要求值的差超过允许偏差时，可通过增减用水量进行调整。

每种配合比至少应制作一组（三块）试件，标准养护到28 d时试压。制作混凝土强度试验试件时，应检验混凝土拌和物的坍落度或维勃稠度、黏聚性、保水性及拌和物的表观密度，并以此结果作为代表相应配合比的混凝土拌和物的性能。需要时可同时制作几组试件，供快速检验或较早龄期试压，以便提前定出混凝土配合比供施工使用。对有抗渗、抗冻要求的混凝土，还需按规定分别制作抗渗试件、抗冻试件，标准养护到28 d时检验。

（三）配合比的调整与确定

根据试验得出的混凝土强度与其相对应的灰水比（C/W）关系，用作图法或计算法求出与混凝土配制强度（$f_{cu,0}$）相对应的灰水比，并应按下列原则确定每立方米混凝土的材料用量：

（1）用水量（m_w）应在基准配合比用水量的基础上，根据制作强度试件时测得的坍落度或维勃稠度进行调整确定；

（2）水泥用量（m_c）应以用水量乘以选定出来的灰水比计算确定；

（3）粗骨料和细骨料用量（m_g 和 m_s）应在基准配合比的粗骨料和细骨料用量的基础上，按选定的灰水比进行调整后确定。

经试配确定配合比后，还应根据实测的混凝土拌和物的表观密度（ρ_{cp}）作校正，以确定1 m^3 混凝土的各材料用量。其步骤如下：

（1）应根据调整并确定的材料用量按下式计算混凝土的表观密度计算 $\rho_{c,c}$

$$\rho_{c,c} \times 1\ m^3 = m_c + m_w + m_s + m_g \tag{4-13}$$

（2）按下式计算混凝土配合比校正系数 δ

$$\delta = \frac{\rho_{cp}}{\rho_{c,c}} \tag{4-14}$$

当混凝土拌和物表观密度实测值与计算值之差的绝对值不超过计算值的2%时，试配调整确定的配合比即为确定的设计配合比；当二者之差超过2%时，应将配合比中每项材料用量均乘以校正系数 δ，即为确定的设计配合比。每立方米的用水量、水泥用量、细骨料用量和粗骨料用量分别用 $m_{w,sh}$、$m_{c,sh}$、$m_{s,sh}$、$m_{g,sh}$ 来表示。

（四）混凝土施工配合比换算

混凝土设计配合比（即实验室配合比）用料是以干燥状态为标准计量的，且各级骨料不含有超、逊径颗粒。而施工现场存放的砂、石露天存放，含有一定水分且经常变化，并常存在一定数量的超、逊径。所以，施工现场材料的实际用量应根据骨料的含水情况进行调整，将设计配合比换算为施工配合比。配合比换算的目的在于准确地实现设计配合比，而不是改变设计配合比。

（1）骨料含水率调整。依据现场实测砂、石含水率，在配料时，从加水量中扣除骨料所含水分，并相应增加砂、石用量。设施工配合比 1 m^3 混凝土各材料用量为 m'_c、m'_s、m'_g 和 m'_w，并假定工地砂的含水率为 $a\%$，石子含水率为 $b\%$，则施工配合比每立方米混凝土中各材料用量(单位 kg)应为

$$\left.\begin{aligned} m'_c &= m_{c,sh} \\ m'_s &= m_{s,sh}(1 + a\%) \\ m'_g &= m_{g,sh}(1 + b\%) \\ m'_w &= m_{w,sh} - m_{s,sh}a\% - m_{g,sh}b\% \end{aligned}\right\} \tag{4-15}$$

(2)骨料超、逊径调整。根据施工现场实测某级骨料超、逊径颗粒含量，将该级骨料中超径含量计入上一级骨料、逊径含量计入下一级骨料中，则该级骨料调整量为

$$调整量 = (该级超径量 + 该级逊径量) - (下级超径量 + 上级逊径量) \tag{4-16}$$

五、混凝土配合比设计实例

【例 4-1】 某现浇框架结构建筑物处于寒冷地区，基础用混凝土，其设计强度等级为 C30，坍落度要求为 30 ~ 50 mm，抗冻等级为 F100，混凝土采用机械振捣浇筑。因属异地施工，无施工单位相关混凝土统计资料。

配制该混凝土使用如下原材料：水泥为 42.5 级的普通硅酸盐水泥，强度富余 6%，密度 $\rho_c = 3.1\ g/cm^3$；砂为当地河砂，级配合格，细度模数 $\mu_f = 2.7$，表观密度 $\rho'_s = 2\ 600\ kg/m^3$，含水率为 3%；石子采用最大粒径 40 mm 的碎石，颗粒级配合格，密度 $\rho'_g = 2\ 670\ kg/m^3$，含水率为 1%。

试完成：(1)计算初步配合比；(2)调整并确定实验室设计配合比；(3)换算为施工配合比。

解 1. 初步配合比计算

(1)确定配制强度 $f_{cu,0}$。

按题意，设计要求混凝土强度 $f_{cu,k} = 30$ MPa，无统计资料，查表 4-6，选择标准差 σ 为 5.0 MPa。则混凝土配制强度为

$$f_{cu,0} = f_{cu,k} + 1.645\sigma = 30 + 1.645 \times 5.0 = 38.2(\text{MPa})$$

(2)确定水灰比(W/C)。

①按强度要求计算水灰比。

水泥强度等级为 42.5，则 $f_{ce,g} = 42.5$ MPa，强度富余 6%，即 $\gamma_c = 1.06$，则水泥实际强度为

$$f_{ce} = \gamma_c f_{ce,g} = 1.06 \times 42.5 = 45.05(\text{MPa})$$

该混凝土用碎石，取 $\alpha_\alpha = 0.46$，$\alpha_b = 0.07$，按下式计算水灰比

$$\frac{W}{C} = \frac{\alpha_a f_{ce}}{f_{cu,0} + \alpha_a \alpha_b f_{ce}} = \frac{0.46 \times 45.05}{38.2 + 0.46 \times 0.07 \times 45.0} = 0.52$$

②按耐久性要求复核水灰比。

据题意可知，构件为框架结构基础，需配置钢筋，且处于地下潮湿环境，在寒冷地区会经受冻害，查表 4-5 可知，允许最大水灰比为 0.55，按强度计算的水灰比 0.52 小于要求的

最大值,符合耐久性要求,故采用计算水灰比 0.52 可同时满足强度及耐久性要求。

(3)确定单位用水量 m_{w0}。

要求坍落度为 30~50 mm,碎石的最大粒径 40 mm,且从砂的细度模数可知为中砂,查表 4-10 可知,选用混凝土用水量得到单位用水量为 $m_{w0}=175\ kg/m^3$。

(4)计算单位水泥用量 m_{c0}。

已选取混凝土单位用水量 175 kg/m^3,水灰比 $W/C=0.52$,则单位水泥用量为

$$m_{c0}=\frac{m_{w0}}{W/C}=\frac{175}{0.52}=337(kg/m^3)$$

混凝土处于寒冷地区且为地下配筋混凝土,由表 4-5 可知,最小水泥用量为 280 kg/m^3,所以取 $m_{c0}=280\ kg/m^3$。计算单位水泥用量 337 kg/m^3 符合耐久性要求,故采用单位水泥用量为 337 kg/m^3。

(5)选择砂率 β_s。

已知骨料采用最大粒径 40 mm 的碎石和中砂,水灰比 $W/C=0.52$。查表 4-11,选定砂率为 33%。

(6)计算砂、石用量 m_{s0}、m_{g0}。

可用重量法或体积法任一种,本例采用体积法计算。混凝土未掺加引气型外加剂,故混凝土含气量百分数 α 取为 1。将已有数据代入公式计算如下

$$\left.\begin{aligned}&\frac{337}{3\ 100}+\frac{175}{1\ 000}+\frac{m_{s0}}{2\ 600}+\frac{m_{g0}}{2\ 670}+0.01\times 1=1\\&\frac{m_{s0}}{m_{s0}+m_{g0}}=33\%\end{aligned}\right\}$$

解得 $m_{s0}=617\ kg/m^3$ $m_{g0}=1\ 253\ kg/m^3$

则得混凝土的初步配合比为

$$m_{c0}=337\ kg/m^3\quad m_{w0}=175\ kg/m^3\quad m_{s0}=617\ kg/m^3\quad m_{g0}=1\ 253\ kg/m^3$$

2. 试拌调整,提出基准配合比

考虑骨料最大粒径为 40 mm,混凝土拌和物最少拌量为 25 L。按计算出的初步配合比计算试拌 25 L 拌和物所需各材料用量:水 4.38 kg,水泥 8.43 kg,砂 15.43 kg,石 31.33 kg。

按计算的试拌材料用量拌制混凝土拌和物,假设坍落度为 20 mm,黏聚性和保水性尚好,流动性未满足设计要求,差 20 mm。因此,应保持水灰比不变增加水泥浆数量,参考表 4-12,增加用水量 $4.38\times 2\times 3\%=0.263(kg)$,增加水泥用量 0.506 kg。因此,第二次试拌的材料用量为:水 4.643 kg,水泥 8.936 kg,砂和石用量仍各为 15.43 kg 及 31.33 kg。经试拌后测得坍落度为 45 mm,满足流动性要求,且黏聚性、保水性较好。同时,测得混凝土拌和物的表观密度为 2 380 kg/m^3。则基准配合比为

$$\begin{aligned}m_{cp}&=\frac{\rho_{cp}}{m_{wb}+m_{cb}+m_{sb}+m_{gb}}\times m_{cb}\\&=\frac{2\ 380}{4.643+8.936+15.43+31.33}\times 8.936=352(kg/m^3)\end{aligned}$$

$$m_{wJ}=\frac{\rho_{cp}}{m_{wb}+m_{cb}+m_{sb}+m_{gb}}\times m_{wb}=183(kg/m^3)$$

$$m_{sJ} = \frac{\rho_{cp}}{m_{wb} + m_{cb} + m_{sb} + m_{gb}} \times m_{sb} = 609(\mathrm{kg/m^3})$$

$$m_{gJ} = \frac{\rho_{cp}}{m_{wb} + m_{cb} + m_{sb} + m_{gb}} \times m_{gb} = 1\ 236(\mathrm{kg/m^3})$$

3. 检验强度,确定实验室配合比

(1)检验强度。

以基准水灰比0.52,另取0.47和0.57共三个水灰比的配合比,分别制成混凝土试件。同时,除基准配合比外,其他两组也分别进行坍落度试验,坍落度均满足要求,黏聚性、保水性良好。强度采用标准养护至28 d龄期,用标准方法进行强度试验,其结果如表4-13所示。

表4-13　强度试验结果

组别	水灰比(W/C)	灰水比(C/W)	$f_{cu,28}$(MPa)
Ⅰ	0.47	2.13	44.5
Ⅱ	0.52	1.92	39.0
Ⅲ	0.57	1.75	35.7

(2)确定实验室配合比。

根据表4-13数据,因强度与灰水比呈线性关系,通过计算可求出达到配制强度$f_{cu,0}$ = 38.2 MPa所需水灰比为0.53。参考试配时坍落度试验结果,实验室配合比的三个参数分别为:用水量$m_w = m_{wJ} = 183\ \mathrm{kg/m^3}$,水灰比$W/C = 0.53$,砂率$\beta_s = 33\%$。

用体积法重新计算各材料用量$m_c = 345\ \mathrm{kg/m^3}$,$m_w = 183\ \mathrm{kg/m^3}$,$m_s = 608\ \mathrm{kg/m^3}$,$m_g = 1\ 234\ \mathrm{kg/m^3}$试拌测得混凝土拌和物表观密度$\rho_{cp} = 2\ 420\ \mathrm{kg/m^3}$,其表观密度计算值为

$$\rho_{c,c} = m_w + m_c + m_s + m_g = 2\ 370(\mathrm{kg/m^3})$$

因此,配合比校正系数$\delta = 2\ 420/2\ 370 = 1.021$,可见二者之差超过计算值的2%,故应按拌和物实测表观密度进行校正,各材料用量如下

水泥　　$m_{c,sh} = \delta m_c = 1.021 \times 345 = 352(\mathrm{kg/m^3})$

砂　　$m_{s,sh} = \delta m_s = 1.021 \times 608 = 621(\mathrm{kg/m^3})$

石子　　$m_{g,sh} = \delta m_g = 1.021 \times 1\ 234 = 1\ 260(\mathrm{kg/m^3})$

水　　$m_{w,sh} = \delta m_w = 1.021 \times 183 = 187(\mathrm{kg/m^3})$

实验室配合比为(比例法表示):$m_{c,sh} : m_{s,sh} : m_{g,sh} = 1 : 1.76 : 3.57$,$W/C = 0.53$。

4. 换算施工配合比

由题可知,工地实测砂的含水率3.4%,碎石含水率0.7%,经换算,各材料用量为

水泥　　$m'_c = m_{c,sh} = 352\ \mathrm{kg/m^3}$

砂子　　$m'_s = m_{s,sh}(1 + a\%) = 621 \times (1 + 3.4\%) = 642(\mathrm{kg/m^3})$

石子　　$m'_g = m_{g,sh}(1 + b\%) = 1\ 260 \times (1 + 0.7\%) = 1\ 268(\mathrm{kg/m^3})$

水　　$m'_w = m_w - m_{s,sh}a\% - m_{g,sh}b\% = 187 - 621 \times 3.4\% - 1\ 260 \times 0.7\%$

$= 157(\mathrm{kg/m^3})$

课题六　其他混凝土

一、轻骨料混凝土

轻骨料混凝土是指用轻粗骨料、轻砂（或普通砂）、水泥和水配制而成的干表观密度不大于1 950 kg/m^3 的混凝土。

轻骨料混凝土的特点是表观密度小、自重轻、强度较高，具有保温、耐火、抗震、耐化学侵蚀、易于施工等优点，并具有显著的经济效益和社会效益。所以，轻骨料混凝土是一种具有发展前途的新型混凝土，主要用于非承重的墙体及保温、隔声材料。轻骨料混凝土还可用于承重结构，以达到减轻自重的目的。如房屋建筑，各种要求质量较轻的混凝土预制构件等。

（一）轻骨料

轻骨料分为轻粗骨料和轻细骨料，根据《轻集料及其试验方法 第1部分：轻集料》（GB/T 17431.1—1998），轻粗骨料堆积密度不大于1 000 kg/m^3、轻细骨料堆积密度不大于1 200 kg/m^3。

按轻骨料的来源可分为天然轻骨料（天然形成的多孔岩石，经加工而成），如浮石、火山渣及轻砂；人造轻骨料（以地方材料为原料，经加工而成），如页岩陶粒；工业废料轻骨料（以工业废料为原料，经加工而成），如粉煤灰陶粒、自然矸石、膨胀矿渣珠、煤渣及其轻砂。按其粒形可分为圆球型、普通型和碎石型三种。

轻骨料的技术指标，主要包括堆积密度、颗粒级配、强度和吸水率等四项。此外，还有耐久性、安定性、有害杂质含量等。

1. 堆积密度

轻骨料的堆积密度直接影响所配制的轻骨料混凝土的表观密度和性能。按其堆积密度（kg/m^3），每100为一级，轻粗骨料自300至1 000，轻细骨料自500至1 200都分为8个密度等级。

2. 最大粒径及颗粒级配

保温及结构保温轻骨料混凝土用的轻骨料，其最大粒径不宜大于40 mm。结构轻骨料混凝土的轻骨料粒径不宜大于20 mm。

轻粗骨料的级配应符合表4-14的要求，其自然级配的空隙率不应大于50%。轻砂的细度模数宜在2.3～4.0，粒径大于5 mm的累计筛余量不宜大于10%。

表4-14　轻粗骨料的级配

项目		筛孔尺寸			
		d_{min}	$0.5d_{max}$	d_{max}	$2d_{max}$
累计筛余量（按质量计，%）	圆球型的及单一粒级	≥90	不规定	≤10	0
	普通型的混合级配	≥90	30～70	≤10	0
	碎石型的混合级配	≥90	40～60	≤10	0

3. 强度

轻粗骨料的强度,对轻骨料混凝土强度影响很大。《轻骨料混凝土技术规程》(JGJ 51—2002)规定,采用筒压法测定其强度,称为筒压强度。不同密度等级的轻粗骨料的筒压强度应符合表4-15的规定。

表4-15 轻粗骨料的筒压强度及强度等级

密度等级	筒压强度 f_a(MPa)		强度等级 f_{ak}(MPa)	
	碎石型	普通型和圆球型	普通型	圆球型
300	0.2/0.3	0.3	3.5	3.5
400	0.4/0.5	0.5	5.0	5.0
500	0.6/1.0	1.0	7.5	7.5
600	0.8/1.5	2.0	10	15
700	1.0/2.0	3.0	15	20
800	1.2/2.5	4.0	20	25
900	1.5/3.0	5.0	25	30
1 000	1.8/4.0	6.5	30	40

注:碎石型天然轻粗骨料取斜线以左值,其他碎石型轻粗骨料取斜线以右值。

筒压强度是间接反映轻粗骨料颗粒强度的一项指标,对相同品种的轻骨料,筒压强度与堆积密度常呈线性关系。但筒压强度不能反映轻粗骨料在混凝土中的真实强度,因此国家标准GB/T 17431.1—1998中还规定采用强度等级来评定轻粗骨料的强度。筒压法和强度等级测试方法可参考有关规范。

4. 吸水率及软化系数

轻骨料的吸水率一般都比普通砂石料大,因此将显著影响混凝土拌和物的和易性、水灰比和强度的发展。在设计轻骨料混凝土配合比时,如果采用干燥骨料,必须根据其吸水率大小,再多加一部分被骨料吸收的附加水量(以轻骨料的1 h吸水率计算)。国家标准规定:轻砂和天然轻粗骨料吸水率不作规定,其他轻粗骨料的吸水率不应大于22%。

人造轻粗骨料和工业废料轻粗骨料的软化系数应不小于0.8,天然轻粗骨料的软化系数应不小于0.7。轻细骨料的吸水率和软化系数不作规定。

(二)轻骨料混凝土的技术性质

1. 和易性

轻骨料混凝土由于其轻骨料具有颗粒表观密度小、表面多孔粗糙、总表面积大、易于吸水等特点,因此其混凝土拌和物的和易性与普通混凝土有明显的不同。轻骨料混凝土拌和物的黏聚性和保水性好,但流动性差,适用的流动范围比较窄。过大的流动性会使轻骨料上浮,易离析;过小的流动性则会使捣实困难。

流动性的大小主要取决于用水量,由于轻骨料吸水率大,因而其用水量的概念与普通混凝土略有区别。加入混凝土拌和物中的水量称为总用水量,可分为两部分:一部分被骨料吸收,其数量相当于1 h的吸水量,这部分水称为附加用水量;另一部分的水使混凝土拌和物获得要求的流动性和保证水泥水化的进行,称为净用水量。净用水量可根据混凝土的用途及要求的流动性来选择。另外,轻骨料混凝土的和易性也受砂率的影响,尤其是采用轻细骨料时,混凝土拌和物的和易性随着砂率的提高而有所改善。轻骨料混凝土的砂率一般比普通混凝土的砂率略大。

2. 表观密度

轻骨料混凝土按其干表观密度的大小,由 600 ~ 1 900 kg/m^3,每增加 100 kg/m^3 为一个等级,共分为 14 个等级。每个密度等级的干表观密度有一定的变化范围,且规律相同,即将密度等级值减少 40 kg/m^3 得变化范围的下限、增加 50 kg/m^3 为上限。

3. 抗压强度

轻骨料混凝土按按立方体抗压强度标准值分为 13 个强度等级,规律是:除 CL5. 0、CL7. 5 两个等级外,从 CL10 开始,强度每增加 5 MPa 为一个等级,从表 4-16 中可以看出。

按用途不同,轻骨料混凝土分为三类,其相应的强度等级和表观密度要求见表 4-16。

表 4-16　轻骨料混凝土按用途分类

类别名称	混凝土强度等级的合理范围	混凝土表观密度等级的合理范围	用途
保温轻骨料混凝土	CL5. 0	≤800	主要用于保温的围护结构或热工构筑物
结构保温轻骨料混凝土	CL5. 0、CL7. 5、CL10、CL15	800 ~ 1 400	主要用于既承重又保温的围护结构
结构轻骨料混凝土	CL15、CL20、CL25、CL30、CL35、CL40、CL45、CL50、CL55、CL60	1 400 ~ 1 900	主要用于承重构件或构筑物

轻骨料强度虽低于普通骨料,但它仍能配制出强度较高的轻骨料混凝土。因其表面粗糙多孔,且吸水后表面呈低水灰比,提高了轻骨料与水泥石的界面黏结力,在受力时,遭到破坏的是轻骨料本身。因此,轻骨料混凝土强度的高低,除取决于水泥强度与水灰比(水灰比考虑净用水量)外,还和轻骨料强度密切相关。与普通混凝土相比,采用轻骨料会导致混凝土强度下降,并且骨料用量越多,强度降低越大,其表观密度也越小。

轻骨料混凝土的另一特点是,由于受到轻骨料自身强度的限制,因此每一品种轻骨料只能配制一定强度的混凝土,如要配制高于此强度的混凝土,即使降低水灰比,也不可能使混凝土强度有明显提高,或提高幅度很小。

4. 弹性模量与变形

轻骨料混凝土的弹性模量小,为同强度等级普通混凝土的 50% ~70%,即便是 CL60 及以上的高强轻骨料混凝土,也要低 20% ~30%。这对改善建筑物的抗震性能及抵抗动荷载的能力起到了很好的作用。但由轻骨料混凝土制成的构件受力后挠度较大。

轻骨料混凝土的徐变随混凝土强度增加而降低,其值比普通混凝土大 30% ~60%。由于轻骨料混凝土弹性模量较低,产生较大的弹性应变,其在荷载下的总变形比普通混凝土的大,过大的收缩往往会造成结构物的开裂。轻骨料混凝土的收缩,比普通混凝土大

20% ~50%，热膨胀系数则比普通混凝土低20%左右。

5. 热工性

轻骨料混凝土导热系数小，比普通混凝土要低1/3 ~1/2，故具有良好的保温性能。

（三）轻骨料混凝土的应用

由于轻骨料混凝土具有轻质、高强、保温、抗震性能好、耐火性能高、耐化学侵蚀、易于施工、经济效益和社会效益良好等优点，所以是一种具有发展前途的新型混凝土，主要用于非承重的墙体及保温、隔声材料。轻骨料混凝土还可用于承重结构，以达到减轻自重的目的，主要适用于高层和多层建筑、软土地基、大跨度结构、抗震结构、节能建筑、旧建筑的加层等，也可用于制作各种要求质量较轻的混凝土预制构件。

二、装饰混凝土

普通混凝土是主要的结构材料，但美中不足的是外观单调、呆板、灰暗，给观者以沉闷与压抑的感觉。为了增强混凝土的视觉美感，建筑师采用各种艺术处理，使其呈现装饰效果，所以被称为装饰混凝土，又叫清水混凝土。

装饰混凝土与普通混凝土并无本质区别，只是装饰混凝土对模板、混凝土的浇筑要求更高。它采用一次浇筑成型，浇筑的是高质量的混凝土，直接采用现浇混凝土的自然表面效果作为饰面。它不同于普通混凝土，表面平整光滑，色泽均匀，棱角分明，无碰损和污染，只需简单粉饰甚至无需粉饰，仅在表面涂一层或两层透明的保护剂，就显得十分天然、庄重。装饰混凝土建筑，以自身裸露的健康体魄为基调，以简约的装饰做点缀，以单一的材料与色彩简洁的空间形式构造出诗意般的内外空间，使人与大自然融为一体。粗犷而厚实的墙体，给人们以安全感和稳定感；银灰色的清水混凝土饰面，勾起人们对未来的遐想，那是一种工业化、自动化、现代化和机器人时代的色彩。

装饰混凝土是混凝土材料中最高级的表达形式，它显示的是一种最本质、最质朴的美感，体现的是“素面朝天”的品位，既能体现出现代感觉，也可达到古色古香的效果。

装饰混凝土摒弃了各种华丽的建筑与装饰材料，但其建筑风格中所独有的朴实无华、自然沉稳的外观韵味，以及与生俱来的厚重与清雅是其他现代建筑与装饰材料无法效仿和媲美的。混凝土材料本身所拥有的柔软感、刚硬感、温暖感、冷漠感不仅对人的感官及精神产生影响和刺激，而且它所拥有的与生俱来的装饰性特征还可以表达出建筑情感。因此，建筑师们认为，这是一种高贵的朴素，看似简单，其实比金碧辉煌更具艺术效果。清水混凝土是一种最自然的材料，可以用最纯粹、最简单的语言来叙述建筑，这样的语言才是建筑师所追求的，他们称之为“最纯粹的建筑语汇”。

世界上越来越多的建筑师采用装饰混凝土工艺，一些世界知名的艺术类公用建筑也都采用了这一建筑艺术，如世界级建筑大师贝聿铭和他设计的巴黎卢浮宫金字塔、约恩·乌松和他设计的被誉为“澳洲之花”的悉尼歌剧院、有“清水混凝土诗人”之称的安藤忠雄和他设计的“光之教堂”。我国一些建筑也采用了装饰混凝土艺术，如：首都国际机场新航站楼，约用20多万 m^3 的清水混凝土；中央电视台新大楼，约用9万 m^3 的装饰混凝土。

装饰混凝土是名副其实的绿色混凝土，既有利于环保，还可达到多种经济技术效果：

(1)有利于环保。装饰混凝土结构不需要装饰，舍去了涂料、饰面等化工产品；采用一次成型工艺，不剔凿修补、不抹灰，取消找平层，减少了砂浆使用量，减少了大量建筑垃圾，也使噪声大为减小，这些都对环境保护有利。

(2)安全美观。装饰混凝土表面平整光滑，无接缝、空鼓、开裂，既美观又安全。由于省掉了粉饰增加了保护层厚度，提高了构件的承载能力，混凝土构件的耐久、耐火性能明显增强；由于没有粉饰层，也就无须担心抹灰层、镶贴面层脱落造成的安全隐患；减轻了结构施工的漏浆、楼板裂缝等质量通病，更有利于防潮、防渗漏，结构病害的发现、检查更为直接方便。

(3)提升管理水平。与装饰工程相比，使用装饰混凝土既减少了施工工序，缩短了工期；又减少了脚手架的使用和搭拆，减轻了劳动强度；并且有利于机械化施工和技术进步。另外，装饰混凝土的施工，不可能有剔凿修补的空间，每一道工序都至关重要，迫使施工单位加强施工过程的控制，使结构施工的质量管理工作得到全面提升。

(4)降低工程造价。与普通混凝土相比，装饰混凝土造价较低，一次成型，每平方米约1 300元；而普通混凝土每平方米造价虽为1 000元，但加上600元的装饰费用，仍比装饰混凝土造价高。同时，使用装饰混凝土，因其不用抹灰、吊顶、装饰面层，大大降低了工程使用后的维修工作量和维修费用，最终降低了工程总造价。

课题七　混凝土的强度评定

影响混凝土质量的因素较多且是随机变化的，从而导致混凝土质量不均匀、出现波动，混凝土质量的波动将直接反映到其最终强度上。由于混凝土的抗压强度与其他性能有较好的相关性，能较好地反映混凝土的整体质量情况，因此在混凝土生产质量管理中，常以混凝土的抗压强度作为评定和控制其质量的主要指标。

一、混凝土强度的波动规律——正态分布

在一定施工条件下，对同一种混凝土进行随机取样，制作多组试件（不少于25组），测定各组28 d龄期抗压强度，然后以强度为横坐标、以强度出现的概率为纵坐标，绘制强度概率分布曲线，如图4-8所示。

混凝土强度正态分布曲线有以下特点：

(1)曲线呈钟形对称，对称轴就在平均强度($\overline{f_{cu}}$)处，而曲线的最高峰也在这里。这表明混凝土强度接近其平均强度值的概率出现的次数最多，而距对称轴越远，即强度测定值与平均强度相差越多者，出现的概率就越少，最后趋近于零。

(2)曲线和横坐标间所包围的面积为概率总和，等于100%。对称轴两侧出现的概率相等，各为50%。

(3)在对称轴两侧曲线上各有一个拐点，它们距对称轴距离相等，此距离称为均方差。两拐点间的曲线向上凸弯，拐点以外的曲线向下凹弯，并以横坐标轴为渐近线。

混凝土强度正态分布曲线高而窄，表示强度值比较集中，说明混凝土均匀性好，强度波动小，施工控制水平高，拐点距对称轴距离小，均方差小，如图4-9所示。

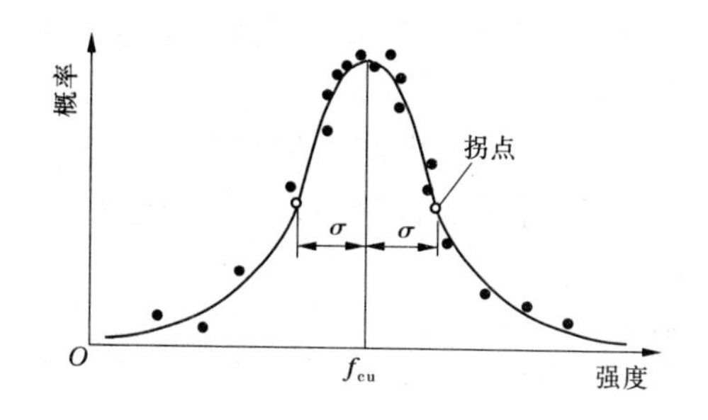

图 4-8　混凝土强度正态分布曲线

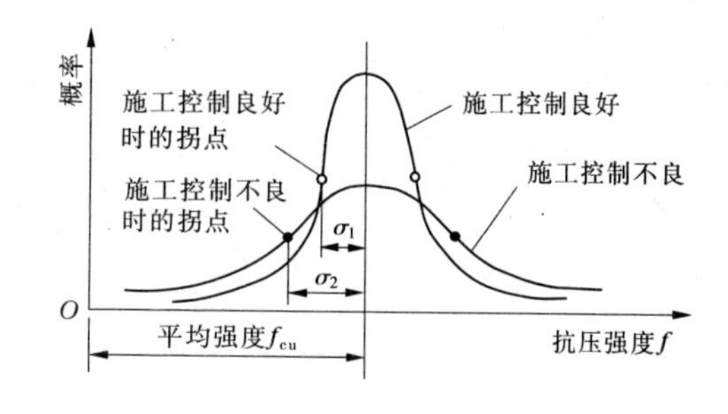

图 4-9　混凝土强度离散性不同的正态分布曲线

二、混凝土质量评定的数理统计方法

用数理统计方法进行混凝土强度质量评定，是通过求出正常生产控制下混凝土强度的平均值、标准差、变异系数和强度保证率等参数，然后进行综合评定。

（一）强度平均值（$\overline{f_{cu}}$）

将 n 组（$n \geqslant 25$）混凝土强度试件的抗压强度测定值求平均值即可。

（二）强度标准差（σ）

混凝土强度标准差即均方差，是评定混凝土质量均匀性的重要指标。其值越大，表示混凝土强度离散程度越大，混凝土质量越不稳定。可用下式计算

$$\sigma = \sqrt{\frac{\sum_{i=1}^{n}(f_{cu,i} - \overline{f_{cu}})^2}{n-1}} = \sqrt{\frac{\sum_{i=1}^{n} f_{cu,i}^2 - n\overline{f_{cu}}^2}{n-1}} \tag{4-17}$$

（三）变异系数（C_v）

变异系数又称离差系数，即强度标准差与强度平均值的比值，是评定混凝土质量均匀性的指标。C_v 值越小，说明该混凝土质量越稳定。一般来讲，$C_v \leqslant 0.2$，最好控制在 0.15 以下。

（四）强度保证率（P）

混凝土强度保证率，是指混凝土强度总体分布中，不小于设计强度等级（$f_{cu,k}$）的概率。以正态分布曲线下的阴影部分来表示，如图 4-10 所示。

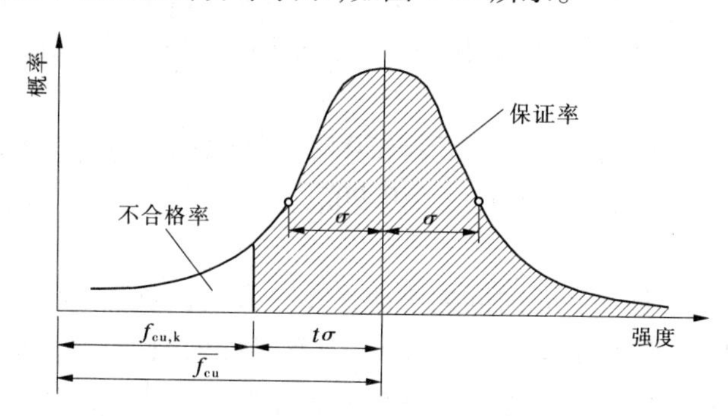

图 4-10　混凝土强度保证率

工程上 $P(\%)$ 值可由统计周期内试件强度不低于要求强度等级值的组数 N_0 与试件总组数 $N(N\geqslant25)$ 之比求得。

《混凝土强度检验评定标准》(GBJ 107—87)规定,混凝土的生产质量水平可根据统计周期内混凝土强度标准差和试件强度不低于要求强度等级的百分率,划分为优良、一般、差三个等级,如表 4-17 所示。

表 4-17　混凝土生产质量水平

生产质量水平		优良		一般		差	
混凝土强度等级		低于C20	不低于C20	低于C20	不低于C20	低于C20	不低于C20
混凝土强度标准差 σ (MPa)	预拌混凝土厂和预制混凝土构件厂	≤3.0	≤3.5	≤4.0	≤5.0	>4.0	>5.0
	集中搅拌混凝土的施工现场	≤3.5	≤4.0	≤4.5	≤5.5	>4.5	>5.5
强度不低于要求强度等级百分率 P (%)	预拌混凝土厂和预制混凝土构件厂及集中搅拌混凝土的施工现场	≥95		>85		≤85	

三、混凝土强度的检验评定

《混凝土强度检验评定标准》(GBJ 107—87)规定,混凝土强度应分批进行检验评定,一个验收批的混凝土应由强度等级相同、龄期相同以及生产工艺条件和配合比基本相同的混凝土组成。在进行强度评定时,可采用统计方法和非统计方法两种。

(一)统计方法

1. 标准差已知的统计方法

当混凝土的生产条件在较长时间内能保持一致,且同一品种混凝土的强度变异性能保持稳定时,应由连续的三组试件组成一个验收批;同时要求检验期不应超过三个月,且在该期间内强度数据的总批数不得少于15。同一验收批混凝土强度平均值和最小值应分别不小于设计值加减 $0.7\sigma_0$,σ_0 是据前一个检验期内同一品种混凝土试件的强度数据计算所得的标准差。

规定要求,当混凝土强度等级不高于 C20 时,强度最小值 $f_{cu,min}\geqslant0.85f_{cu,k}$;当混凝土强度等级高于 C20 时,强度最小值 $f_{cu,min}\geqslant0.90f_{cu,k}$。

2. 标准差未知的统计方法

当混凝土的生产条件在较长时间内不能保持一致,且混凝土强度变异性不能保持稳定时,或在前一个检验期内的同一品种混凝土没有足够的数据用以确定验收批混凝土立方体抗压强度的标准差时,应由不少于10组的试件组成一个验收批。其强度应同时满足下列公式的要求

$$\overline{f_{cu}}-\lambda_1\sigma_{f_{cu}}\geqslant0.90f_{cu,k} \tag{4-18}$$

$$f_{cu,min} \geqslant \lambda_2 f_{cu,k} \tag{4-19}$$

式中　λ_1、λ_2——合格判定系数，按表 4-18 选取；

$\sigma_{f_{cu}}$——同一验收批混凝土立方体抗压强度的标准差，MPa，当计算值小于 $0.06f_{cu,k}$，取 $\sigma_{f_{cu}}=0.06f_{cu,k}$。

混凝土立方体抗压强度的标准差可按下式计算

$$\sigma_{f_{cu}} = \sqrt{\frac{\sum_{i=1}^{n} f_{cu,i}^{2} - nf_{cu}^{2}}{n-1}} \tag{4-20}$$

表 4-18　混凝土强度的合格判定系数

试件组数	10 ~ 14	15 ~ 24	≥25
λ_1	1.70	1.65	1.60
λ_2	0.90	0.85	

（二）非统计方法

对某些小批量零星混凝土的生产，因其试件数量有限，不具备按统计方法评定混凝土的条件，可采用非统计方法进行评定。按非统计方法评定混凝土强度时，其平均值和最小值应分别不小于 1.15 倍和 0.95 倍的设计值。

（三）混凝土强度的合格性判断

（1）当检验结果能满足自身组数对应的评定方法的规定时，则该批混凝土强度判为合格；当不能满足上述规定时，则该批混凝土强度判为不合格。由不合格批混凝土制成的结构或构件应进行鉴定。对不合格的结构或构件，必须及时处理。

（2）当对混凝土试件强度的代表性有怀疑时，可采用从结构或构件中钻取试件的方法或采用非破损检验方法，按有关标准的规定对结构或构件中混凝土的强度进行推定。

（3）结构或构件拆模、出池、出厂、吊装预应力筋张拉或放张，以及施工期间需短暂负荷时的混凝土强度，应满足设计要求或现行国家标准的有关规定。

思考题

4-1　试说明混凝土在工程中广泛应用的原因。

4-2　试述混凝土各组成材料在混凝土硬化前后的作用。

4-3　配制混凝土时，应如何选择水泥？为什么水泥强度等级不能过高或过低？

4-4　如何评定砂石骨料的粗细程度和颗粒级配？有何工程意义？

4-5　混凝土用砂不能过粗或过细，请说明其原因。

4-6　为什么要限制骨料的最大粒径？如何确定最大粒径？

4-7　如何评定粗骨料中针、片状颗粒的含量，限制其含量有何意义？

4-8　简述混凝土拌和物和易性的概念及评定方法。

4-9　影响混凝土拌和物和易性的因素有哪些？如何影响？

4-10　选取合理砂率配制混凝土有何技术经济意义？

4-11　混凝土的强度等级如何划定？它和立方体抗压强度、立方体抗压强度标准值三者之间有什么关系？

4-12　影响混凝土强度的因素有哪些？如何提高混凝土强度？

4-13　混凝土耐久性包含哪些内容？影响混凝土耐久性的关键是什么？怎样提高耐久性？

4-14　碳化对混凝土的性能有何影响？碳化带来的最大危害是什么？

4-15　混凝土配合比设计有哪些技术要求？确定三大参数的原则是什么？

4-16　试述我国现行的混凝土配合比设计的方法与步骤。

4-17　在试配初步配合比时，若流动性不够，应如何调整？若保水性较好，而黏聚性较差，又怎样调整？

4-18　什么是减水剂？它掺入到混凝土中有何技术经济效果？

4-19　轻骨料混凝土与普通混凝土相比有何特点？

4-20　某工地用砂的筛分析结果如表4-19所示（砂样总量500 g），试通过计算其细度模数确定该砂为何种砂，并评定其级配是否合格。

表4-19　砂的筛分析结果

筛孔尺寸	5.00 mm	2.50 mm	1.25 mm	630 μm	315 μm	160 μm	<160 μm
分计筛余(g)	22	93	110	119	67	62	25

4-21　某混凝土用28 d抗压强度为36.9 MPa的普通硅酸盐水泥及碎石配制，水灰比为0.52，标准养护28 d后，该混凝土强度可能达到多少？

4-22　某框架结构工程，现浇钢筋混凝土柱，混凝土设计强度等级为C35，施工采用机械搅拌、机械振捣，坍落度要求50～70 mm。根据施工单位历史统计资料，计算得其强度标准差为5.4 MPa。所用原材料如下：

水泥：42.5级普通硅酸盐水泥，28 d抗压强度46.3 MPa，密度3.08 g/cm^3；

砂：细度模数为2.7的河砂，级配合格，表观密度2.63 g/cm^3；

石子：10～31.5 mm的碎石，级配合格，表观密度2.70 g/cm^3；

水：自来水。

试计算该混凝土的初步配合比。

4-23　某混凝土初步配合比进行试配时称取了15 L的材料用量，分别是：水泥5.15 kg、水2.78 kg、砂子10.20 kg、石子18.15 kg，经测定坍落度比设计要求小10 mm、黏聚性和保水性良好，试问应如何调整？若调整后测定拌和物表观密度为2 380 kg/m^3，则各材料用量应为多少？

4-24　某工地的实验室配合比为：$m_{c,sh}:m_{s,sh}:m_{g,sh}=1:2.24:3.82$，$W/C=0.53$。现场砂石的含水率分别为3.8%和1.1%，试求调整后的配合比。

单元五　建筑砂浆

建筑砂浆是由胶结料、细骨料、掺加料和水按适当比例配制而成的一种复合型建筑材料，是建筑工程中一项用量大、用途广的建筑材料。

根据砂浆中胶凝材料的不同，可分为水泥砂浆、石灰砂浆、石膏砂浆和混合砂浆。混合砂浆有水泥石灰砂浆、水泥黏土砂浆和石灰黏土砂浆等。根据用途，砂浆可分为砌筑砂浆、抹面砂浆、装饰砂浆、防水砂浆及特种砂浆等。

课题一　砌筑砂浆

凡用于砌筑砖石砌体或各种砌块、混凝土构件接缝等的砂浆称为砌筑砂浆。砌筑砂浆起着胶结块材和传递荷载的作用，是砌体的重要组成部分。

一、砌筑砂浆的组成材料

（一）胶结料

砌筑砂浆常用的胶凝材料有水泥、石灰膏、建筑石膏等。

前述的通用水泥均可拌制砌筑砂浆，也可使用专用的砌筑水泥。需要注意的是：

（1）砌筑砂浆用水泥的强度等级应该根据设计要求进行选择。

为了合理利用资源、节约原材料，在配制砂浆时要尽量采用强度较低的水泥或砌筑水泥。水泥的强度等级一般为砂浆强度等级的4.0～5.0倍，常用强度等级为32.5、32.5R。水泥砂浆采用的水泥，其强度等级不宜大于32.5级；水泥混合砂浆采用的水泥，其强度等级不宜大于42.5级。

（2）施工时，通常在砂浆中掺加适量石灰膏或电石渣等胶凝材料代替部分水泥。

（3）对于特定的环境应选用相适应的水泥品种。对于一些特殊用途如配制构件的接头、接缝或用于结构加固、修补裂缝，应采用膨胀水泥。

（二）细骨料

砌筑砂浆用砂应符合建筑用砂的技术性质要求。由于砂浆层较薄，对砂子最大粒径有所限制，砌筑砂浆用砂宜选用天然中砂，粒径不得大于2.5 mm；其中毛石砌体宜选用粗砂，其最大粒径应小于砂浆层厚度的1/4～1/5。对于光滑的抹面及勾缝的砂浆则应采用细砂。砂的含泥量对砂浆的强度、变形性、稠度及耐久性影响较大。对M5以上的砂浆，砂中含泥量不应大于5%；M5以下的水泥混合砂浆，砂中含泥量可大于5%，但不应超过10%。若采用人工砂、山砂、炉渣等作为骨料配制砂浆，应根据经验或经试配而确定其技术指标。

（三）拌和用水

砂浆拌和用水的技术要求与混凝土拌和用水相同，应选用无杂质的洁净水。

（四）外加剂

与混凝土中掺加外加剂一样，为改善砂浆的某些性能，也可加入塑化、早强、防冻、缓凝等作用的外加剂。一般应使用无机外加剂，其品种和掺量应经试验确定。

（五）掺加料

掺加料是指为改善砂浆的和易性而加入的无机材料。常用的掺加料有石灰膏、黏土膏、电石膏、粉煤灰以及一些其他工业废料等。

在配制砌筑砂浆时，石灰常用做水泥砂浆的掺合料，但在非承重结构部位，也可用石灰膏或磨细生石灰粉作为拌制石灰砂浆的胶凝材料，这种砂浆具有良好的和易性，但硬化较慢。

二、砌筑砂浆的技术性质

（一）砂浆拌和物的密度

水泥砂浆拌和物的密度不宜小于1 900 kg/m^3，水泥混合砂浆的密度不宜小于1 800 kg/m^3。

（二）砂浆拌和物的性质

对新拌砂浆主要要求其具有良好的和易性。和易性良好的砂浆容易在粗糙的砖石底面上铺抹成均匀的薄层，而且能够和底面紧密黏结。使用和易性良好的砂浆，既便于施工操作，提高劳动生产率，又能保证工程质量。砂浆和易性包括流动性和保水性两个方面。硬化后的砂浆则应具有所需的强度和对底面的黏结力，并应有适宜的变形性能。

1.和易性

砂浆的和易性是指砂浆便于施工操作的性能，包含有流动性和保水性两方面的含义。

（1）砂浆的流动性表示砂浆在自重或外力作用下流动的性能，也叫稠度。表示砂浆流动性大小的指标是沉入度，它是以砂浆稠度仪测定的，其单位为mm。工程中对砂浆稠度选择的依据是砌体类型和施工气候条件，一般可根据施工操作经验来掌握，也可参考表5-1选用（《砌体工程施工及验收规范》（GB 51203—2002））。

影响砂浆流动性的因素有：砂浆的用水量、胶凝材料的种类和用量、骨料的粒形和级配、外加剂的性质和掺量、拌和的均匀程度等。

表5-1　砌筑砂浆的稠度选择（沉入度）

砌体种类	砂浆稠度（mm）
烧结普通砖砌体	70～90
轻骨料混凝土小型空心砌块砌体	60～90
烧结多孔砖，空心砖砌块	60～80
烧结普通砖平拱式过梁、空斗墙、筒拱、普通混凝土小型空心砌块砌体、加气混凝土砌块砌体	50～70
石砌体	30～50

（2）砂浆的保水性。搅拌好的砂浆在运输、停放和使用过程中，阻止水分与固体材料

之间、细浆体与骨料之间相互分离,保持水分的能力为砂浆的保水性。加入适量的微沫剂或塑化剂,能明显改善砂浆的保水性和流动性。

保水性差的砂浆,在施工过程中很容易泌水、分层、离析,由于水分流失而使流动性变坏,不易铺成均匀的砂浆层。凡是砂浆内胶凝材料充足,尤其是掺入了掺加料的混合砂浆,其保水性好。砂浆中掺入适量的加气剂或塑化剂也能改善砂浆的保水性和流动性。通常可掺入微沫剂以改善新拌砂浆的性质。

砂浆的保水性用分层度表示。将搅拌均匀的砂浆,先测其沉入度,再装入分层度测定仪,静置 30 min 后,去掉上部 200 mm 厚的砂浆,再测其剩余部分砂浆的沉入度,先后两次沉入度的差值称为分层度。分层度值越小,则保水性越好。砌筑砂浆的分层度以 10 ~ 30 mm 为宜。分层度大于 30 mm 的砂浆,容易产生离析,不便于施工。分层度接近于零的砂浆,容易发生干缩裂缝。

2. 凝结时间

建筑砂浆凝结时间,以贯入阻力达到 0.5 MPa 为评定依据。水泥砂浆不宜超过 8 h,水泥混合砂浆不宜超过 10 h,加入外加剂后应满足设计和施工的要求。

(三)砌筑砂浆硬化后的技术性质

1. 砌筑砂浆的强度及强度等级

砂浆的强度等级是以边长为 70.7 mm × 70.7 mm × 70.7 mm 的六个立方体试块,按规定方法成型养护至 28 d 测定的抗压强度平均值(MPa)来确定。砌筑砂浆共分为 M2.5、M5.0、M7.5、M10、M15、M20 等六个强度等级。

影响砂浆强度的因素较多,底面材料的不同,强度也不同。

(1)用于砌筑不吸水底材(如密实的石材)的砂浆的强度,与混凝土相似,主要取决于水泥强度和水灰比。计算公式如下

$$f_m = 0.29 f_{ce}\left(\frac{C}{W} - 0.40\right) \tag{5-1}$$

式中 f_m——砂浆 28 d 抗压强度,MPa;

f_{ce}——水泥的实测强度,MPa;

C/W——灰水比。

(2)用于砌筑吸水底材(如砖或其他多孔材料)时,即使砂浆用水量不同,但因砂浆具有保水性,经过底材吸水后,保留在砂浆中的水分几乎是相同的。因此,砂浆强度主要取决于水泥强度及水泥用量,而与砌筑前砂浆中的水灰比没有关系。计算公式如下

$$f_m = \alpha f_{ce} Q_c / 1\,000 + \beta \tag{5-2}$$

式中 Q_c——每立方米砂浆的水泥用量,kg;

α、β——砂浆的特征系数,其中 $\alpha = 3.03$,$\beta = -15.09$;

其他符号含义同前。

由于砂浆组成材料较复杂,变化也较多,很难用简单的公式准确计算出其强度,因此用式(5-1)或式(5-2)计算的结果还必须通过具体试验来调整。

2. 黏结力

砖石砌体是靠砂浆把块状的砖石材料黏结成为一个坚固整体的。因此,要求砂浆对

于砖石必须有一定的黏结力。一般情况下，砂浆的抗压强度越高其黏结力也越大。此外，砂浆黏结力的大小与砖石表面状态、清洁程度、湿润情况以及施工养护条件等因素有关。如砌筑烧结砖要事先浇水湿润，表面不沾泥土，就可以提高砂浆与砖之间的黏结力，保证墙体的质量。

3. 耐久性

砂浆的耐久性是指砂浆在使用条件下经久耐用的性质，包括抗冻性、抗渗性等。

(四) 砌筑砂浆的配合比

根据《砌筑砂浆配合比设计规程》(JGJ 98—2000)的规定，砌筑砂浆配合比的确定，应按下列步骤进行。

1. 计算砂浆配制强度

为了保证砂浆具有95%的强度保证率，配制强度可按下式计算

$$f_{m,0} = f_2 + 0.645\sigma \tag{5-3}$$

式中 $f_{m,0}$——砂浆的配制强度，MPa；

f_2——砂浆抗压强度平均值，MPa；

σ——砂浆现场强度标准差。

当现场有统计资料时，通过汇总分析可得出 σ 值；当不具有近期统计资料时，砂浆强度标准差 σ 值可按表5-2取值。

表5-2 砂浆强度标准差 σ 选用值 (单位：mm)

施工水平	砂浆强度等级					
	M2.5	M5.0	M7.5	M10	M15	M20
优良	0.50	1.00	1.50	2.00	3.00	4.00
一般	0.62	1.25	1.88	2.50	3.75	5.00
较差	0.75	1.50	2.25	3.00	4.50	6.00

2. 计算单位水泥用量

单位水泥用量是指配制1 m^3 砂浆时，每立方米砂浆中水泥的用量。可按下式计算

$$Q_c = \frac{1\,000(f_{m,0} - \beta)}{\alpha f_{ce}} \tag{5-4}$$

式中 Q_c——每立方米砂浆的水泥用量，kg；

其他符号含义同前。

当水泥砂浆中水泥的单位用量不足200 kg/m^3 时，应按200 kg/m^3 选用。

3. 计算掺加料的单位用量

砂浆中掺加料的单位用量可按下式计算

$$Q_D = Q_A - Q_c \tag{5-5}$$

式中 Q_D——每立方米砂浆中掺加料的用量，kg；

Q_A——每立方米水泥混合砂浆中水泥和掺加料的总量，宜为300～350 kg；

Q_c——每立方米砂浆的水泥用量，kg。

对于不同稠度的石灰膏,可按表 5-3 进行换算。

表 5-3　不同稠度的石灰膏换算系数

石灰膏稠度(mm)	130	120	110	100	90	80	70	60	50
换算系数	1.05	1.00	0.99	0.97	0.95	0.93	0.92	0.90	0.88

4. 确定砂的单位用量

砂浆中水、胶结料和掺加料是用来填充砂子的空隙的,因此 1 m^3 的砂子就构成了 1 m^3 的砂浆。砂的单位用量可用下式计算

$$Q_S = 1 \times \rho_{0干} \tag{5-6}$$

式中　Q_S——每立方米砂浆的砂用量,kg;

$\rho_{0干}$——砂干燥状态下的堆积密度,kg/m^3。

5. 确定单位用水量

每立方米砂浆中的用水量,应根据砂浆稠度等要求来选用。由于用水量多少对砂浆强度影响不大,因此一般可根据经验以满足施工所需稠度即可。通常情况下可选用 240～310 kg。

6. 确定初步配合比

按上述步骤进行确定,得到的配合比称为砂浆的初步配合比,常用质量比表示。如表 5-4 所示为每立方米水泥砂浆材料用量。

表 5-4　每立方米水泥砂浆材料用量

强度等级	每立方米砂浆水泥用量(kg)	每立方米砂浆砂子用量(kg)	每立方米砂浆用水量(kg)
M2.5～M5	200～230	1 m^3 砂子的堆积密度值	270～330
M7.5～M10	220～280		
M15	280～340		
M20	340～400		

7. 试配与调整

按计算配合比,采用工程实际使用材料进行试拌,测定其拌和物的稠度和分层度,若不能满足要求,则应调整用水量或掺加料,直到符合要求。然后,确定试配时的砂浆基准配合比。试配时至少应采用三个不同的配合比,其中一个为基准配合比,另外两个配合比的水泥用量按基准配合比分别增加及减少 10%,在保证稠度、分层度合格的条件下,可将用水量或掺加料用量作相应调整。

对三个不同的配合比,经调整后,应按有关标准的规定成型试件,测定砂浆强度等级,并选定符合强度要求的且水泥用量较少的砂浆配合比。

【例 5-1】　某工程用砌砖砂浆设计强度等级为 M10、要求稠度为 80～100 mm 的水泥石灰砂浆,现有砌筑水泥的强度为 32.5 MPa,细骨料为堆积密度 1 450 kg/m^3 的中砂,含水率为 2%,已有石灰膏的稠度为 100 mm;施工水平一般。计算此砂浆的配合比。

解 (1)根据已知条件，施工水平一般的M10砂浆的标准差 $\sigma=2.5$ MPa(见表5-2)，则此砂浆的配制强度为

$$f_{m,0}=f_2+0.645\sigma=10+0.645\times2.5=11.6(\text{MPa})$$

(2)计算水泥用量。

由 $\alpha=3.03,\beta=-15.09$ 可得

$$Q_c=1\,000(11.6+15.09)/(3.03\times32.5)=271(\text{kg/m}^3)$$

(3)计算石灰膏用量 Q_D。

由 $Q_A=330$ kg，则 $Q_D=Q_A-Q_c=330-271=59(\text{kg/m}^3)$。

查表5-3得稠度为100 mm的石灰膏换算为120 mm时需乘以0.97，则实际掺加石灰膏量为

$$59\times0.97=57(\text{kg/m}^3)$$

(4)砂用量为 $Q_S=1\times\rho_{0干}=1\,450\times(1+0.02)=1\,479(\text{kg/m}^3)$。

(5)选择用水量为300 kg/m³。

(6)则砂浆的设计配合比为水泥:石灰膏:砂:水=271:57:1 479:300。

该砂浆的设计配合比亦可表示为水泥:石灰膏:砂=1:0.21:5.46，用水量为300 kg/m³。

课题二　其他砂浆

抹面砂浆也称抹灰砂浆，用以涂抹在建筑物或建筑构件的表面，其作用是保护墙体不受风雨、潮气等侵蚀，提高墙体防潮、防风化、防腐蚀的能力，同时使墙面及地面等建筑部位平整、光滑、清洁美观。

一、普通抹面砂浆

普通抹面砂浆对建筑物和墙体起保护作用。它可以抵抗风、雨、雪等自然环境对建筑物的侵蚀，提高建筑物的耐久性。此外，经过砂浆抹面的墙面或其他构件的表面又可以达到平整、光洁和美观的效果。

普通抹面砂浆通常分为两层或三层进行施工。各层抹灰要求不同，所以每层所选用的砂浆也不一样。

底层抹灰的作用是使砂浆与底面能牢固地黏结，因此要求砂浆具有良好的和易性及较高的黏结力，其保水性要好，否则水分就容易被底面材料吸掉而影响砂浆的黏结力，要求稠度较稀，沉入度较大(100~120 mm)，其组成材料常随底层而异。底材表面粗糙有利于与砂浆的黏结。用于砖墙的底层抹灰，多用石灰砂浆或石灰炉灰砂浆；用于板条墙或板条顶棚的底层抹灰多用麻刀石灰浆；混凝土墙、梁、柱、顶板等底层抹灰多用混合砂浆。

中层砂浆主要起找平作用，多用混合砂浆或石灰砂浆，比底层砂浆稍稠些(沉入度70~90 mm)。

面层砂浆主要起保护和装饰作用，多采用细砂配制的混合砂浆、麻刀石灰浆或纸筋石灰砂浆(沉入度70~80 mm)。在容易碰撞或潮湿的地方，应采用水泥砂浆，如墙裙、踢脚

板、地面、雨篷、窗台以及水池、水井等处一般多用1∶2.5的水泥砂浆。在硅酸盐砌块墙面上做抹面砂浆或粘贴饰面材料时，最好在砂浆层内夹一层事先固定好的钢丝网，以免日后剥落。确定抹面砂浆组成材料及配合比的主要依据是工程使用部位及基层材料的性质。普通抹面砂浆的配合比可参考表5-5。

表5-5 普通抹面砂浆参考配合比

材料	材料配合比(体积比)	材料	材料配合比(体积比)
水泥∶砂	1∶2～1∶3	石灰∶石膏∶砂	1∶0.4∶2～1∶2∶4
石灰∶砂	1∶2～1∶4	石灰∶黏土∶砂	1∶1.1∶4～1∶1.1∶8
水泥∶石灰∶砂	1∶1.1∶6～1∶1.2∶9	石灰膏∶麻刀	100∶1.3～100∶2.5(质量比)

二、装饰砂浆

装饰砂浆是指用做建筑物饰面的砂浆。它是在抹面的同时，经各种加工处理而获得特殊的饰面形式，以满足审美需要的一种表面装饰。

装饰砂浆的底层和中层抹灰与普通抹面砂浆基本相同。面层要选用具有一定颜色的胶凝材料和骨料以及采用某种特殊的施工工艺，使表面呈现出各种不同的色彩、线条与花纹等装饰效果。装饰砂浆所采用的胶凝材料有普通硅酸盐水泥、矿渣硅酸盐水泥、火山灰质硅酸盐水泥和白水泥、彩色水泥，或是在常用水泥中掺加些耐碱矿物颜料配成彩色水泥以及石灰、石膏等。骨料常采用大理石、花岗石等带颜色的细石渣或玻璃、陶瓷碎粒等。

一般外墙面的装饰砂浆有如下的常用工艺做法。

(一)拉毛墙面

先用水泥砂浆做底层，再用水泥石灰混合砂浆做面层，在砂浆尚未凝结之前，用抹刀将表面拍拉成凹凸不平的形状。

(二)干粘石

在水泥浆面层的整个表面上，黏结粒径5 mm以下的彩色石渣、小石子或彩色玻璃碎粒。要求石渣黏结牢固不脱落。干粘石多用于建筑物的外墙装饰，具有一定的质感，经久耐用。干粘石的装饰效果与水刷石相同，但其施工是采用干操作，避免了水刷石的湿操作，施工效率高，污染小，也节约材料。

(三)水刷石

用颗粒细小(约5 mm)的石渣所拌成的水泥石子浆做面层，在水泥初始凝固时，即喷水冲刷表面，使石渣半露而不脱落。水刷石由于施工污染大，费工费时，目前工程中已逐渐被干粘石取代。

(四)斩假石

斩假石又称为剁斧石。它是在水泥浆硬化后，用斧刃将表面剁毛并露出石渣。斩假石表面具有粗面花岗岩的装饰效果。

(五)假面砖

将普通砂浆用木条在水平方向压出砖缝印痕，用钢片在竖面方向压出砖印，再涂刷涂料,即可在平面上做出清水砖墙图案效果。

三、防水砂浆

用做防水层的砂浆叫做防水砂浆。砂浆防水层又叫刚性防水层,仅适用于不受振动和具有一定刚度的混凝土或砖石砌体工程。对于变形较大或可能发生不均匀沉陷的建筑物,不宜采用刚性防水层。

防水砂浆可以使用普通水泥砂浆,按以下施工方法进行:

(1)喷浆法。利用高压喷枪将砂浆以每秒约 100 m 的速度喷至建筑物表面,砂浆被高压空气强烈压实,密实度大,抗渗性好。

(2)人工多层抹压法。砂浆分4~5层抹压,抹压时,每层厚度约为5 mm,在涂抹前先在润湿清洁的底面上抹纯水泥浆,然后抹一层5 mm厚的防水砂浆,在初凝前用木抹子压实一遍,第二、三、四层都是同样的操作方法,最后一层要进行压光,抹完后要加强养护。

防水砂浆也可以在水泥砂浆中掺入防水剂来提高抗渗能力。常用防水剂有氯化物金属盐类防水剂和金属皂类防水剂等。氯化物金属盐类防水剂,主要有氯化钙、氯化铝,掺入水泥砂浆中,能在凝结硬化过程中生成不透水的复盐,起促进结构密实的作用,从而提高砂浆的抗渗性能,一般用于水池和其他地下建筑物。由于氯化物金属盐会引起混凝土中钢筋锈蚀,故采用这类防水剂时,应注意钢筋的锈蚀情况。金属皂类防水剂是由硬脂酸、氨水、氢氧化钾(或碳酸钠)和水按一定比例混合加热皂化而成的,主要也是起填充微细孔隙和堵塞毛细管的作用。

四、其他特种砂浆

(一)绝热砂浆

采用水泥、石灰、石膏等胶凝材料与膨胀珍珠岩砂、膨胀蛭石或陶粒砂等轻质多孔骨料,按一定比例配制的砂浆称为绝热砂浆。绝热砂浆具有体积密度小、轻质和绝热性能好等优点,其导热系数为0.07~0.10 W/(m·K),可用于屋面绝热层、绝热墙壁以及供热管道绝热层等。

(二)吸声砂浆

一般绝热砂浆是由轻质多孔骨料制成的,都具有良好的吸声性能,故也可做吸声砂浆。另外,还可以用水泥、石膏、砂、锯末(其体积比约为1:1:3:5)配制成吸声砂浆,或在石灰、石膏砂浆中掺入玻璃纤维、矿物棉等松软纤维材料也能获得一定的吸声效果。吸声砂浆用于室内墙壁和顶棚的吸声。

(三)耐酸砂浆

用水玻璃和氟硅酸钠配制成耐酸涂料,掺入石英岩、花岗岩、铸石等粉状细骨料,可拌制成耐酸砂浆。水玻璃硬化后具有很好的耐酸性能。耐酸砂浆多用做耐酸地面和耐酸容器的内壁防护层。

(四)防射线砂浆

在水泥浆中掺入重晶石粉、砂可配制成有防X射线能力的砂浆。其配合比约为水泥:重晶石粉:重晶石砂=1:0.25:4.5。如在水泥浆中掺加硼砂、硼酸等可配制有抗中子辐射能力的砂浆。此类防射线砂浆应用于射线防护工程。

(五)膨胀砂浆

在水泥砂浆中掺入膨胀剂,或使用膨胀型水泥可配制膨胀砂浆。膨胀砂浆可在修补工程中及大板装配工程中填充缝隙,达到黏结密封的作用。

(六)自流平砂浆

在现代施工技术条件下,地坪常采用自流平砂浆,从而使施工快捷方便、质量优良。自流平砂浆中的关键性技术是掺用合适的化学外加剂,严格控制砂的级配、含泥量、颗粒形态,同时选择合适的水泥品种。良好的自流平砂浆可使地坪平整光洁,强度高,无开裂,技术经济效果良好。

思考题

5-1 简述建筑砂浆的组成。

5-2 新拌砂浆的和易性包括哪些含义?如何测定?砂浆和易性不良对工程有何影响?

5-3 如何确定砂浆的强度等级?

5-4 某工程需配制强度等级 M5.0 的水泥混合砂浆,用于砌筑蒸压加气混凝土砌块。采用 32.5 级矿渣硅酸盐水泥,实测 28 d 抗压强度值为 35.4 MPa;石灰膏的稠度为 120 mm;砂子为中砂,含水率为 3%,堆积密度为 1 450 kg/m^3;施工水平优良。试确定砂浆配合比。

单元六　建筑金属材料

金属材料可分为黑色金属和有色金属两类。黑色金属指的是以铁元素为主要成分的铁金属及其合金，即通常所说的钢铁；而有色金属是指除铁外的其他金属，如铝、铜、锌及其合金。

金属材料制品，由于材质均匀、强度高、可加工性好，所以被广泛应用于建筑和装饰工程中。

课题一　钢材的冶炼与分类

一、钢的冶炼

钢是由生铁冶炼而成的。生铁有白口铁、灰口铁及铁合金等。生铁中碳的含量为2.06%~6.67%，磷、硫等杂质的含量也较高。生铁硬而脆，无塑性和韧性，不能进行焊接、锻造、轧制等加工。炼钢的原理就是将熔融的生铁进行高温氧化，使碳的含量降低到一定的限度，同时把其他杂质的含量也降低到允许范围内。所以，钢与生铁的区分在于含碳量的数量，含碳量小于2.06%的铁碳合金称为钢，否则为生铁。

目前，我国常用的炼钢方法有转炉炼钢法、平炉炼钢法和电炉炼钢法。

（一）转炉炼钢法

以熔融的铁水为原料，在转炉中倒入铁水后，在炉的侧面或底部吹入空气进行冶炼。这种方法冶炼时间短，设备投资少，炼钢成本低，但空气中的氮、氢等有害气体容易混入，使钢材的可焊性、抗冲击性、抗腐蚀性较差。

（二）平炉炼钢法

以固体或液体生铁、铁矿石或废钢为原料，用煤气或重油在平炉中加热冶炼。杂质浮在表面，可使钢水与空气隔离。冶炼时间长，有利于化学成分的控制，杂质含量少，钢材质量好，成本高。

（三）电炉炼钢法

以废钢及生铁等为原料，用电为能源迅速加热熔化，并精炼成钢。杂质清除彻底，钢材质量好，能耗大，成本高。

二、钢的分类

钢的品种繁多，可以从以下不同的角度进行分类。

（一）按冶炼方法分

钢按冶炼方法分转炉钢、平炉钢、电炉钢。

（二）按脱氧程度分

在冶炼钢的过程中，由于氧化作用使部分铁被氧化，并残留在钢水中，降低了钢的质量。因此，在炼钢后期精炼时，要进行脱氧处理，即在炉内或钢包中加入脱氧剂（锰铁、铁、铝锭等）进行脱氧，使氧化铁还原为金属铁。脱氧程度不同，钢的内部状态和性能不同。

按照脱氧程度不同，钢可分为沸腾钢、镇静钢和半镇静钢。沸腾钢是脱氧不完全的钢，由于钢水中残存的 FeO 与 C 化合生成 CO，在浇注钢锭时有大量的 CO 气泡逸出，使钢水沸腾，故称沸腾钢。沸腾钢组织不够致密，气泡含量较多，成分不均匀，质量较差，但其成品率高，成本低。镇静钢脱氧充分，组织致密，化学成分均匀，机械性能好，是质量较好的钢种，但成本较高。半镇静钢的脱氧程度及钢的质量介于沸腾钢和镇静钢之间。

（三）按化学成分分

（1）碳素结构钢。碳素结构钢按含碳量又可分为低碳钢（含碳量 $<0.25\%$）、中碳钢（含碳量 $0.25\% \sim 0.60\%$）、高碳钢（含碳量 $>0.60\%$）。

（2）合金钢。合金钢按合金元素不同可分为低合金钢（合金元素总量 $<5\%$）、中合金钢（合金元素总量 $5\% \sim 10\%$）、高合金钢（合金元素总量 $>10\%$）。

（四）按用途分

工具钢：用于制作刀具、量具、模具等。

特殊钢：如不锈钢、耐酸钢、耐热钢、耐磨钢、磁钢等。

课题二　建筑钢材的主要性能

建筑钢材是指用于建筑工程中的各种钢材，包括各种型钢（如工字钢、槽钢、角钢等）、钢筋、钢板、钢丝等。建筑钢材是建筑工程中的重要材料之一，主要用于钢结构和钢筋混凝土结构。

建筑钢材具有以下优点：材质均匀，性能可靠，抗拉强度、抗压强度、抗弯强度、抗剪强度都很高，具有一定的塑性和韧性，常温下能承受较大的冲击和振动荷载；具有良好的加工性能，可以铸造、锻压、切削加工、焊接、铆接或螺栓连接，便于装配等。其缺点是：易锈蚀、维修费用大、耐火性差等。

一、力学性能

（一）拉伸性能

拉伸是建筑钢材的主要受力形式，抗拉性能是建筑钢材最重要的技术性质，是选用钢材的重要依据。

图 6-1 为低碳钢受拉的应力—应变关系曲线，从图中可以看出，低碳钢拉伸过程经历了四个阶段：弹性阶段、屈服阶段、强化阶段和颈缩阶段。

1. 弹性阶段（*OA*）

该阶段钢材表现为弹性，在该阶段，若卸去外力，试件能恢复原来的形状。图 6-1 中 *OA* 线段是一条直线，应力与应变成正比，在弹性阶段的最高点 *A* 所对应的应力值称为弹性极限，用 σ_p 表示。应力与应变的比值为常数，即弹性模量，用 E 表示。弹性模量反映钢材抵抗弹性变形的能力，是计算钢材在受力条件下变形的重要指标。

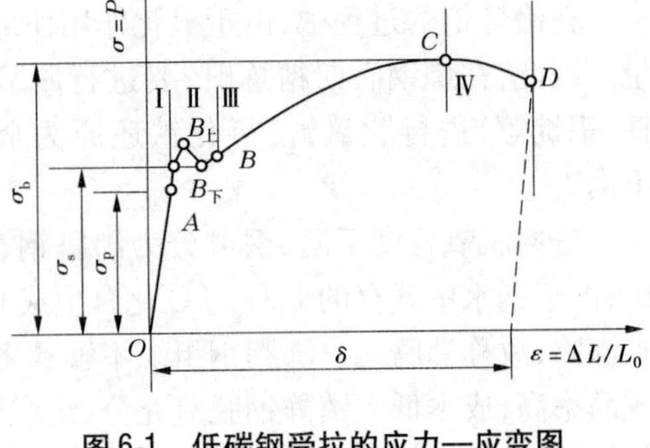
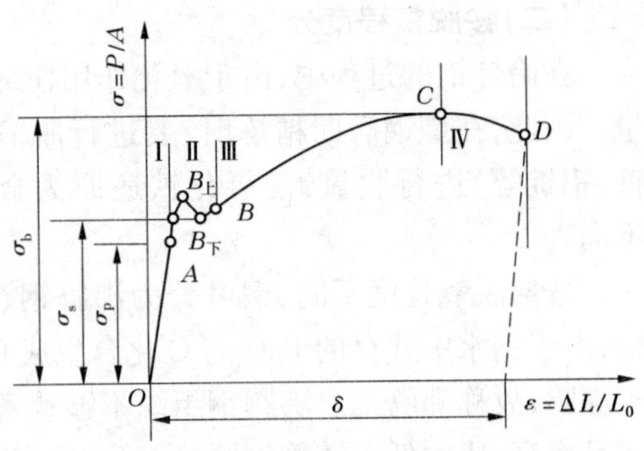

图 6-1　低碳钢受拉的应力—应变图

2. 屈服阶段（AB）

在该阶段，钢材在荷载作用下，开始丧失对变形的抵抗能力，并产生明显的塑性变形。图 6-1 中该段为一段上下波动的曲线，当应力达到 $B_{上}$ 点（上屈服点）后，瞬时下降至 $B_{下}$ 点（下屈服点），变形迅速增加，外力则大致在恒定的位置波动，直到 B 点，这就是所谓的"屈服现象"，似乎钢材不能承受外力而屈服。国家标准规定，以下屈服点 $B_{下}$ 所对应的应力作为钢材的屈服强度，也称为屈服点，用 σ_s 表示。对屈服现象不明显的钢材，规定以 0.2% 残余变形时的应力 $\sigma_{0.2}$ 作为屈服强度。

屈服强度对钢材的使用有着重要的意义。当钢材的实际应力达到屈服强度时，将产生不可恢复的永久变形，即塑性变形，这在结构上是不允许的，因此屈服强度是进行结构计算的主要依据。

3. 强化阶段（BC）

在该阶段，钢材抵抗外力的能力重新提高。其原因是当应力超过屈服强度后，钢材内部组织中的晶格发生了畸变，阻止了晶格进一步滑移，钢材得到强化，钢材抵抗塑性变形的能力又重新提高。图 6-1 中对应于最高点 C 点的应力值，称为抗拉强度或强度极限，用 σ_b 表示。

工程上使用的钢材，不仅希望具有高 σ_s，还需要具有一定的屈强比 σ_s/σ_b。屈强比越小，表示钢材受力超过屈服点工作时的可靠性越大，结构越安全。但如果屈强比过小，则表示钢材有效利用率太低，造成浪费。建筑结构钢的屈强比一般为 0.6～0.75。

4. 颈缩阶段（CD）

试件受力达到最高点 C 后，其抵抗变形的能力明显降低，变形迅速发展，应力逐渐下降，试件被拉长，在有杂质或缺陷处，断面急剧缩小，直至断裂（见图 6-2），故该段称为颈缩阶段。试件拉断后，可以计算出钢材的伸长率，计算公式如下

$$\delta = \frac{L_1 - L_0}{L_0} \times 100\% \qquad (6\text{-}1)$$

图 6-2　钢材拉伸试件

式中　δ——伸长率（当 $L_0 = 5d_0$ 时，为 δ_5，当 $L_0 = 10d_0$ 时，为 δ_{10}）；

L_1——试件拉断后标距间的长度，mm；

L_0——试件原标距间长度，$L_0 = 5d_0$ 或 $L_0 = 10d_0$。

伸长率 δ 是衡量钢材塑性变形的一个重要指标，δ 越大说明钢材的塑性越好。对于钢材来说，具有一定的塑性变形能力，可保证应力重新分布，避免应力集中，从而使结构的

安全性越大。钢材的塑性主要取决于其组织结构、化学成分和结构缺陷等,此外还与标距的大小有关,对于同一种钢材,其 δ_5 大于 δ_{10}。

(二)冲击韧性

冲击韧性是指钢材抵抗冲击荷载而不破坏的能力。如图 6-3 所示,用试验机摆锤冲击带有 V 形缺口的标准试件的背面,将其折断后,计算试件单位截面面积上所消耗的功,作为钢材的冲击韧性指标,以 α_k(J/mm^2)表示。α_k 值越大,则冲断试件消耗的能量越多,或者说钢材断裂前吸收的能量越多,表明钢材的冲击韧性越好。

影响钢材冲击韧性的因素很多:钢的化学成分、组织状态,冶炼、轧制、焊接质量以及环境温度都会影响冲击韧性。

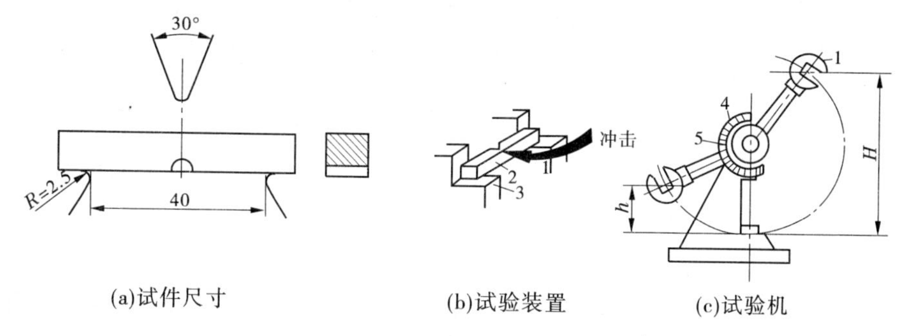

1—摆锤;2—试件;3—试验台;4—刻度盘;5—指针

图 6-3　冲击韧性试验　(单位:cm)

(三)耐疲劳性

钢材在交变荷载作用下,当应力远小于抗拉强度时,发生断裂,这种现象称为钢材的疲劳破坏。疲劳破坏的危险应力用疲劳极限来表示,它是指疲劳试验中试件在交变应力作用下,在规定的周期内不发生断裂所能承受的最大应力。

(四)硬度

钢材的硬度是指表面层局部体积抵抗较硬物体压入产生塑性变形的能力,用布氏硬度值 HB 表示。

二、工艺性能

钢材的工艺性能是指钢材在加工过程中表现出的性能,它直接影响钢材的加工质量。

(一)冷弯性能

冷弯性能是指钢材在常温下承受弯曲变形的能力。用弯曲的角度 α、弯心直径 d 与试件直径(或厚度)的比值 d/a 来表示。弯曲角度 α 越大,d/a 越小,说明试件冷弯性能越好,如图 6-4 所示。

钢材的冷弯性能通过冷弯试验来检验:按规定的弯曲角度(90°或 180°)和弯心直径进行试验,试件的弯曲处不发生裂纹、裂断或起层,即认为冷弯性能合格。如有一种及以上的现象出现,则冷弯性能不合格。

(二)焊接性能

钢材的可焊性是指焊接后焊缝处的性质与母材性质的一致程度。影响钢材可焊性的

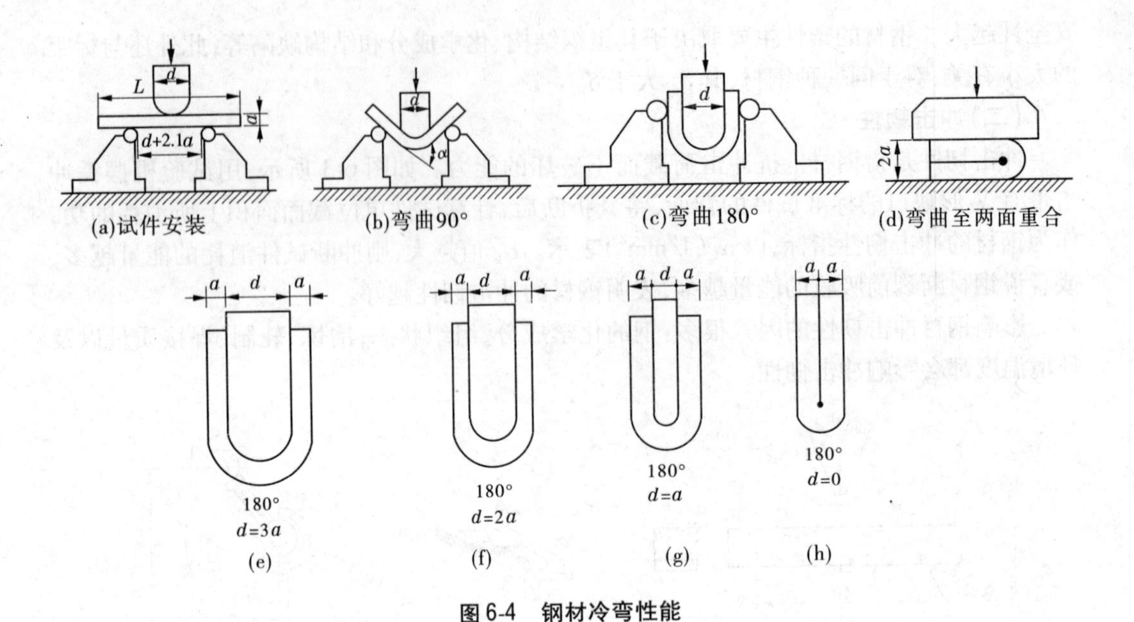

图6-4　钢材冷弯性能

主要因素是化学成分及含量。碳、硫、合金元素、杂质等含量的增加，都会使可焊性降低。低碳钢具有良好的可焊性。如硫产生热脆性，使焊缝处产生硬脆及热裂纹；含碳量超过0.3%，可焊性显著降低等。

三、钢的化学成分对钢材性能的影响

钢中所含的元素很多，除铁、碳两种基本元素外，还含有其他一些元素，它们对钢的性能和质量都有一定的影响。对这些元素进行定量化验，可以判明钢是否符合技术要求。

（一）碳（C）

碳是决定钢材性能的主要元素。当含碳量小于0.8%时，随着含碳量的增加，钢的强度、硬度提高，塑性、韧性降低。但当含碳量大于1.0%时，随着碳的增加，除硬度继续增加外，强度、塑性、韧性都降低，钢材变脆、可焊性下降，冷脆性增加。

（二）硅（Si）、锰（Mn）

硅和锰是钢材中的有益元素。硅和锰都是炼钢时为了脱氧加入硅铁和锰铁而留在钢材中的合金元素。硅的含量在1%以内，可提高钢材的强度，对塑性和韧性没有明显影响。但含硅量超过1%时，钢材冷脆性增加，可焊性变差。锰可显著提高钢的强度和硬度，几乎不降低塑性及韧性。当锰的含量大于1%时，在提高强度的同时，塑性及韧性有所下降，可焊性变差。

（三）硫（S）、磷（P）

硫和磷是钢材中主要的有害元素，由炼钢原料带入。

硫能够引起热脆性，热脆性严重降低了钢的热加工性和可焊性。硫的存在还使钢的冲击韧性、疲劳强度、可焊性及耐蚀性降低。

磷能使钢材的强度、硬度、耐蚀性提高，但显著降低钢材的塑性和韧性，特别是在低温状态时，冲击韧性下降更为明显，使钢材容易脆裂，这种现象称为冷脆性。冷脆性使钢材的冲击韧性以及焊接等性能都下降。

(四)氧(O)、氮(N)

氧和氮是钢材中的有害元素,它们是在炼钢过程中进入钢液的。这些元素的存在降低了钢材的强度、冷弯性能和焊接性能。氧还使钢材的热脆性增加,氮还使钢材的冷脆性及时效敏感性增加。

(五)铝(Al)、钛(Ti)、钒(V)、铌(Nb)

铝、钛、钒、铌等元素是钢材中的有益元素,它们均是炼钢时的强脱氧剂,也是合金钢常用的合金元素。适量的这些元素加入钢材内,可改善钢材的组织,细化晶粒,显著提高钢材强度和改善韧性。

以上各种元素对钢的作用,除少数元素对钢有害外,一般都能改善钢材的某种性能,在炼制合金钢时,将几种元素合理掺合于钢中,便可发挥各自的特性,取长补短,使钢材具有良好的综合技术性能。

四、钢材的冷加工性能及时效

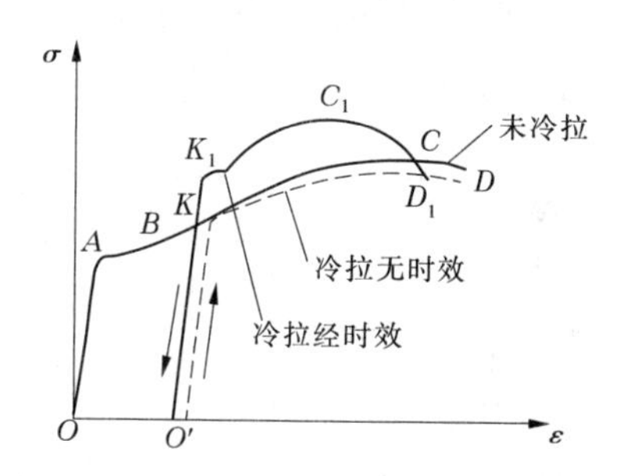

图 6-5 钢筋经冷拉时效后应力—应变图的变化

钢材在常温下,用超过其屈服强度但不超过抗拉强度的应力进行加工,产生一定塑性变形,可使屈服强度、硬度提高,而塑性、韧性及弹性模量降低,这种现象称为冷加工强化。

钢材冷加工的方式有冷拉、冷拔、冷轧、刻痕等。以钢材的冷拉为例,如图 6-5 所示,图中 $OABCD$ 为未经冷拉时的应力—应变曲线。将试件拉至超过屈服点 B 的 K 点,然后卸去荷载,由于试件已经产生塑性变形,所以曲线沿 KO' 下降而不能回到原点。若将此试件立即重新拉伸,则新的应力—应变曲线为 $O'KCD$,即 K 点成为新的屈服点,屈服强度得到了提高,而塑性、韧性降低。

钢材经冷加工后时效可迅速发展。时效处理的方式有自然时效和人工时效两种。钢材经冷加工后,在常温下存放 15 ~ 20 d,为自然时效;加热至 100 ~ 200 ℃保持 2 h 左右,为人工时效。如图 6-5 所示,钢材经冷拉后若不是立即重新拉伸,而是经时效处理后再拉伸,则应力—应变曲线将成为 $O'KK_1C_1D_1$,这表明经冷拉后的钢材再经时效后,屈服强度、硬度进一步提高,抗拉强度也得到提高,而塑性和韧性进一步降低。

钢材经过冷加工后,一般进行时效处理,通常强度较低的钢材宜采用自然时效,强度较高的钢材则应采用人工时效。

建筑工程中常采用对钢筋进行冷拉和对盘条进行冷拔的方法,以达到节约钢材的目的。

课题三　建筑钢材的标准及常用建筑钢材

一、建筑钢材的标准

建筑工程中需要消耗大量的钢材,应用最广泛的钢种主要有碳素结构钢和低合金高强度结构钢。

(一)碳素结构钢

碳素结构钢是普通碳素结构钢的简称。现行国家标准具体规定了它的牌号表示方法、技术要求、试验方法、检验规则等。

1. 碳素结构钢的牌号表示方法

碳素结构钢的牌号由代表屈服点的字母、屈服点数值、质量等级符号、脱氧方法等四部分按顺序组成。其中,字母"Q"代表屈服点,屈服点数值共分195 MPa、215 MPa、235 MPa和275 MPa四种;质量等级以硫、磷等杂质含量由多到少分为四个等级,分别用A、B、C、D符号表示;脱氧方法以F表示沸腾钢、b表示半镇静钢、Z表示镇静钢、TZ表示特殊镇静钢,Z和TZ在钢的牌号中予以省略。例如:Q215-AF表示屈服点为215 MPa的A级沸腾钢。

2. 碳素结构钢的技术要求

碳素结构钢的化学成分应符合表6-1的要求,力学性能应符合表6-2的要求,冷弯性能应符合表6-3的要求。

表6-1 碳素结构钢的化学成分

<table>
<tr><th rowspan="2">牌号</th><th rowspan="2">质量等级</th><th rowspan="2">厚度(或直径)(mm)</th><th rowspan="2">脱氧方法</th><th colspan="5">化学成分(质量分数)(%),不大于</th></tr>
<tr><th>C</th><th>Si</th><th>Mn</th><th>P</th><th>S</th></tr>
<tr><td>Q195</td><td>—</td><td>—</td><td>F、Z</td><td>0.12</td><td>0.30</td><td>0.50</td><td>0.035</td><td>0.040</td></tr>
<tr><td rowspan="2">Q215</td><td>A</td><td rowspan="2">—</td><td rowspan="2">F、Z</td><td rowspan="2">0.15</td><td rowspan="2">0.30</td><td rowspan="2">1.20</td><td rowspan="2">0.045</td><td>0.050</td></tr>
<tr><td>B</td><td>0.045</td></tr>
<tr><td rowspan="4">Q235</td><td>A</td><td rowspan="4">—</td><td rowspan="2">F、Z</td><td>0.22</td><td rowspan="4">0.35</td><td rowspan="4">1.40</td><td rowspan="2">0.45</td><td>0.050</td></tr>
<tr><td>B</td><td>0.20</td><td>0.045</td></tr>
<tr><td>C</td><td>Z</td><td rowspan="2">0.17</td><td>0.040</td><td>0.040</td></tr>
<tr><td>D</td><td>TZ</td><td>0.035</td><td>0.035</td></tr>
<tr><td rowspan="5">Q275</td><td>A</td><td>—</td><td>F、Z</td><td>0.24</td><td rowspan="5">0.35</td><td rowspan="5">1.50</td><td>0.045</td><td>0.050</td></tr>
<tr><td rowspan="2">B</td><td>≤40</td><td rowspan="2">Z</td><td>0.21</td><td rowspan="2">0.045</td><td rowspan="2">0.045</td></tr>
<tr><td>>40</td><td>0.22</td></tr>
<tr><td>C</td><td rowspan="2">—</td><td>Z</td><td rowspan="2">0.20</td><td>0.040</td><td>0.040</td></tr>
<tr><td>D</td><td>TZ</td><td>0.035</td><td>0.035</td></tr>
</table>

3. 碳素结构钢的选用

碳素结构钢随牌号增大,含碳量增加,其强度和硬度也会增大,但塑性和韧性降低。建筑工地主要应用Q235号钢,因Q235号钢既有较高的强度,又有良好的塑性和韧性,而且可焊性也好,能满足一般钢结构的用钢要求,其中C、D级可用于重要的焊接结构。Q195、Q215号钢强度较低,但塑性和韧性较好,易于冷加工,可制作铆钉、钢筋等。Q275号钢强度较高,但塑性、韧性、可焊性较差,不易焊接和冷加工。一般多用于机械零件及工具。

表 6-2　碳素结构钢的力学性能

牌号	质量等级	屈服强度(MPa),不小于						抗拉强度(MPa)	断后伸长率(%),不小于					冲击试验	
		钢材厚度(直径)(mm)							钢材厚度(直径)(mm)					温度(℃)	冲击吸收功(纵向)(J),不小于
		≤16	>16~40	>40~60	>60~100	>100~150	>150~200		≤40	>40~60	>60~100	>100~150	>150~200		
Q195	—	195	185	—	—	—	—	315~430	33	—	—	—	—	—	—
Q215	A	215	205	195	185	175	165	335~450	31	30	29	27	26	—	—
	B													+20	27
Q235	A	235	225	215	215	195	185	370~500	26	25	24	22	21	—	—
	B													+20	27
	C													0	
	D													−20	
Q275	A	275	265	255	245	225	215	410~540	22	21	20	18	17	—	—
	B													+20	27
	C													0	
	D													−20	

表 6-3　碳素结构钢的冷弯性能

牌号	试样方向	冷弯试验 180° $B=2a$	
		钢材厚度或直径(mm)	
		≤60	>60~100
		弯心直径 d	
Q195	纵	0	—
	横	$0.5a$	
Q215	纵	$0.5a$	$1.5a$
	横	a	$2a$
Q235	纵	a	$2a$
	横	$1.5a$	$2.5a$
Q275	纵	$1.5a$	$2.5a$
	横	$2a$	$3a$

注: B 为试件宽度,a 为钢材厚度(直径)。

(二)低合金高强度结构钢

低合金高强度结构钢是在碳素结构钢的基础上,添加少量的一种或几种合金元素(总含量小于5%)合成。所加元素主要有锰(Mn)、硅(Si)、钒(V)、钛(Ti)、铌(Nb)、铬

(Cr)、镍(Ni)及稀土元素,其目的是提高钢的屈服强度、抗拉强度、耐磨性、耐蚀性及耐低温性能等。

1. 低合金高强度结构钢的牌号表示方法

根据国家标准《低合金高强度结构钢》(GB/T 1591—2008)的规定,低合金高强度结构钢共有五个牌号。其牌号的表示方法由屈服点字母 Q、屈服点数值、质量等级三个部分组成,屈服点数值共分 345 MPa、390 MPa、420 MPa、460 MPa、500 MPa 五种,按照硫、磷等杂质含量由多到少划分质量等级,前三种有 A、B、C、D、E 五级,后两种只有 C、D、E 三级。如 Q345A 表示屈服点为 345 MPa,质量等级为 A 级的低合金高强度结构钢。

2. 低合金高强度结构钢的技术要求

低合金高强度结构钢的化学成分、力学性能和冷弯性能应符合《低合金高强度结构钢》(GB/T 1591—2008)的有关要求。

3. 低合金高强度结构钢的选用

低合金高强度结构钢具有轻质高强、耐腐蚀、耐低温性好、抗冲击性强、使用寿命长等良好的综合性能,具有良好的可焊性和可加工性,尤其在大跨度、承受动荷载和冲击荷载的结构中更适用,而且与使用碳素钢相比,可节约钢材 20% ~30%,具有显著的经济效益。

二、常用建筑钢材

(一)钢筋混凝土结构用钢

钢筋因具有较高的强度,大量用于混凝土工程中。钢筋具有良好的塑性,便于在生产过程中加工成型,并且与混凝土有良好的黏结性能,因此钢筋是建筑工程中用量最大的钢材品种。

1. 热轧钢筋

经热轧成型并自然冷却的钢筋,称为热轧钢筋。热轧钢筋主要有用 Q235 碳素结构钢轧制的光圆钢筋和用合金钢轧制的带肋钢筋两类。光圆钢筋的横截面通常为圆形,且表面光滑。带肋钢筋的横截面为圆形,表面通常有两条纵肋和沿长度方向均匀分布的横肋。按横肋的纵截面形状分为月牙肋钢筋和等高肋钢筋。月牙肋钢筋的纵横肋不相交,而等高肋钢筋的纵横肋相交,如图 6-6 所示。

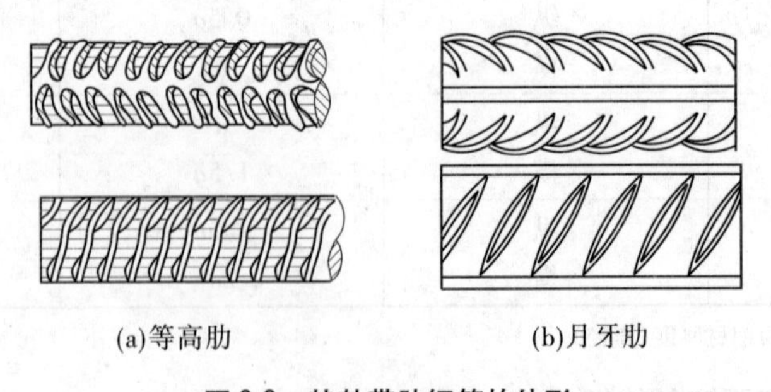

图 6-6 热轧带肋钢筋的外形

根据《钢筋混凝土用钢 第 1 部分:热轧光圆钢筋》(GB 1499.1—2008)的规定,热轧直条光圆钢筋的牌号为 HPB235，其力学性能和工艺性能应符合表 6-4 的要求。根据《钢筋混凝土用钢 带肋钢筋》(GB 1499—2004)的规定，热轧带肋钢筋的牌号由 HRB 和屈服点最小值表示，H、R、B 分别为热轧(Hotrolled)、带肋(Ribbed)、钢筋(Bars)三个词的英文首位字母。热轧带肋钢筋有 HRB335、HRB400、HRB500 三个牌号，其力学性能和工艺性能应符合表 6-4 的要求。

表 6-4　热轧钢筋的力学性能、工艺性能

牌号	外形	钢种	公称直径(mm)	屈服强度(MPa)	抗拉强度(MPa)	伸长率(%)	冷弯性能	
				不小于			角度(°)	弯心直径 d
HPB235	光圆	低碳钢	8～20	235	370	25	180	$d=a$
HRB335	月牙肋	低碳钢	6～25	335	490	16	180	$d=3a$
			28～50					$d=4a$
HRB400		低合金钢	6～25	400	570	14	180	$d=4a$
			28～50					$d=5a$
HRB500	等高肋	中碳低合金钢	6～25	500	630	12	180	$d=6a$
			28～50					$d=7a$

热轧光圆钢筋的强度较低，但塑性、韧性、焊接性能很好，便于各种冷加工，因而广泛用做普通钢筋混凝土构件的受力筋及各种钢筋混凝土结构的构造筋。HRB335 和 HRB400 钢筋强度较高，塑性、韧性和焊接性能也较好，故广泛用做大、中型钢筋混凝土结构的受力钢筋。HRB500 钢筋强度高，但塑性和焊接性能较差，可用做预应力钢筋。

2. 冷轧带肋钢筋

冷轧带肋钢筋是低碳钢热轧圆盘条经冷轧后，在其表面带有沿长度方向均匀分布的三面或两面月牙形横肋的钢筋。冷轧带肋钢筋是热轧圆盘钢筋的深加工产品，是一种新型高效的建筑钢材。

根据《冷轧带肋钢筋》(GB 13788—2008)的规定，冷轧带肋钢筋的牌号由 CRB 和抗拉强度最小值表示，有 CRB550、CRB650、CRB800、CRB970、CRB1170 五个牌号，符号 C、R、B 分别为冷轧(Coldrolled)、带肋(Ribbed)、钢筋(Bars)三个词的英文首位字母。其力学性能和工艺性能应符合有关规定。

冷轧带肋钢筋将逐步取代冷拔低碳钢丝的应用。CRB550 宜用于普通钢筋混凝土结构的受力主筋和构造钢筋，其他牌号的钢筋宜用于预应力混凝土结构。

3. 预应力混凝土用热处理钢筋

预应力混凝土用热处理钢筋是用热轧带肋钢筋经淬火和回火等调质热处理而成的，代号为 RB150。按其外形分为有纵肋和无纵肋两种，但都有横肋。热处理钢筋的力学性能应符合《预应力混凝土用热处理钢筋》(GB 4463—1984)的规定。

预应力混凝土用热处理钢筋的优点：强度高，可代替高强钢丝使用；配筋根数少，节约钢材；锚固性好，不易打滑，预应力值稳定；施工简便，开盘后钢筋自然伸直，不需调直及焊接。特别适用于预应力混凝土构件（梁、板等），主要是预应力钢筋混凝土轨枕。

4. 低碳钢热轧圆盘条

低碳钢热轧圆盘条是由屈服强度较低的碳素结构钢热轧制成的盘条，大多通过卷线机成盘卷供应，也称为盘圆或线材，是目前用量最大、使用最广的线材。按用途分为供拉丝用盘条（代号 L）、供建筑和其他用途用盘条（代号 J）两种。

根据《低碳钢热轧圆盘条》（GB/T 701—2007）的规定，低碳钢热轧圆盘条的牌号由屈服点符号、屈服点数值、质量等级符号、脱氧方法、用途类别等五部分内容按顺序组成。其中 Q 代表屈服点；屈服点数值分为 195 MPa、215 MPa 和 235 MPa 三种；质量等级用 A、B、C 表示；脱氧方法以 F 表示沸腾钢，b 表示半镇静钢，Z 表示镇静钢；用途类别以 L 表示供拉丝用，J 表示供建筑和其他用途用。例如：Q235AF - J 表示屈服点不小于 235 MPa，质量等级为 A 级的沸腾钢，是供建筑和其他用途用的低碳钢热轧圆盘条。

5. 预应力混凝土用钢丝

预应力混凝土用冷拉钢丝是用盘条通过拔丝模或轧辊经冷加工而成产品，以盘卷供货的钢丝。根据《预应力混凝土用钢丝》（GB/T 5223—2002）的规定，预应力混凝土用钢丝按加工状态分为冷拉钢丝（代号为 WCD）和消除应力钢丝两类。冷加工后的钢丝进行消除应力处理，即得到消除应力钢丝。若钢丝在塑性变形下（轴应变）进行短时热处理，得到的就是低松弛钢丝；若钢丝通过矫直工序后在适当温度下进行短时热处理，得到的就是普通松弛钢丝。消除应力钢丝的塑性比冷拉钢丝好。

预应力混凝土用钢丝按外形分为光面钢丝（代号为 P）、螺旋肋钢丝（代号为 H）和刻痕钢丝（代号为 I ）三种。螺旋肋钢丝表面沿着长度方向上有规则间隔的肋条，如图 6-7 所示。刻痕钢丝表面沿着长度方向上有规则间隔的压痕，如图 6-8 所示。刻痕钢丝和螺旋肋钢丝与混凝土的黏结力好。

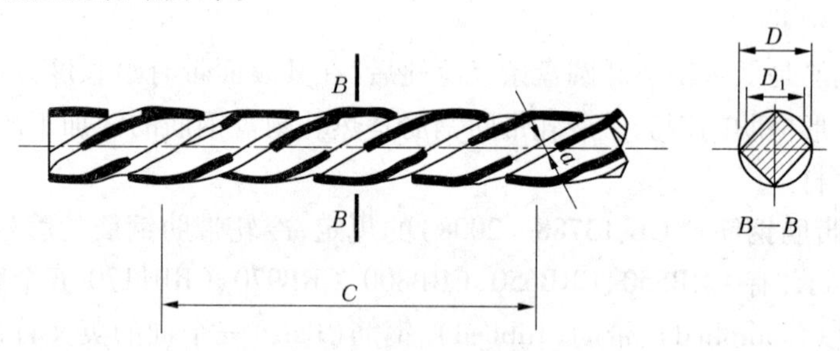

图 6-7　螺旋肋钢丝外形示意

预应力混凝土用钢丝质量稳定、安全可靠、强度高、无接头、施工方便，主要用于大跨度的屋架、薄腹梁、吊车梁或桥梁等大型预应力混凝土构件，还可用于轨枕、压力管道等预应力混凝土构件。

6. 预应力混凝土用钢绞线

预应力混凝土用钢绞线是以数根优质碳素结构钢丝经绞捻和消除内应力的热处理后而成的。根据《预应力混凝土用钢绞线》（GB/T 5224—2003）的规定，按照原材料和制作方法的不同，钢绞线有标准型钢绞线、刻痕钢绞线和模拔型钢绞线。标准型钢绞线是由冷

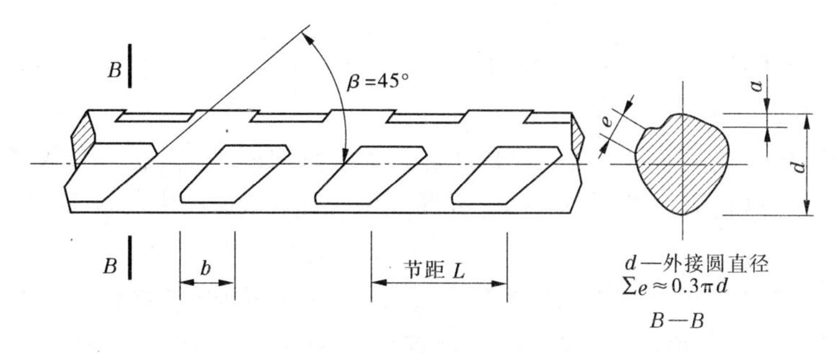

图 6-8　三面刻痕钢丝外形示意

拉光圆钢丝捻制成的钢绞线，刻痕钢绞线是由刻痕钢丝捻制成的钢绞线（代号为 I），模拔型钢绞线是捻制后再经冷拔而成的钢绞线（代号为 C）。按照捻制结构的不同，钢绞线分为三种结构类型：1×2、1×3 和 1×7，分别用两根、三根和七根钢丝捻制而成，如图 6-9 所示。

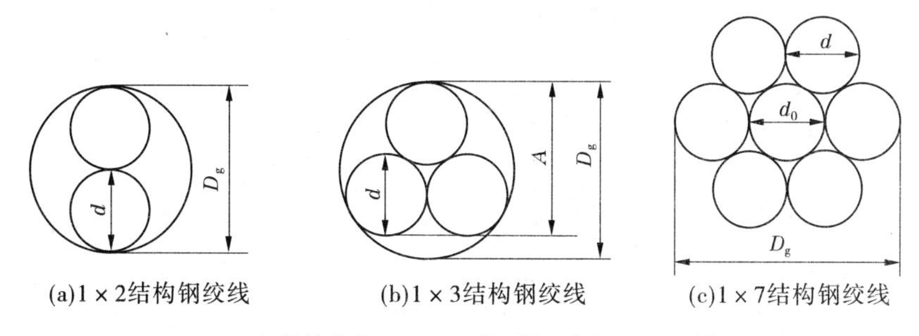

D_g—钢绞线直径，mm；d_0—中心钢丝直径，mm；d—外层钢丝直径，mm；A—1×3 结构钢绞线测量尺寸，mm

图 6-9　预应力钢绞线截面

钢绞线具有强度高、韧性好，施工方便，与混凝土黏结好，断面面积大，使用根数少，在结构中排列布置方便，易于锚固等优点，主要用于大跨度、大荷载的预应力屋架、薄腹梁等构件，还可用于岩土锚固。

7. 建筑型钢

钢结构用钢主要是热轧成型的钢板和各种型钢。构件之间可直接连接或附以连接钢板进行连接。连接方式可铆接、螺栓连接或焊接。型钢是由钢锭在加热条件下加工而成的不同截面的钢材，有圆钢、方钢、扁钢、六角钢、角钢、槽钢、工字钢、H 型钢、剖分 T 型钢等。

1）角钢

角钢由两个垂直的肢组成，有等边和不等边两种。我国目前生产的最大等边角钢的肢宽为 200 mm，最大不等边角钢的两个肢宽为 200 mm×125 mm。角钢的长度一般为 3～19 m。

2）工字钢

我国目前生产的最大普通工字钢为 63 号，长度为 5～7 m。

3)槽钢

我国目前生产的最大槽钢为40号,长度为5~19 m。

4)H 型钢

H 型钢的翼缘较宽阔而且等厚,由于截面形状合理,使钢材能更高地发挥效能,是一种经济断面钢材。热轧 H 型钢分为三类:宽翼缘 H 型钢(HW)、中翼缘 H 型钢(HM)、窄翼缘 H 型钢(HN)。

我国自1998年开始生产热轧 H 型钢,与普通工字钢相比,翼缘内外表面平行,内表面无斜度,翼缘端部为直角,便于和其他构件连接。现在许多国家大都用 H 型钢代替普通工字钢,我国也正在积极推广采用 H 型钢。

5)剖分 T 型钢

剖分 T 型钢是由对应的 H 型钢沿腹板中部对等剖分而成的。用剖分 T 型钢代替双角钢组成的 T 型截面,其截面力学性能更为优越,且制作方便。

常用的各种型钢如图6-10所示。

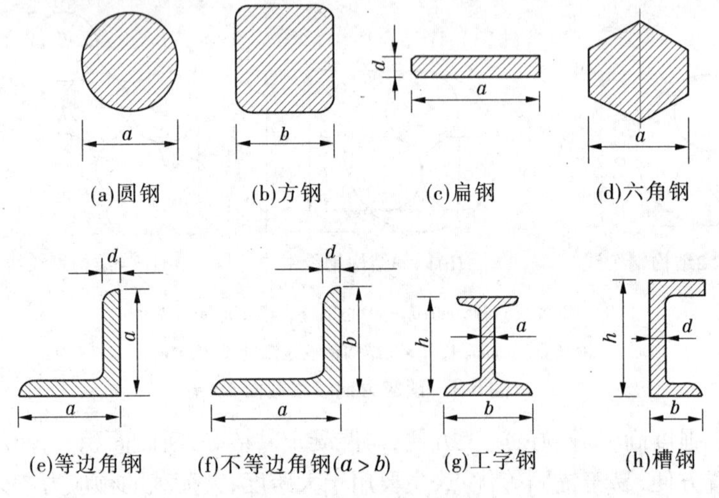

图6-10 型钢的断面形状

课题四 建筑装饰用钢材制品

目前,建筑装饰工程中常用的钢材制品主要有不锈钢钢板和钢管、彩色不锈钢板、彩色涂层钢板、彩色压型钢板、镀锌钢卷帘门板及轻钢龙骨等。

一、普通不锈钢及制品

普通钢材易锈蚀,钢材的锈蚀有两种:一是化学腐蚀,即在常温下钢材表面受氧化生成氧化膜层;二是电化学腐蚀,这是因为钢材在较潮湿的空气中,其表面发生"微电池"作用而产生的腐蚀。钢材的腐蚀大多属电化学腐蚀。

当钢中含有铬(Cr)元素时,钢材的耐腐蚀性能大大提高。这是由于铬的性质比铁活泼,铬首先与环境中的氧结合,生成一层与钢材基体牢固结合的致密的氧化膜层,称做钝化膜，保护着钢材不致锈蚀，这就是所谓的不锈钢。铬含量越高，钢的抗腐蚀性越好。不锈钢中还含有镍（Ni）、锰（Mn）、钛（Ti）、硅（Si）等元素，这些元素的相对含量会影响不锈钢的强度、塑性、韧性、耐腐蚀性等。常用的不锈钢有40多个品种，适用于各种用途。建筑装饰工程中使用的是普通不锈钢。

不锈钢不但耐腐蚀性强，而且还具有金属光泽。不锈钢经不同的表面加工，可形成不同的光泽度，并按此划分不同的等级。高级抛光不锈钢，具有镜面般的反射能力。

用于建筑装饰的不锈钢材主要有薄板和用薄板加工制成的管材、型材等。常用不锈钢薄板的厚度为0.2～2.0 mm，宽度为500～1 000 mm，成品卷装供应。不锈钢薄板表面可加工成不同的光洁度，形成不同的反射性，用于屋面或幕墙。高级的抛光不锈钢表面光泽度可与镜面媲美，适用于大型公共建筑门厅的包柱或墙面装饰。在抛光后的不锈钢板表面还可以处理制成各种花纹图案和色彩，用做电梯包厢、车厢、招牌等处。各种形式的不锈钢管和型材，可用做扶手、栏杆或制作门窗。

二、彩色不锈钢板

彩色不锈钢板是在不锈钢板上进行技术性和艺术性的加工，使其表面成为具有各种绚丽色彩的不锈钢装饰板，其颜色有蓝色、灰色、紫色、红色、青色、绿色、金黄色、橙色、茶色等多种。

彩色不锈钢板抗腐蚀性强，耐盐酸腐蚀性能超过一般不锈钢；机械性能好，其耐磨和耐刻划性能相当于箔层镀金的性能；彩色面层经久不退色、色泽随光照角度不同会产生色调变幻等特点，而且彩色面层能耐200 ℃的温度，当弯曲90°时，彩色层不会损坏。

彩色不锈钢板可用做厅堂墙板、吊顶饰面板、电梯厢板、车厢板、招牌等装饰之用，也可用做高级建筑的其他局部装饰。采用彩色不锈钢板装饰墙面，不仅坚固耐用，美观新颖，而且具有强烈的时代感。

三、彩色涂层钢板

彩色涂层钢板，又称彩色有机涂层钢板，是在冷轧钢板或镀锌薄板表面喷涂烘烤了不同色彩或花纹的涂层，结构如图6-11所示。这种板材表面色彩新颖、附着力强、抗锈蚀性和装饰性好，并且加工性能好，可进行剪切、弯曲、钻孔、铆接、卷边等。

彩色涂层钢板有一涂一烘、二涂二烘两种类型成品。上表面涂料有聚酯硅改性树脂聚偏二氟乙烯等，下表面涂料有环氧树脂、聚酯树脂、丙烯酸脂、透明清漆等。

彩色涂层钢板耐热、耐低温性能好，耐污染、易清洗，防水性、耐久性强。可用做建筑外墙板、屋面板、护壁板、拱复系统等；也可加工成瓦楞板用做候车厅、货仓的屋面，与泡沫塑料夹层制成的复合板具有保温隔热、防水、自重轻、安装方便的特点，可用做轻型钢结构建筑的屋面、墙壁，此外还可用做防水气渗透板、通风管道、电气设备罩等。

四、彩色压型钢板

彩色压型钢板是以镀锌钢板为基材，喷涂彩色烤漆而制成的轻型围护结构材料。彩色压型钢板的特点是自重轻、色彩鲜艳、耐久性强、波纹平直坚挺、安装施工方便、进度快、效率高。适用于工业与民用建筑的屋面、墙面等围护结构,或用于表面装饰。

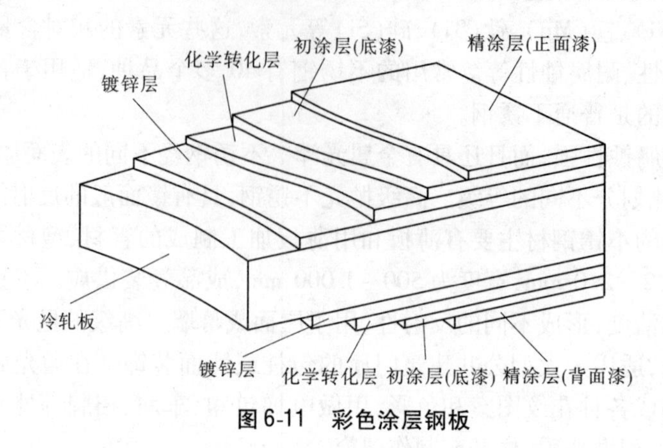

图6-11　彩色涂层钢板

课题五　铝、铝合金及其制品

一、铝的性质

铝元素在地壳组成中占8.13%,仅次于氧和硅。铝在自然界中是以化合物的形式存在的,铝的矿石有铝矾土、高岭土、明矾石等。铝的冶炼是先从铝矿石中提炼出氧化铝,由氧化铝通过电解得到金属铝,再通过提纯,分离出杂质,制成铝锭。

铝属于有色金属中的轻金属,密度为2.7 g/cm^3,熔点较低。铝呈银白色,对光和热有较强的反射能力。铝的导电性和导热性较好,仅次于铜,所以被广泛用来制作导电材料和导热材料。

铝是活泼金属,与氧的亲和力很强,在空气中表面易生成一层氧化铝薄膜,可以阻止铝继续氧化,对下面的金属起到了保护作用,所以铝在大气中耐腐蚀性较强,但这层氧化铝薄膜的厚度很小,且呈多孔状,因而它的耐腐蚀性是有限的。如果纯铝与盐酸、浓硫酸、氢氟酸等接触,或者与元素氯、溴、碘等接触,将会产生化学反应而被腐蚀。另外,铝的电极电位较低,如与电极电位高的金属接触并且有电解质存在,会形成微电池,很快受到腐蚀。

铝的强度和硬度较低,延展性和塑性很好,容易加工成各种型材、线材以及铝箔、铝粉等。铝在低温环境中塑性、韧性和强度不下降,常作为低温材料用于航空、航天工程及制造冷冻食品的储运设施等。

二、铝合金及其特性

为了提高铝的强度和改善其性能,常在铝中加入镁、锰、铜、锌、硅等元素形成铝合金。铝合金既提高了铝的强度和硬度,同时又保持了铝的轻质、耐腐蚀、易加工等优良性能。在建筑工程中,特别是在装饰领域中,铝合金的应用越来越广泛。

铝合金根据加工方法不同可分为变形铝合金和铸造铝合金两类。变形铝合金是指可以进行热态或冷态压力加工的铝合金,铸造铝合金是指用液态铝合金直接浇铸而成的各种形状复杂的制件。

与碳素结构钢相比，铝合金有如下特性：密度小，仅为钢材的1/3；弹性模量约为碳素结构钢的1/3，因而刚度和承受弯曲的能力较小，而比强度为碳素结构钢的2倍以上；耐大气腐蚀性很好，大大节约了维护费用；没有低温脆性，其机械性能不但不随温度的下降而降低，反而有所提高；用铝合金制造驾驶室围壳可以避免对磁罗盘的干扰，用于建造扫雷艇可以避免水雷攻击；延展性好，易于切割、冲压、冷弯、切削等各种机械加工，也可通过轧制或挤压等方法加工成断面形状复杂的各种型材。

三、建筑装饰用铝合金制品

建筑装饰工程中常用的铝合金制品主要有铝合金门窗、铝合金装饰板、铝合金吊顶龙骨、铝箔、铝粉等。

（一）铝合金门窗

铝合金门窗造价较高，比普通钢门窗高3～4倍，但因其长期维修费用低、性能好、节约能源、装饰性强，所以在国内外得到广泛的应用。

铝合金门窗是将按特定要求成型并经表面处理的铝合金型材，经过下料、钻孔、铣槽、攻丝、配制等加工工艺而制成的门窗框料构件，再与连接件、密封件、开闭五金件等一起组合装配而成的。

1.铝合金门窗的特点

与普通的钢门窗、木门窗相比，铝合金门窗有如下特点：

（1）自重轻。铝合金门窗用材省且质量轻，每平方米耗用铝型材质量平均为8～12 kg，而每平方米钢门窗耗材为17～20 kg。

（2）密封性好。铝合金门窗的气密性、水密性、隔声性、隔热性都比普通门窗有显著提高。对防尘、隔声、保温隔热要求较高的建筑，适宜采用铝合金门窗。

（3）色泽美观。铝合金门窗框料表面光洁，有银白色、古铜色、暗灰色、黑色等多种颜色，造型新颖大方，线条明快，增加了建筑物立面和内部的美观。

（4）经久耐用。铝合金门窗不锈蚀、不退色、无需油漆，维修费用少。框料强度高、刚度好、坚固耐用，零件使用寿命长，开闭灵活、无噪声。

（5）便于工业化生产。铝合金门窗的加工、制作、装配、试验都可以在工厂进行大批量工业化生产，有利于实现门窗产品设计标准化，生产工厂化，产品商品化。

铝合金门窗按性能还可分为普通型、隔声型和保温型三种类型。

2.铝合金门窗的技术性能

铝合金门窗需经检测达到规定的技术性能后才能安装使用，主要检测项目有抗风压性能、水密性能、气密性能、保温性能、空气隔声性能、反复启闭性能。

（二）铝合金装饰板

1.铝合金花纹板

铝合金花纹板是采用防锈铝合金坯料，用有一定花纹的轧辊轧制而成的。花纹美观大方，筋高适中，不易磨损。防滑性好，耐腐蚀性强，便于冲洗，通过表面处理可以获得各种颜色。花纹板板材平整，裁剪尺寸精确，便于安装，广泛应用于现代建筑的墙面装饰。

以冷作硬化后的铝材为基础，表面加以浅花纹处理后得到的装饰板，称为铝质浅花纹板。它的花纹精巧别致，色泽美观大方，除具有普通铝合金花纹板的优点外，刚度提高20%，抗污垢、抗划伤、抗擦伤能力均有提高。

2. 铝合金波纹板

铝合金波纹板主要用于墙面装饰，也可用做屋面。用做屋面时，一般采用强度高、耐腐蚀性能好的防锈铝制成。

铝合金波纹板的特点是自重轻，对日光反射能力强，防火、防潮、耐腐蚀，在大气中可使用20年以上，可多次拆卸、重复使用。主要用于饭店、旅馆、商场等建筑的墙面和屋面装饰。

3. 铝合金穿孔板

铝合金穿孔板是将铝合金平板经机械冲压成多孔状。孔形根据设计有圆孔、方孔、长圆孔、长方孔、三角孔、大小组合孔等。铝合金穿孔板材质轻、耐高温、耐腐蚀、防火、防潮、防震、造型美观、质感强、吸声和装饰效果好。主要用于对音质效果要求较高的各类建筑中，如影剧院、播音室、会议室等，也可用于车间厂房作为降低噪声措施。

4. 铝塑板

铝塑板是复合材料，它是将表面经氯化乙烯树脂处理过的铝片用胶粘剂覆贴到聚乙烯板上而制成的。按铝片的覆贴位置不同，铝塑板有单层板和多层板之分。

铝塑板的耐腐蚀性、耐污性和耐候性较好，板面的色彩有红、黄、蓝、白等色，装饰效果好，铝塑板可弯折、截割，加工灵活方便。铝塑板可用于建筑物的幕墙饰面、门面及广告牌等处的装饰。

思考题

6-1　什么是钢材？钢材有哪些特点？

6-2　钢材的化学成分对其性能有什么影响？

6-3　低碳钢拉伸时的应力—应变图可划分为哪几个阶段？指出弹性极限、屈服强度和抗拉强度。

6-4　什么是钢材的冷弯性能和冲击韧性？

6-5　什么是钢材的冷加工和时效处理？它对钢材性质有何影响？工程中如何利用？

6-6　碳素结构钢的牌号是如何表示的？说明下述钢材牌号的含义：①Q195 - F；②Q215 - AF。

6-7　低合金高强度结构钢的牌号如何表示？为什么工程中广泛使用低合金高强度结构钢？

6-8　混凝土结构工程中常用的钢筋、钢丝、钢绞线有哪些种类？钢结构所用的型钢有哪些截面形式？

6-9　建筑装饰用钢材制品有哪些？应用如何？

6-10　铝合金门窗有哪些优点？对其有哪些技术要求？

6-11　铝和铝合金在建筑装饰工程中有何应用？

单元七　防水材料

防水材料是防止雨水、雪水、地下水及其他水分等对建筑物和各种构筑物的渗透、渗漏和侵蚀的材料，是建筑工程中不可缺少的主要建筑与装饰材料之一。

防水材料品种很多，按组成成分可分为有机防水材料、无机防水材料及金属防水材料等。按防水材料的性质又可分为柔性防水材料和刚性防水材料。按防水材料的变形特征可分为普通型防水材料和自膨胀型防水材料。

我国建筑防水材料的发展方向为：大力发展改性沥青防水卷材，积极推进高分子卷材，适当发展防水涂料，努力开发密封材料，逐步减少低档材料并适当提高高档材料的比例。

课题一　沥青及沥青防水制品

一、沥青

（一）沥青材料概述

1. 沥青的定义

沥青是高分子碳氢化合物及非金属（氧、硫、氮等）衍生物的混合物，是一种有机胶凝材料。其颜色在常温下为黑色或黑褐色，存在形态可为液体、固体或半固体，能溶于二硫化碳、四氯化碳、苯等有机溶剂。沥青之所以在建筑工程中得到广泛应用取决于其具有良好的黏结力，它不仅能黏附于矿物材料表面上，而且能黏附在木材、钢铁等材料表面；沥青几乎不溶于水，构造密实，是一种憎水性材料；沥青能抵抗一般酸、碱、盐等侵蚀性液体和气体的侵蚀，故广泛应用于防水、防潮、防腐材料中。

2. 沥青的分类

1）石油沥青

石油沥青是由石油原油经蒸馏等炼制工艺提炼出各种轻质油（汽油、煤油、柴油等）和润滑油后的残余物经再加工后的产物。

石油沥青的性质与各组分之间的比例密切相关。液体沥青中油分、树脂多，流动性好，而固体沥青中树脂、地沥青质多，特别是地沥青多，所以热稳定性和黏性好。

油分、树脂和地沥青质是石油沥青的三大组分，其中油分和树脂可以互相溶解，树脂能浸润地沥青质，并在地沥青质的超细颗粒表面形成树脂薄膜。所以，石油沥青的结构是以地沥青质为核心，周围吸附部分树脂和油分的互溶物而构成胶团，无数胶团分散在油分中而形成胶体结构。根据沥青中各组分的相对比例不同，胶体结构可分为溶胶型、凝胶型和溶—凝胶型三种类型。

（1）溶胶结构。地沥青质含量较少，胶团间完全没有引力或引力很小，在外力作用下随时间发展的变形特性与黏性液体一样。直馏沥青的结构多为溶胶结构。

(2)凝胶结构。凝胶结构地沥青质含量很多,胶团间由引力形成立体网状,地沥青质分散在网格之间,在外力作用下弹性效应明显。氧化沥青多属于凝胶结构。

(3)溶—凝胶结构。介于溶胶与凝胶之间,并有较多的树脂,胶团间有一定吸引力,在常温下受力变形的最初阶段呈现出明显的弹性效应,当变形增加到一定数值后,则变为有阻尼的黏性流动。

大部分优质道路沥青均配成溶—凝胶结构,具有黏弹性和触变性,故亦称弹性溶胶。

2)煤沥青

煤沥青是将煤在隔绝空气的条件下,高温加热干馏得到的黏稠状煤焦油后,再经蒸馏制取轻油、中油、重油、蒽油,所得残渣为煤沥青,实际上是炼制焦碳或制造煤气时所得到的副产品。其化学成分和性质类似于石油沥青,但其质量不如石油沥青,韧性较差,容易因变形而开裂;温度敏感性较大,夏天易软化而冬天易脆裂;含挥发性成分和化学稳定性差的成分多,大气稳定性差,易老化;加热燃烧时,烟呈黄色,含有蒽、萘和酚,有刺激性臭味,有毒性,具有较高的抗微生物腐蚀作用;含表面活性物质较多,与矿物粒料表面的黏附能力较好。煤沥青在一般建筑工程上使用的不多,主要用于铺路、配制粘合剂与防腐剂,也有的用于地面防潮、地下防水等方面。

煤沥青的主要组分为油分、软树脂、硬树脂、游离碳和少量酸、碱物质等。煤沥青是一个复杂的胶体结构,在常温下,游离碳和硬树脂被软树脂包裹成胶团,分散在油分中,当温度升高时,油分的黏度明显下降,也使软树脂的黏度下降。

(二)石油沥青的性质、技术标准及应用

1.石油沥青的性质

1)黏滞性

石油沥青的黏滞性又称黏性,是反映沥青材料内部阻碍其相对流动的一种特性,用绝对黏度表示,是沥青性质的重要指标之一。但因其测定方法较复杂,故工程中常用相对黏度(条件黏度)来表示黏滞性。测定沥青相对黏度的方法主要有针入度法和黏滞度法。

针入度测定试验如图7-1所示,适用于固体和半固体的石油沥青。针入度是在规定温度(25 ℃)条件下,以规定质量(100 g)的标准针,在规定时间(5 s)内贯入试样中的深度来表示,单位以1/10 mm(1度)计。针入度值越小,表明黏度越大。

黏度测定试验如图7-2所示,适用于液体石油沥青。黏滞度是将一定量的液体沥青,在某温度下经一定直径的小孔流出50 mL所需的时间,以s表示。流出的时间越长,表明黏度越大。

2)塑性

塑性指石油沥青在外力作用下产生变形而不破坏,除去外力后,仍能保持变形后的形状的性质。沥青的塑性对冲击振动荷载有一定的吸收能力,并能减少摩擦时的噪声,故沥青是一种优良的道路路面材料。

石油沥青的塑性用延伸度表示。延伸度愈大,塑性愈好。延伸度测定是把沥青制成"∞"字形标准试件,置于延度仪内25 ℃水中,以5 cm/min的速度拉伸,用拉断时的伸长度来表示,单位用cm计,延伸度测定示意如图7-3所示。

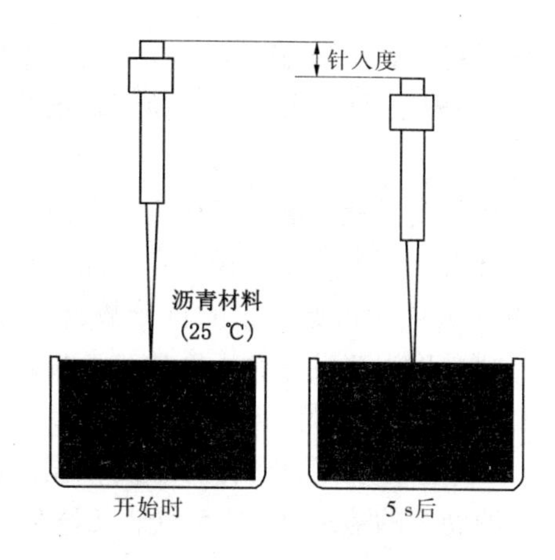

图 7-1　针入度测定示意

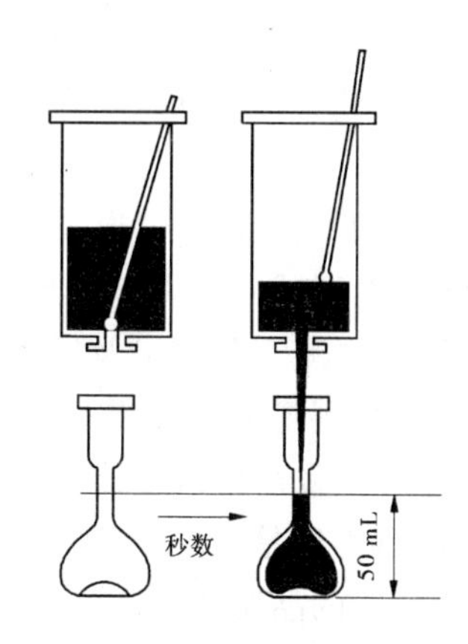

图 7-2　标准黏度测定示意

3)温度敏感性(温度稳定性)

温度敏感性是指石油沥青的黏滞性和塑性随温度升降而变化的性质。温度敏感性越大,则沥青的温度稳定性越低。温度敏感性大的沥青,在温度降低时,很快变成脆硬的物体,受外力作用极易产生裂缝以致破坏;而当温度升高时即成为液体流淌,而失去防水能力。因此,温度敏感性是评价沥青质量的重要性质。

沥青的温度敏感性通常用软化点表示。软化点是指沥青材料由固体状态转变为具有一定流动性膏体的温度。软化点可通过"环球法"试验测定,如图 7-4 所示。

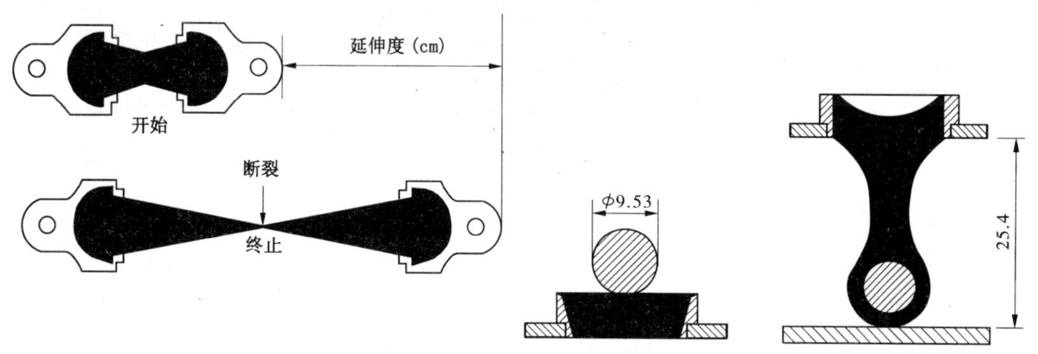

图 7-3　延伸度测定示意

图 7-4　软化点测定示意　(单位:mm)

不同的沥青软化点不同,大致为 25 ~ 100 ℃。软化点高,说明沥青的耐热性好,但软化点过高,又不易加工;软化点低的沥青,夏季易产生变形,甚至流淌。所以,在实际应用中,总希望沥青具有高软化点和低脆化点(当温度在非常低的范围时,整个沥青就好像玻璃一样的脆硬,一般称做"玻璃态",沥青由玻璃态向高弹态转变的温度即为沥青的脆化点)。为了提高沥青的耐寒性和耐热性,常常对沥青进行改性,如在沥青中掺入增塑剂、橡胶、树脂和填料等。

4)大气稳定性

石油沥青在热、阳光、氧气和潮湿等大气因素的长期综合作用下抵抗老化的性能,称为大气稳定性,也是沥青材料的耐久性。在大气因素的综合作用下,沥青中各组分会发生不断递变,低分子化合物将逐步转变成高分子物质,即油分和树脂逐渐减少,而地沥青质逐渐增多。石油沥青随着时间的进展,流动性和塑性逐渐减小,硬脆性逐渐增大,直至脆裂,失去使用功能,这个过程称为石油沥青的“老化”。所以,大气稳定性即为沥青抵抗老化的性能。

石油沥青的大气稳定性以加热蒸发损失百分率和蒸发后针入度比来评定。其测定方法是:先测定沥青试样的质量及其针入度,然后将试样置于烘箱中,在 160 ℃下加热蒸发 5 h,待冷却后再测定其质量及针入度。计算出蒸发损失质量占原质量的百分数,称为蒸发损失百分率;测得蒸发后针入度占原针入度的百分数,称为蒸发后针入度比。蒸发损失百分率愈小和蒸发后针入度比愈大,则表示沥青的大气稳定性愈好,即老化愈慢。

以上四种性质是石油沥青材料的主要性质,前三项是划分石油沥青牌号的依据。此外,为评定沥青的品质和保证施工安全,还应了解石油沥青的溶解度、闪点和燃点等性质。

2. 石油沥青的技术标准

根据我国现行石油沥青标准,在工程建设中常用的石油沥青分道路石油沥青、建筑石油沥青等,各品种按技术性质划分牌号。建筑石油沥青的技术指标要求见表 7-1。

道路石油沥青、建筑石油沥青和普通石油沥青都是按针入度指标来划分牌号的。在同一品种石油沥青材料中,牌号愈小,沥青愈硬;牌号愈大,沥青愈软。同时,随着牌号的增加,沥青的黏性减小(针入度增加),塑性增加(延度增大),而温度敏感性增大(软化点降低)。

表 7-1　建筑石油沥青技术标准(GB/T 494—1998)

项目	质量标准			试验方法
沥青牌号	10	30	40	
针入度(25 ℃,100 g,5 s)	10 ~ 25	26 ~ 35	36 ~ 50	GB/T 4509
延度(25 ℃)(cm), 不小于	1.5	2.5	3.5	GB/T 4509
软化点(环球法)(℃),不低于	95	75	60	GB/T 4509
溶解度(三氯乙烯)(%),不小于	99.5			GB/T 11148
蒸发损失(163 ℃,5 h)(%),不大于	1			GB/T 11964
蒸发后针入度比(163 ℃,5 h)(%),不小于	65			
闪点(开口法)(℃),不小于	230			GB/T 267
脆点(℃)	报告			GB/T 4510

3. 石油沥青的应用

沥青在使用时,应根据当地气候条件、工程性质(房屋、道路、防腐)、使用部位(屋面、地下)及施工方法具体选择沥青的品种和牌号。对于一般温暖地区,受日晒或经常受热部位,为防止受热软化,应选择牌号较小的沥青;在寒冷地区,夏季暴晒、冬季受冻的部位,不仅要考虑受热软化,还要考虑低温脆裂,应选用中等牌号沥青;对一些不易受温度影响的部位,可选用牌号较大的沥青。当缺乏所需牌号的沥青时,可用不同牌号的沥青进行掺配。

道路石油沥青黏度低，塑性好，主要用于配制沥青混凝土和沥青砂浆，用于道路路面和工业厂房地面等工程。

建筑石油沥青黏性较大，耐热性较好，塑性较差，主要用于生产防水卷材、防水涂料、防水密封材料等，广泛应用于建筑防水工程及管道防腐工程。一般屋面用的沥青，软化点应比本地区屋面可能达到的最高温度高 20～25 ℃，以避免夏季流淌。

防水防潮石油沥青质地较软，温度敏感性较小，适于做卷材涂复层。

普通石油沥青因含蜡量较高，性能较差，建筑工程中应用很少。

4. *石油沥青的掺配与稀释*

当不能获得合适牌号的沥青时，可采用两种牌号的石油沥青掺配使用，但不能与煤沥青相掺。两种石油沥青的掺配比例可用下式估算

$$Q_1 = \frac{T_2 - T}{T_2 - T_1} \times 100\% \tag{7-1}$$

$$Q_2 = 100\% - Q_1 \tag{7-2}$$

式中 Q_1——较软石油沥青用量（%）；

Q_2——较硬石油沥青用量（%）；

T——掺配后的石油沥青软化点，℃；

T_1——较软石油沥青软化点，℃；

T_2——较硬石油沥青软化点，℃。

以估算的掺配比例和其邻近的比例（5%～10%）进行试配（混合熬制均匀），测定掺配后沥青的软化点，然后绘制“掺配比—软化点”关系曲线，即可从曲线上确定出所要求的掺配比例。

【例 7-1】 某建筑工程屋面防水，需用软化点为 75 ℃的石油沥青，但工地仅有软化点为 95 ℃和 25 ℃的两种石油沥青，应如何掺配？

解 掺配时较软石油沥青（软化点为 25 ℃）用量为

$$Q_1 = \frac{T_2 - T}{T_2 - T_1} \times 100\% = \frac{95 - 75}{95 - 25} \times 100\% = 28.6\%$$

较硬石油沥青（软化点为 95 ℃）用量为

$$Q_2 = 100\% - Q_1 = 71.4\%$$

以估算的掺配比例和其邻近的比例（5%～10%）进行试配（混合熬制均匀），测定掺配后沥青的软化点，然后绘制“掺配比—软化点”关系曲线，即可从曲线上确定出所要求的掺配比例。

【例 7-2】 怎样划分石油沥青的牌号？牌号大小与沥青主要技术性质之间的关系怎样？

解 石油沥青按针入度指标来划分牌号，牌号数字约为针入度的平均值。常用的建筑石油沥青和道路石油沥青的牌号与主要性质之间的关系是：牌号愈高，其黏性愈小（针入度越大），塑性愈大（即延度越大），温度稳定性愈低（即软化点愈低）。

【例 7-3】 工程实例分析。

每到冬天，某沥青路面总会出现一些裂缝，裂缝大多是横向的，且几乎为等间距的，在

冬天裂缝尤其明显。

解 初步判断是因沥青材料老化及低温所致。

从裂缝的形状来看,沥青老化低温引起的裂缝大多为横向,且裂缝几乎为等间距,这与该路面破损情况吻合。该路已修筑多年,沥青老化后变硬、变脆,延伸性下降,低温稳定性变差,容易产生裂缝、松散。在冬天,气温下降,沥青混合料受基层的约束而不能收缩,产生了应力,应力超过沥青混合料的极限抗拉强度,路面便产生开裂。

二、沥青防水卷材

(一)沥青防水卷材的定义

凡用原纸或玻璃布、石棉布、棉麻织品等胎料浸渍石油沥青(或焦油沥青)制成的卷状材料,称为浸渍卷材(有胎卷材)。将石棉、橡胶粉等掺入沥青材料中,经碾压制成的卷状材料称为辊压卷材(无胎卷材)。这两种卷材通称为沥青防水卷材。

沥青防水卷材由于质量轻、价格低廉、防水性能良好、施工方便、能适应一定的温度变化和基层伸缩变形,故多年来在工业与民用建筑的防水工程中得到了广泛的应用。目前,我国大多数屋面防水工程仍采用沥青防水卷材。通常根据沥青和胎基的种类对油毡进行分类,如石油沥青纸胎油毡、石油沥青玻纤油毡等。

(二)沥青防水卷材的分类

1. 石油沥青纸胎油纸、油毡

凡用低软化点热熔沥青浸渍原纸而制成的防水卷材称油纸;在油纸两面再浸涂软化点较高的沥青后,撒上防粘物料即成油毡。表面撒石粉做隔离材料的称做粉毡,撒云母片做隔离材料的称为片毡。

油纸和油毡均以原纸每平方米质量克数划分标号。石油沥青油纸分为200、350两个标号,石油沥青油毡分为200、350、500三个标号,煤沥青油毡分为200、270、350三个标号。油纸和油毡幅宽有915 mm、1 000 mm两种,每卷面积为$(20\pm0.3)\ m^2$。

油纸主要用于建筑防潮和包装,也可用于多叠层防水层的下层或刚性防水层的隔离层。油毡适用面广,但石油沥青纸胎油毡的防水性能差、耐久年限低。建设部于1991年6月颁发的《关于治理屋面渗漏的若干规定》的通知中已明确规定:屋面防水材料选用石油沥青油毡的,其设计应不少于三毡四油。所以,石油沥青纸胎油毡按规定一般只能做多叠层防水,其中500号粉毡用于“三毡四油”的面层,350号粉毡用于里层和下层,也可用“二毡三油”的简易做法来做非永久性建筑(如简易宿舍、简易车间等)的防水层;200号油毡适用于简易防水、临时性建筑防水、建筑防潮及包装等;片毡用于单层防水。

2. 煤沥青纸胎油毡

煤沥青纸胎油毡是采用低软化点煤沥青浸渍原纸,然后用高软化点煤沥青涂盖油纸两面,再涂或撒隔离材料所制成的一种纸胎防水材料。

煤沥青纸胎油毡幅宽为915 mm和1 000 mm两种规格。

煤沥青纸胎油毡按技术要求分为一等品(B)和合格品(C),按所用隔离材料分为粉状面油毡(F)和片状面油毡(P)两个品种。

煤沥青纸胎油毡的标号分为200号、270号和350号三种。

3. 其他新型有胎沥青防水卷材

新型有胎沥青防水卷材主要有麻布油毡、石棉布油毡、玻璃纤维布油毡、合成纤维布油毡等。这些油毡的制法与纸胎油毡相同，但抗拉强度、耐久性等都比纸胎油毡好得多，适用于防水性、耐久性和防腐性要求较高的工程。

三、沥青防水涂料

(一) 沥青胶

沥青胶又称沥青玛琋脂，它是在熔(溶)化的沥青中加入粉状或纤维状的填充料经均匀混合而成的。填充料粉状的如滑石粉、石灰石粉、白云石粉等，纤维状的如石棉屑、木纤维等。沥青胶的常用配合比为沥青 70% ~90%，矿粉 10% ~30%。如采用的沥青黏性较低，矿粉可多掺一些。一般矿粉越多，沥青胶的耐热性越好，黏结力越大，但柔韧性降低，施工流动性也变差。

沥青胶有热用和冷用的两种，一般工地施工是热用。配制热用沥青胶时，先将矿粉加热到 100 ~110 ℃，然后慢慢地加入已熔化的沥青中，继续加热并搅拌均匀即成。热用沥青胶用于黏结和涂抹石油沥青油毡。冷用时需加入稀释剂将其稀释后于常温下施工应用，它可以涂刷成均匀的薄层。

(二) 冷底子油

冷底子油是用汽油、煤油、柴油、工业苯等有机溶剂与沥青材料熔合制得的沥青涂料。它的黏度小，能渗入到混凝土、砂浆、木材等的毛细孔隙中，待溶剂挥发后，便与基材牢固结合，使基面具有一定的憎水性，为黏结同类防水材料创造了有利条件。因它多在常温下用做防水工程的打底材料，故名冷底子油。冷底子油常随配随用，通常采用 30% ~40% 的 30 号或 10 号石油沥青，与 60% ~70% 的有机溶剂(多用汽油)配制而成。

(三) 乳化沥青

乳化沥青是沥青以微粒(粒径 1 μm 左右)分散在有乳化剂的水中而成的乳胶体。配制时，首先在水中加入少量乳化剂，再将沥青热熔后缓缓倒入，同时高速搅拌，使沥青分散成微小颗粒，均匀分布在溶有乳化剂的水中。由于乳化剂分子一端强烈吸附在沥青微小颗粒表面，另一端则与水分子很好地结合，产生有益的桥梁作用，使乳液获得稳定。

乳化剂是一种表面活性剂。工程中所用的阴离子乳化剂有钠皂或肥皂、洗衣粉等。阳离子乳化剂有双甲基十八烷溴胺和三甲基十六烷溴胺等。非离子乳化剂有聚乙烯醇，平平加(烷基苯酚环氧乙烷缩合物)等。矿物胶体乳化剂有石灰膏及膨润土等。

乳化沥青涂刷于基材表面，或与砂、石材料拌和成型后，其中水分逐渐散失，沥青微粒靠拢而将乳化剂薄膜挤破，从而相互团聚而黏结，这个过程称乳化沥青成膜。乳化沥青可涂刷或喷涂在材料表面作为防潮或防水层，也可粘贴玻璃纤维毡片(或布)做屋面防水层，或用于拌制冷用沥青砂浆和沥青混凝土。

(四) 橡胶沥青防水涂料及水性沥青基薄质防水涂料

橡胶沥青防水涂料是以沥青为基料，加入改性材料橡胶和稀释剂及其他助剂等而制成的黏稠液体。

橡胶沥青防水涂料的特点是耐水性强。由于橡胶的加入改善了沥青涂膜的性质，故在水的长期作用下，涂膜不脱落，不起皮，抗渗性好，抗裂性优异，有较好的弹性和延伸性，尤其是低温下的抗裂性能更好，故适用于基层易开裂的屋面防水层。又因其耐化学腐蚀性好，故也可做木材、金属管道等的防腐涂层。

以化学乳化剂配制的乳化沥青为基料，掺入氯丁胶乳或再生橡胶等形成的防水涂料，称为水性沥青基薄质防水涂料。

课题二　改性沥青防水材料

沥青耐热性与耐寒性较差，即高温下强度低，低温下缺乏韧性，表现为高温易流淌、低温易脆裂。这是沥青防水屋面渗漏现象严重、使用寿命短的原因之一。

高聚物改性沥青防水卷材是以纤维织物或塑料薄膜为胎体，以合成高分子聚合物改性沥青为涂盖层，以粉状、粒状、片状或薄膜材料为防粘隔离层制成的防水卷材。

高聚物改性沥青防水卷材克服了沥青防水卷材温度稳定性差、延伸率小的缺点，具有高温不流淌、低温不脆裂、拉伸强度高、延伸率较大等优良性能。

常见的改性沥青防水卷材有SBS(苯乙烯-丁二烯-苯乙烯共聚物)改性沥青防水卷材、APP(无规聚丙烯)改性沥青防水卷材等。

一、SBS改性沥青防水卷材

SBS改性沥青柔性油毡是近年来生产的一种弹性体沥青防水卷材，它以聚酯纤维无纺布为胎体，以SBS橡胶改性沥青为面层，以塑料薄膜为隔离层，油毡表面带有砂粒。这类卷材具有较高的弹性、延伸率、耐疲劳性和低温柔性，主要用于屋面及地下室防水，尤其适用于寒冷地区。以冷法施工或热熔铺贴，适于单层铺设或复合使用。

二、APP改性沥青防水卷材

APP改性沥青防水卷材是以APP树脂改性沥青浸涂玻璃纤维或聚酯纤维(布或毡)胎基，上表面撒以细矿物粒料，下表面覆以塑料薄膜制成的防水卷材。这类卷材弹塑性好，具有突出的热稳定性和抗强光辐射性，适用于高温和有强烈太阳辐射地区的屋面防水。单层铺设，可冷、热施工。

三、铝箔塑胶改性沥青防水卷材

铝箔塑胶改性沥青防水卷材是以玻璃纤维或聚酯纤维为胎基，用高分子(合成橡胶或树脂)改性沥青为浸渍涂盖层，以银白色铝箔为上表面反光保护层，以矿物粒料和塑料薄膜为底面隔离层制成的防水卷材。

这种卷材对阳光的反射率高，具有一定的抗拉强度和延伸率，弹性好，低温柔性好，在-20~80 ℃温度范围内适应性较强，抗老化能力强，具有装饰功能，适用于外露防水面层，并且价格较低，是一种中档的新型防水材料。

四、溶剂型改性沥青防水涂料

溶剂型改性沥青防水涂料是由沥青、溶剂、改性材料、辅助材料所组成的，主要用于防水、防潮和防腐，其耐水性、耐化学侵蚀性均好，涂膜光亮平整，丰满度高。主要品种有再生橡胶沥青防水涂料、氯丁橡胶沥青防水涂料、丁基橡胶沥青防水涂料等，均为较好的防水涂料。具有弹性大、延伸性好、抗拉强度高，能适应基层的变形，并有一定的抗冲击和抗老化性。但由于使用有机溶剂，不仅在配制时易引起火灾，且施工时要求基层必须干燥；有机溶剂挥发时，还引起环境污染，加之目前溶剂价格不断上涨，除特殊情况外，已较少使用。近年来，着力发展的是水性沥青防水涂料。

五、改性沥青密封材料

（一）改性沥青基嵌缝油膏

改性沥青基嵌缝油膏是以石油沥青为基料，加入橡胶改性材料及填充料等混合制成的冷用膏状材料。具有优良的防水、防潮性能，黏结性好，延伸率高，能适应结构的适当伸缩变形，能自行结皮封膜。可用于嵌填建筑物的水平、垂直缝及各种构件的防水，使用很普遍。

（二）聚氯乙烯胶泥和塑料油膏

聚氯乙烯胶泥和塑料油膏是由煤焦油、聚氯乙烯树脂、增塑剂及其他填料加热塑化而成的。胶泥是橡胶状弹性体，塑料油膏是在此基础上改进的热施工塑性材料，施工使用热熔后成为黑色的黏稠体。其特点是耐温性好，使用温度范围广，适合于我国大部分地区的气候条件和坡度，黏结性好，延伸回复率高，耐老化，对钢筋无锈蚀。适用于各种建筑、构筑物的防水和接缝。

课题三　合成高分子防水材料

合成高分子防水卷材是以合成橡胶、合成树脂或它们两者的共混体为基材，加入适量的化学助剂、填充料等，经过塑炼、混炼、压延或挤出成型、硫化、定型、检验、分卷、包装等工序加工制成的无胎防水材料。其具有抗拉强度高、断裂延伸率大、抗撕裂强度好、耐热耐低温性能优良、耐腐蚀、耐老化、单层施工及冷作业等优点，是继改性石油沥青防水卷材之后发展起来的性能更优的新型高档防水材料，有其独特的优异性，在我国虽仅有十余年的发展史，但发展十分迅猛。现在可生产三元乙丙橡胶、丁基橡胶、氯丁橡胶、再生橡胶、聚氯乙烯、氯化聚乙烯、氯磺化聚乙烯等几十个品种。

一、三元乙丙橡胶防水卷材

三元乙丙橡胶防水卷材是以乙烯、丙烯和双环戊二烯三种单体共聚合成的三元乙丙橡胶为主体，掺入适量的丁基橡胶、硫化剂、促进剂、软化剂、补强剂和填充剂等，经密炼、拉片、过滤、挤出（或压延）成型、硫化、检验、分卷、包装等工序加工制成的高弹性防水材料。三元乙丙橡胶防水卷材，与传统的沥青防水材料相比，具有防水性能优异、耐候性好、耐臭氧性及耐化学腐蚀性强、弹性和抗拉强度高，对基层材料的伸缩或开裂变形适应性强、质量轻、使用温度范围宽（−60～+120 ℃）、使用年限长（30～50年）、可以冷施工、施工成本低等优点。适用于防水要求高、使用年限长的防水工程，可单层使用，也可复合使用。施工用冷粘法或自粘法。

二、聚氯乙烯（PVC）防水卷材

聚氯乙烯防水卷材是以聚氯乙烯树脂为主要原料，加入一定量的稳定剂、增塑剂、改性剂、抗氧化剂及紫外线吸收剂等辅助材料，经捏合、混炼、造粒、挤出或压延等工序制成的防水卷材，是我国目前用量较大的一种卷材。这种卷材具有较高的拉伸和撕裂强度，延伸率较大，耐老化性能好，耐腐蚀性强。其原料丰富，价格便宜，容易黏结。适用于屋面、地下防水工程和防腐工程，单层或复合使用，冷粘法或热风焊接法施工。

聚氯乙烯防水卷材，根据基料的组分及其特性分为两种类型，即S型和P型。

S型是以煤焦油与聚氯乙烯树脂混溶料为基料的柔性卷材，P型是以增塑聚氯乙烯为基料的塑性卷材。

S型防水卷材厚度为：1.80 mm、2.00 mm、2.50 mm；P型防水卷材厚度为：1.20 mm、1.50 mm、2.00 mm。

卷材宽度为：1 000 mm、1 200 mm、1 500 mm、2000 mm。

三、氯化聚乙烯防水卷材

氯化聚乙烯防水卷材，是以含氯量为30%～40%的氯化聚乙烯树脂为主要原料，掺入适量的化学助剂和大量的填充材料，采用塑料（或橡胶）的加工工艺，经过捏合、塑炼、压延等工序加工而成的。属于非硫化型高档防水卷材。

氯化聚乙烯防水卷材适用于各类屋面、地下防水和防潮工程，以及冶金、化工、水利等防水防渗工程。

其规格厚度可分为1.00 mm、1.20 mm、1.50 mm、2.00 mm，宽度为900 mm、1 000 mm、1 200 mm、1 500 mm。

四、氯化聚乙烯－橡胶共混防水卷材

氯化聚乙烯－橡胶共混防水卷材是以氯化聚乙烯树脂与合成橡胶为主体，加入硫化剂、促进剂、稳定剂、软化剂及填料等，经塑炼、混炼、过滤、压延或挤出成型及硫化等工序制成的防水卷材。

这类卷材既具有氯化聚乙烯的高强度和优异的耐久性，又具有橡胶的高弹性和高延伸性以及良好的耐低温性能。其性能与三元乙丙橡胶防水卷材相近，使用年限保证10年以上，但价格却低得多。与其配套的氯丁黏结剂，较好解决了与基层黏结问题。属中、高档防水材料，可用于各种建筑、道路、桥梁、水利工程的防水，尤其适用于寒冷地区或变形较大的屋面。单层或复合使用，冷粘法施工。

五、聚氨酯防水涂料

聚氨酯防水涂料有单组分和双组分两类。其中单组分涂料的物理性能和施工性能均不及双组分涂料，故我国自20世纪80年代聚氨酯防水涂料研制成功以来，主要应用双组分聚氨酯防水涂料。双组分聚氨酯防水涂料产品，甲组分是聚氨酯预聚体，乙组分是固化剂等多种改性剂组成的液体，按一定的比例混合均匀，经过固化反应，形成富有弹性的整体防水膜。

聚氨酯防水涂料又分为有焦油型和无焦油型两类。有焦油型聚氨酯防水涂料即是以焦油等填充剂、改性剂组成固化剂。有焦油型聚氨酯防水涂料的耐久性和反应速度、性能稳定性及其他性能指标低于无焦油型聚氨酯防水涂料。

这两类聚氨酯防水涂料形成的薄膜具有优异的耐候性、耐油性、耐碱性、耐臭氧性、耐海水侵蚀性，使用寿命为10~15年，而且强度高、弹性好、延伸率大（可达350%~500%）。

聚氨酯防水涂料与混凝土、马赛克、大理石、木材、钢材、铝合金黏结良好，且耐久性较好。其中无焦油型聚氨酯防水涂料色浅，可制成铁红、草绿、银灰等彩色涂料，且涂膜反应速度易于控制，属于高档防水涂料。主要用于中高级建筑的屋面、外墙、地下室、卫生间、储水池及屋顶花园等防水工程。有焦油型聚氨酯防水涂料，因固化剂中加入了煤焦油，使涂料黏度降低，易于施工，且价格相对较低，使用量大大超过无焦油型聚氨酯防水涂料，但煤焦油对人体有害，不能用于冷库内壁和饮用水防水工程，其他适用范围同无焦油型聚氨酯防水涂料。

六、丙烯酸酯防水涂料

丙烯酸酯防水涂料是以丙烯酸树脂乳液为主，加入适量的颜料、填料等配置而成的水乳型防水涂料。具有耐高低温性好、不透水性强、无毒、无味、无污染、操作简单等优点，可在各种复杂的基层表面上施工，并具有白色、多种浅色、黑色等，使用寿命10~15年。丙烯酸酯防水涂料广泛应用于外墙防水装饰及各种彩色防水层。丙烯酸酯防水涂料的缺点是延伸率较小，为此可加入合成橡胶乳液予以改性，使其形成橡胶状弹性涂膜。

七、聚氨酯建筑密封膏

聚氨酯建筑密封膏是由多异氰酸酯与聚醚通过加聚反应制成预聚体后，加入固化剂、助剂等在常温下交联固化成的高弹性建筑用密封膏。这类密封膏分单组分、双组分两种规格。按产品的流变性分为非下垂型（N型）和自流平型（L）两类。聚氨酯建筑密封膏的标记为PU，按拉伸－压缩循环性能分级别。产品外观应为均匀膏状物，无结皮凝胶或不易分散的固体物。聚氨酯建筑密封膏的理化性能必须符合表7-2的规定。

这类密封膏弹性高、延伸率大、黏结力强、耐油、耐磨、耐酸碱、抗疲劳性和低温柔性好，使用年限长。适用于各种装配式建筑的屋面板、楼地板、墙板、阳台、门窗框、卫生间等部位的接缝及施工密封，也可用于储水池、引水渠等工程的接缝密封、伸缩缝的密封、混凝土修补等。

表7-2　常见合成高分子防水卷材的特点和使用范围

卷材名称	特点	使用范围	施工工艺
三元乙丙橡胶防水卷材	防水性能优异,耐候性好,耐臭氧性、耐化学腐蚀性强,弹性和抗拉强度高,对基层变形开裂的适应性强,质量轻,使用温度范围宽,寿命长,但价格高,黏接材料尚需配套完善	防水要求较高,防水层耐用年限要求长的工业与民用建筑,单层或复合使用	冷粘法或自粘法
丁基橡胶防水卷材	有较好的耐候性、耐油性、抗拉强度和延伸率,耐低温性能稍低于三元乙丙防水卷材	单层或复合使用,适用于要求较高的防水工程	冷粘法施工
氯化聚乙烯防水卷材	具有良好的耐候性、耐臭氧性、耐热老化性、耐油性、耐化学腐蚀性及抗撕裂的性能	单层或复合使用,易用于紫外线强的炎热地区	冷粘法施工
氯磺化聚乙烯防水卷材	延伸率较大,弹性很好,对基层变形开裂的适应性较强,耐高温、低温性能好,耐腐蚀性能优良,难燃性好	适于有腐蚀介质影响及在寒冷地区的防水工程	冷粘法施工
聚氯乙烯防水卷材	具有较高的拉伸和撕裂强度,延伸率较大,耐老化性能好,原材料丰富,价格便宜,容易黏接	单层或复合使用,适用于外露或有保护层的防水工程	冷粘法施工或热风焊接法施工
氯化聚乙烯-橡胶共混防水卷材	不但具有氯化聚乙烯特有的高强度和优异的耐臭氧性、耐老化性能,而且具有橡胶所特有的高弹性、高延伸性以及良好的低温柔性	单层或复合使用,尤宜用于寒冷地区或变形较大的防水工程	冷粘法施工
三元乙丙橡胶-聚乙烯共混防水卷材	是热塑性弹性材料,有良好的耐臭氧和耐老化性能,使用寿命长,低温柔性好,可在负温条件下施工	单层或复合外露防水层面,宜在寒冷地区使用	冷粘法施工

思考题

7-1　石油沥青的性质有哪些?

7-2　石油沥青的应用有哪些?

7-3　与传统的沥青防水卷材相比,高聚物改性沥青防水卷材和合成高分子防水卷材有什么优点?

7-4　为满足防水要求,防水卷材应具备哪些技术性能?

7-5　防水涂料有何特点?适用于什么部位的防水工程?

单元八　有机合成高分子材料

高分子材料的结构决定其性能，对结构的控制和改性，可获得不同特性的高分子材料。高分子材料独特的结构和易改性、易加工特点，使其具有其他材料不可比拟、不可取代的优异性能，从而广泛用于科学技术、国防建设和国民经济各个领域，高分子材料已经在建筑领域广泛应用并大放异彩，并已成为最为重要的材料之一。

课题一　建筑塑料

塑料是一种以高分子聚合物为主要成分，并内含各种助剂，在一定条件下可塑制成一定形状，并在常温下能保持形状不变的材料。

一、塑料的基本组成

塑料的主要成分是高分子聚合物，占塑料总质量的40%～100%，常称为合成树脂或树脂。它是由低分子量有机化合物，经聚合反应或缩聚反应而成的。塑料中所使用的绝大多数是聚合反应制得的合成树脂。助剂能在一定程度上改进合成树脂的成型加工性能和使用性能，而不明显地影响合成树脂的分子结构物质。常用的助剂主要有增塑剂、填充剂、稳定剂、润滑剂、固化剂、阻燃剂、着色剂、发泡剂等。

二、塑料的性质

塑料作为建筑装饰材料，之所以得到广泛应用，是因为它与传统材料相比具有如下优点：

（1）质量轻且比强度（强度/表观密度）大、塑料的密度一般为0.92～2.2 g/cm^3，只有钢材的1/5、铝的1/2、混凝土的1/3，但它的比强度远高于混凝土，接近甚至超过了钢材，是一种轻质高强材料。比强度值越大，说明单位密度所承受的强度越高，即轻质高强。

（2）导热性低。塑料的导热性小，为金属的1/500～1/600，而泡沫塑料的导热性更小，约为金属的1/1 500。所以，塑料是理想的保温绝热材料。

（3）装饰效果好。塑料可以着色，能制成各种颜色的透明或半透明制品，而且经久不退。通过注塑、压模后，塑料制品棱角工整，线条平直，精致优美；采用印刷、压花、烫金和电镀等修饰方法，能做成各种优美逼真的图案。所以，塑料的装饰艺术性强。

（4）良好的加工性。塑料可以塑成各种形状的制品，如薄膜、薄板、管材、门窗型材等，加工性能优良并能大规模生产。

（5）多功能性。塑料的种类很多，只要加入添加剂或改变配方就能改变它的性能，加工出具有特殊性要求的建筑与装饰材料。有的塑料装饰制品可以做成既有装饰性又有隔热、吸声、耐化学腐蚀等多种功能。

(6)经济性。塑料生产的能耗低于传统材料，钢材约 316 kJ/m^3，铝材约 617 kJ/m^3、塑料低于 200 kJ/m^3。塑料水管内壁光滑，比白铁管输水能力高 30%，有明显的经济效益和社会效益。

利用塑料作为建筑材料时，应该注意到它以下的缺点：

(1)易老化。塑料制品在使用过程中受光、热、水、机械力、霉菌及化学物质作用下逐渐降解而内部结构破坏丧失使用性能，此现象叫老化，表现为变色、变硬、变脆、开裂等。

(2)耐热性差、易燃烧。塑料一般都具有受热变形的问题，当塑料遇火时极易起火燃烧，而且在燃烧时还会产生大量的烟雾，甚至生成有毒的气体，增加了扑灭火灾的困难。因此，在设计、施工和使用时应注意这一特性，选用有阻燃性能的塑料，并采取必要的消防措施。

(3)刚度小。塑料是一种黏弹性材料，抗变形能力较差，并且在荷载长期作用下变形随时间的延续而不断增大，故塑料不宜做结构材料。

(4)热膨胀性大。在温差较大的场地使用塑料类复合材料时，要注意变形和变形的不一致性，保证制品能正常使用。

三、塑料的分类及常用品种

塑料在建筑中有着广泛的应用。塑料可作为装修材料，用于制造门窗、楼梯扶手、踢脚板、隔墙等；可以作为装饰材料，如塑料地板、塑料地砖、塑料卷材及塑料墙面材料；可制成涂料，如过氯乙烯溶液涂料、增强涂料等；可作为防水工程材料，如塑料止水带、嵌缝材料、塑料防潮模等；也可制成各种类型的水暖设备，如管道、卫生洁具及隔热隔声材料；还可作为混凝土工程材料及建筑胶粘剂，如塑料模板、聚合物混凝土等。

工程中常用的合成树脂及塑料有下列几种。

(一)聚氯乙烯(简称 PVC)

聚氯乙烯是由氯乙烯单体加聚聚合而得的热塑性线形树脂。经成塑加工后制成的聚氯乙烯塑料，具有较高的黏结力和良好的化学稳定性，也有一定的弹性和韧性，但耐热性和大气稳定性较差。

用聚氯乙烯生产的塑料有软质和硬质两种。软质 PVC 有较好的柔韧性和弹性、较大的伸长率和低温韧性，但强度、耐热性、电绝缘性和化学稳定性较低。软质 PVC 可制成塑料止水带、土工膜、气垫薄膜等止水及护面材料；也可挤压成板材、型材和片材作为地面材料和装饰材料。软管可作为混凝土坝施工的塑料拔管，其波纹管常在预应力锚杆中使用。硬质 PVC 具有良好的耐化学腐蚀性和电绝缘性，且抗拉强度、抗压强度、抗弯强度以及冲击韧性都较好，但其柔韧性不如其他塑料。硬质 PVC 常用做房屋建筑中的落水管、给排水管、天沟及塑钢窗和铝塑管，还可用做外墙护面板、中小型水利工程中的塑料闸门等。

聚氯乙烯乳胶可作为各种护面涂料和浸渍材料，也可制成合成纤维，称为氯纶。

PVC 塑料制品可以焊接、黏接，也可以机械加工，因此在各领域使用很普遍。

(二)聚乙烯(简称 PE)

聚乙烯是由乙烯加聚得到的聚合物。聚乙烯塑料是以聚乙烯为基材的塑料。聚乙烯的特点是强度较高、延伸率较大、耐寒性好、韧性好、无毒、耐腐蚀，常用做塑料管、防水工程材料及装饰材料等。聚乙烯按其密度可分为高密度聚乙烯、中密度聚乙烯及低密度聚乙烯三种。其中,高密度的聚乙烯具有低温性和水锤击适应性能好的特点,但不易黏接;低密度聚乙烯具有良好的热熔连接性能,具有较大的伸长率和较好的耐寒性,价格较便宜,常用于改性沥青。

聚乙烯塑料可制成薄膜,半透明、柔韧不透气,亦可加工成建筑用的板材或管材。

(三)聚苯乙烯(简称 PS)

聚苯乙烯是以苯乙烯为单体制得的聚合物,是合成树脂中最轻的树脂之一,具有耐化学腐蚀性、耐水性和良好的电绝缘性,具有较高的刚性、表面硬度和光泽度,透明性极好。常用做护墙材料、装修材料及装饰涂料等,其主要制品有聚苯乙烯泡沫塑料、光学零件及文具用品。

(四)聚酯树脂(简称 UP)

聚酯树脂是二元或多元酸与二元或多元醇经缩聚而成的树脂的总称,有饱和聚酯树脂和不饱和聚酯树脂两种,工程中常用不饱和聚酯树脂。聚酯树脂可制成黏结剂以生产聚酯砂浆和聚酯混凝土,作为过水建筑物护面材料,具有较高的硬度及耐磨性;还可制成纤维、橡胶及涂料。聚酯树脂能耐一切化学侵蚀,常与玻璃纤维共制成玻璃钢作为结构材料使用。

(五)环氧树脂(简称 EP)

环氧树脂主要由环氧氯丙烷和酚类(如二酚基丙烷)等缩聚而成,本身不会硬化,使用时必须加入固化剂,经室温放置或加热后才能成为不熔、不溶的固体。环氧树脂广泛用做黏结剂、涂料和用于制成各种增强塑料,如环氧玻璃钢等。

环氧树脂加固化剂固化后其脆性较大,常加入增塑剂提高韧性和抗冲击强度。环氧树脂是主要的化学灌浆材料,还可用做装饰材料、卫生洁具和门窗及屋面采光材料。环氧树脂具有较强的抗冲耐磨性,工程中常用于配制抗冲耐磨部位的混凝土或砂浆,但环氧砂浆成本较高、毒性大、施工不便。

(六)呋喃树脂(简称 FR)

呋喃树脂是以糠醇或糠醛等为原料制成的热固性树脂的总称,包括糠醇树脂、糠醛树脂、糠醛丙酮树脂和苯酚糠醛树脂等几种。

呋喃树脂在酸性固化剂作用下,在常温情况下即能固化。呋喃树脂具有不透水性,能耐侵蚀介质及承受拉力荷载的作用,是一种耐火材料,具有较好的黏结力和机械强度,具有很高的电绝缘性和足够的抗冻性,但性能较脆。常用做耐磨蚀涂料、胶粘剂、胶泥和塑料。呋喃树脂涂料常用于木材及混凝土的防腐护面材料,也可用于浸渍混凝土,以提高其抗渗性能。呋喃胶粘剂常用于配制聚合物混凝土和聚合物砂浆,作为防渗抗腐蚀材料,如隧洞衬砌防水或处于侵蚀性介质中的结构防腐。

(七)有机硅树脂(简称 SI)

有机硅树脂是用含三官能团的有机硅单体进行水解缩聚,或用三官能团与双官能团的有机硅单体进行共水解缩聚得到的树脂的总称。有机硅树脂具有较高的耐热和化学稳定性,优良的电绝缘性和非常好的憎水性,同时具有较高的黏结力,低温时抗脆裂性较强,但耐溶剂性较差。常制成胶粘剂、涂料、浸渍剂及耐热和绝缘性较高的塑料。硅胶就是其中的一种胶粘剂。有机硅漆即是以有机硅树脂为主要成膜物质的涂料。

建筑中常用塑料的特性和主要用途列于表8-1中。

表8-1 常用塑料的特性和主要用途

种类		特性	主要用途
热固性塑料	酚醛树脂(PF)	电绝缘性好,耐水、耐光、耐热、耐腐蚀、强度较高	电工器材、黏结剂、涂料
	硬质聚酯树脂(UP)	耐高温、耐寒、耐腐蚀、耐水、电绝缘	耐热绝缘材料、电工器材、黏结剂、涂料等
	硬质聚氯乙烯(PVC)	耐腐蚀、电绝缘、高温和低温强度不高	装饰板、建筑零配件、管道等
	有机硅树脂(SI)	耐腐蚀、电绝缘、绝热、透光	玻璃钢、装饰板、建筑零配件
热塑性塑料	软质聚氯乙烯(PVC)	耐腐蚀、电绝缘性好、质地柔软、强度低	薄板、薄膜、管道、壁纸、墙布、地毯等
	聚乙烯(PE)	耐化学腐蚀、电绝缘、耐水、强度低	薄板、薄膜、管道、电绝缘材料
	聚苯乙烯(PS)	耐化学腐蚀、电绝缘、耐水、不耐热、易燃	水箱、泡沫塑料、各种零配件等
	聚丙烯(PP)	质轻、延性、耐热性好、耐腐蚀、不耐磨、易燃	管道、容器、建筑零件、耐腐蚀板等

课题二 建筑涂料

建筑涂料简称涂料,是涂覆于物体表面,能与基体材料牢固黏结并形成连续完整而坚韧的保护膜,具有防护、装饰及其他特殊功能的物质。建筑涂料能以其丰富的色彩和质感装饰美化建筑物,并能以其某些特殊功能改善建筑物的使用条件,延长建筑物的使用寿命。同时,建筑涂料具有涂饰作业方法简单,施工效率高,自重小,便于维护更新,造价低等优点。因而,建筑涂料已成为广泛应用的装饰材料。

一、建筑涂料的功能和分类

(一)建筑涂料的功能

建筑涂料对建筑物的功能体现在以下几个方面。

1. 装饰功能

建筑涂料的涂层,具有不同的色彩和光泽,它可以带有各种填料,可通过不同涂饰方法,形成各种纹理、图案和不同程度的质感,以满足各种类型建筑物的不同装饰艺术要求,达到美化环境及装饰建筑物的作用。

2. 保护功能

建筑物在使用中,结构材料会受到环境介质(空气、水分、阳光、腐蚀性介质等)的破坏。建筑涂料涂覆于建筑物表面形成涂膜后,使结构材料与环境中的介质隔开,可减缓这种破坏作用，延长建筑物的使用性能；同时涂膜有一定的硬度、强度、耐磨、耐候、耐腐蚀等性质，可以提高建筑物的耐久性。

3. 其他特殊功能

建筑涂料除具有装饰、保护功能外，一些涂料还具有各自的特殊功能，进一步适应各种特殊使用的需要，如防水、防火、吸声隔声、隔热保温、防辐射等。

（二）建筑涂料的分类

建筑涂料的种类繁多，其分类方法常依据习惯方法划分。按主要成膜物质的化学成分分有机涂料、无机涂料和有机－无机复合涂料；按建筑涂料的使用部位分为外墙涂料、内墙涂料、顶棚涂料、地面涂料和屋面防水涂料等；按使用分散介质和主要成膜物质的溶解状况分为溶剂型涂料、水溶性涂料和乳液型涂料等。

二、涂料的组成

涂料中各种不同的物质经混合、溶解、分散而组成涂料。按照涂料中各种材料在涂料的生产、施工和使用中所起作用的不同，可将这些组成材料分为主要成膜物质、次要成膜物质、溶剂和助剂等。

（一）主要成膜物质

主要成膜物质的作用是将涂料中其他组分黏结在一起，并能牢固覆着在基层表面，形成连续均匀、坚韧的保护膜。主要成膜物质具有独立成膜的能力，它决定着涂料的使用和所形成涂膜的主要性能。

建筑涂料所用的主要成膜物质有树脂和油料两类。常用的树脂类成膜物质有虫胶、大漆等天然树脂，松香甘油脂、硝化纤维等人造树脂以及醇酸树脂、聚丙烯酸酯、环氧树脂、聚氨酯、聚磺化聚乙烯、聚乙烯醇缩聚物、聚酯酸乙烯及其共聚物等合成树脂。常用的油料有桐油、亚麻籽油等植物油。

为满足涂料的各种性能要求，可以在一种涂料中采用多种树脂配合，或与油料配合，共同作为主要成膜物质。

（二）次要成膜物质

次要成膜物质是涂料中的各种颜料，是构成涂膜的组分之一。但颜料本身不具备单独成膜的能力，需依靠主要成膜物质的黏结而成为涂膜的组成部分。颜料的作用是使涂膜着色并赋予涂膜遮盖力，增加涂膜质感，改善涂膜性能，增加涂膜品种，降低涂料成本等。

常用的无机颜料有铅铬黄、铁红、铬绿、钛白、碳黑等，常用的有机颜料有耐晒黄、甲苯胺红、酞菁蓝、苯胺黑、酞菁绿等。

（三）溶剂（稀释剂）

溶剂在生产过程中，是溶解、分散、乳化成膜物质的原料；在涂饰施工中，使涂料具有一定的稠度、黏性和流动性，还可以增强成膜物质向基层渗透的能力，改善黏结性能；在涂膜的形成过程中，溶剂中少部分被基层吸收，大部分将逸入大气中，不保留在涂膜内。

涂料所用溶剂有两大类：一类是有机溶剂，如松香水、酒精、汽油、苯、二甲苯、丙酮等；另一类是水。

（四）助剂

助剂是为改善涂料的性能、提高涂膜的质量而加入的辅助材料。助剂的加入量很少，种类很多，对改善涂料的性能作用显著。涂料中常用的助剂，按其功能可分为催干剂、增塑剂、固化剂、流变剂、分散剂、增稠剂、消泡剂、防冻剂、紫外线吸收剂、抗氧化剂、防老化剂、防霉剂、阻燃剂等。

三、常用的有机建筑涂料

常用的有机建筑材料有三种类型。

（一）溶剂型涂料

溶剂型涂料是以高分子合成树脂为主要成膜物质，有机溶剂为稀释剂，再加入适量的颜料、填料及助剂，经研磨而成的涂料。

溶剂型涂料形成的涂膜细腻光洁而坚韧，有较好的硬度、光泽和耐水性、耐候性，气密性好，耐酸碱，对建筑物有较好的保护性，使用温度可以低至零度。它的主要缺点为：易燃，溶剂挥发对人有害，施工时要求基层干燥，涂抹透气性差，价格较贵。

溶剂型涂料常用的品种有：O\W 型及 W\O 型多彩内墙涂料、氯化橡胶外墙涂料、丙烯酸酯外墙涂料、聚氨酯系外墙涂料、丙烯酸酯有机硅外墙涂料、仿瓷涂料、聚氯乙烯地面涂料、聚氨酯－丙烯酸酯地面涂料及油脂漆、清漆、磁漆、聚酯漆等。

（二）水溶性涂料

水溶性涂料是以水溶性合成树脂为主要成膜物质，以水为稀释剂，再加入适量颜料、填料及助剂经研磨而成的涂料。

这类涂料的水溶性树脂可直接溶于水中，与水形成单相的溶液。它的耐水性差，耐候性不强，耐洗刷性差，一般只用于内墙涂料。常用的品种有聚乙丙醇水玻璃内墙涂料、聚乙烯醇缩甲醛内墙涂料等。

（三）乳液型涂料

乳液型涂料又称乳胶漆。它是由合成树脂借助乳化剂的作用，以 0.1～0.5 μm 的极细微粒分散于水中构成的乳胶，并以乳胶为主要成膜物质，再加入适量的颜料、填料助剂经研磨而成的涂料。

这种涂料由于水为稀释剂，价格较便宜，无毒、不燃，对人体无害，形成的涂膜有一定的透气性，涂布时不需要基层很干燥，涂抹固化后的耐水性、耐擦洗性较好，可作为室内外墙建筑涂料，但施工温度一般应在 10 ℃以上，用于潮湿的部位，易发霉，需加防霉剂，涂膜质量不如同一主要成膜物质的溶剂型材料。

乳液型涂料常用的品种有聚醋酸乙烯乳胶漆、丙烯酸酯乳胶漆、苯－丙乳胶漆、聚氨酯乳胶漆等内墙涂料及乙－丙乳胶涂料、氯－醋－丙涂料、苯－丙外墙涂料、丙烯酸酯乳胶漆、彩色砂壁状外墙涂料、水乳型环氧树脂乳液外墙涂料等。

四、无机建筑涂料

无机建筑涂料是以碱金属硅酸盐或硅溶胶为主要成膜物质，加入相应的固化剂，或有机合成树脂、颜料、填料等配制而成的，主要用于建筑物外墙。

与有机建筑涂料相比,无机建筑涂料的耐水性、耐碱性、抗老化性等性能特别优异;其黏结力强,对基层处理要求不是很严格,适用于混凝土墙体、水泥砂浆磨面墙体、水泥石棉板、砖墙和石膏板等基层;温度适应性好,可在较低的温度下施工,最低成膜温度为 5 ℃,负温下仍可固化;颜色均匀,保色性好,遮盖力强,装饰性好;有良好的耐热性,且与火不燃、无毒;资源丰富,生产工艺简单,施工方便等。

无机建筑涂料按主要成膜物质不同,可分为以下两类:

(1)A 类:碱金属硅酸盐及其混合物为主要成膜物质,其代表产品是 JH80 - 1 型无机建筑涂料。

(2)B 类:以硅溶胶为主要成膜物质,其代表产品为 JH80 - 2 型无机建筑涂料。

课题三　建筑胶粘剂

胶粘剂是指具有良好的黏接性能,能把两物体牢固的黏接起来的一类物质。目前,胶粘剂已作为一个独立的新型建材门类而被广泛用于建筑之中。

一、胶粘剂的组成

胶粘剂的品种很多,但其组分一般有以下几种物质。

(一)黏结料

它是胶粘剂的基本组分,其性质决定了胶粘剂的性能、用途和使用工艺。一般胶粘剂是用黏结料的名称来命名的。

(二)稀释剂

稀释剂又称溶剂。其作用是降低胶粘剂的黏度以便于操作,提高胶粘剂的湿润性和流动性。但随着溶剂掺量的增加,黏接强度将下降。

(三)固化剂

固化剂的作用是使某些线性分子通过交联作用形成网状或体型结构,从而使胶粘剂硬化成坚固的胶层。固化剂也是胶粘剂的主要成分,其性质和用量对胶粘剂的性能起着主要作用。

(四)填料

填料一般在胶粘剂中不发生化学反应,但加入填料可以改善胶粘剂的性能,如增加胶粘剂的黏度、强度及耐热性,减少收缩,同时降低其成本。

(五)其他添加剂

为了满足其他特殊要求,还可以掺加增强剂、防霉剂、稳定剂、阻燃剂等。

二、胶粘剂的分类

胶粘剂品种繁多,用途不同,组成各异,可以从不同角度进行分类。常用的是按胶粘剂的化学成分分类,如表 8-2 所示。

表 8-2 胶粘剂按化学成分分类

<table>
<tr><td rowspan="6">有机胶粘剂</td><td rowspan="2">天然胶粘剂</td><td>动物胶:鱼胶、骨胶、虫胶等</td></tr>
<tr><td>植物胶:淀粉、松香、阿拉伯树胶</td></tr>
<tr><td rowspan="4">合成胶粘剂</td><td>热固性树脂胶粘剂:环氧、酚醛、脲醛、有机硅等</td></tr>
<tr><td>热塑性树脂胶粘剂:聚醋酸乙烯酯、乙烯 - 醋酸乙烯酯等</td></tr>
<tr><td>橡胶型胶粘剂:氯丁胶、丁腈胶、硅橡胶等</td></tr>
<tr><td>混合型胶粘剂:酚醛 - 环氧、酚醛 - 丁腈、环氧 - 尼龙等</td></tr>
<tr><td rowspan="3">无机胶粘剂</td><td colspan="2">磷酸盐型</td></tr>
<tr><td colspan="2">硅酸盐型</td></tr>
<tr><td colspan="2">硼酸盐型</td></tr>
</table>

三、影响胶结强度的因素

胶结强度是指单位胶结面积所能承受的能使两个被粘物体分开的最大力。它取决于胶粘剂本身的强度(内聚力)和胶粘剂与被粘物之间的黏附强度(黏附力)。影响胶结强度的因素,就是影响内聚力和黏附力的因素,主要有黏接剂的性质、被粘物的性质、被粘物的表面粗糙度和表面处理方法、被粘物表面被胶粘剂亲润的程度及含水状况、黏接层厚度、黏接工艺、环境因素和接头形式等。

四、常用的胶粘剂

胶粘剂在建筑工程中应用很广,以下仅介绍几种常用的胶粘剂。

(一)万能胶(环氧树脂胶粘剂)

万能胶是以环氧树脂为主要材料,掺加适量固化剂、增强剂、填料和稀释剂等配置而成,也称为环氧树脂胶粘剂。具有黏合力强、收缩性小、稳定性高、耐化学腐蚀、耐热、耐久等优点。对于铁制品、玻璃、陶瓷、木材、塑料、皮革、水泥制品、纤维材料等都具有良好的黏接能力。适用于水中作业和需耐酸碱等场合及建筑物的修补,故俗称万能胶。

(二)107 胶(聚乙烯醇缩甲醛胶粘剂)

聚乙烯醇缩甲醛胶粘剂的商品名称为 107 胶,是以聚乙烯醇和甲醛为主要原料,加入少量盐酸、氢氧化钠和水,在一定条件下缩聚而成的无色透明胶体。

水溶性聚乙烯醇缩甲醛的耐热性好,胶结强度高,施工方便,抗老化性好。107 胶在建筑中应用十分广泛,可用做胶结塑料壁纸、墙布、瓷砖等。在水泥砂浆中掺入少量的聚乙烯醇缩甲醛,能提高砂浆的黏接性、抗渗性、柔韧性,以及具有减少砂浆收缩等优点。

(三)白乳胶(乙酸乙烯乳液胶粘剂)

白乳胶由醋酸乙烯单体聚合而成。其用途之广不亚于 107 胶。乙酸乙烯乳液是一种白色黏稠液体,呈酸性,具有亲水性,且流动性好。在胶粘时可以湿粘或干粘,但内聚力低,耐水性差,干固温度不宜过低或过高。主要用于承受力不太大的胶结中,如纸张、木材、纤维等的胶结。另外,可将其加入涂料中,作为主要成膜物质,也可以加入水泥砂浆中组成聚合物水泥砂浆。

(四)酚醛树脂胶粘剂

酚醛树脂是热固性树脂中最早工业化并用于胶粘剂的品种之一。它的胶结强度高,但必须在加压、加热的条件下进行黏接。酚醛树脂可用松香、干性油或脂肪酸等改性,改性后的酚醛树脂可溶性增加,韧性提高。主要用于胶结纤维板、非金属材料及塑料等。

(五)801 建筑胶(聚乙烯醇缩脲甲醛胶粘剂)

聚乙烯醇缩脲甲醛胶粘剂的商品名称为 801 建筑胶,它是一种经过改性的 107 胶。801 建筑胶是通过在 107 胶的制备过程中加入尿素而制得的,这样可以大大降低对人体有害的游离甲醛的含量,且胶结能力得以增强。801 建筑胶可以替代 107 胶用于建筑工程中,而其胶结强度和耐水性均比 107 胶高。

思考题

8-1 塑料的组分有哪些?它们在塑料中起到什么作用?

8-2 建筑塑料具有哪些优异性能?其主要特性和用途有哪些?

8-3 建筑涂料的主要技术性能有哪些?

8-4 建筑涂料主要有哪几种类型?各有什么特点?

8-5 胶粘剂的技术性能包括哪些?

8-6 选择胶粘剂的原则有哪些?

单元九　绝热材料与吸声材料

课题一　绝热材料

一、绝热材料

导热系数(λ)是材料导热性的一个物理指标。当材料厚度、受热面积和温差相同时，导热系数(λ)值主要取决于材料本身的结构与性质。因此，导热系数是衡量绝热材料性能优劣的主要指标。绝热材料的导热系数越小，通过材料传送的热量就越少，主要用于减少建筑物与环境热交换，从而起到节约能源的效果。建筑工程中使用的绝热材料，一般要求其导热系数不大于0.175 W/(m·K)，表观密度不大于600 kg/m^3，抗压强度不小于0.3 MPa。绝热材料在选用时，除考虑上述基本要求外，还应了解材料的耐久性、耐火性、耐腐蚀性等方面是否满足结构功能的要求。

材料的导热系数取决于材料的组分、内部结构、表观密度，也取决于传热时环境温度和材料的含水量。通常，表观密度小的材料其孔隙率大，因此导热系数小。孔隙率相同时，孔隙尺寸大，导热系数就大；孔隙相互连通比孔隙不连通(封闭)者的导热系数大。对于松散的纤维制品，当纤维制品压实至某一表观密度时，其λ值最小，则该密度为最佳表观密度。纤维制品的表观密度小于最佳表观密度时，表明纤维制品之间的空隙过大，易引起空气对流，因而λ值反而增大。绝热材料受潮后λ值增加，因为水的λ值(0.58 W/(m·K))远大于密闭空气的λ值(0.233 W/(m·K))。当受潮的绝热材料受到冰冻时，其导热系数会进一步增加，因为冰的λ值为2.33 W/(m·K))，比水大。因此，绝热材料应特别注意防潮。

当材料处在0～50 ℃时，其λ值基本不变。在高温时，材料的λ值随温度的升高而增大。对各向异性材料(如木材等)：当热流平行于纤维的延伸方向时，热流受到的阻力小，其λ值较大；而当热流垂直于纤维的延伸方向时，受到的阻力大，其λ值就较小。

绝大多数建筑材料的导热系数介于0.023～3.49 W/(m·K)，通常把λ值不大于0.23 W/(m·K)的材料称为绝热材料，而将其中λ值小于0.14 W/(m·K)的绝热材料称为保温材料。进而根据材料的使用温度范围，将可在0 ℃以下使用的材料称为保冷材料，使用温度超过1 000 ℃者称为耐火保温材料。习惯上，通常将保温材料分为三档，即低温保温材料，使用温度低于250 ℃；中温保温材料，使用温度250～700 ℃；高温保温材料，使用温度700 ℃以上。

绝热材料的选用应符合以下基本要求：

(1)具有较低的导热系数。优质的保温绝热材料，要求其导热系数一般不应大于0.14 W/(m·K)，即具有较高孔隙率和较小的表观密度，一般不大于600 kg/m^3。

(2)具有较低的吸湿性。大多数保温材料吸收水分后，其保温性能会显著降低，甚至会引起材料自身的变质，故保温材料要使之处于干燥状态。

(3)具有一定的承重能力。保温绝热材料的强度必须保证建筑和工程设备上的最低强度要求，其抗压强度大于0.4 MPa。

(4)具有足够的防火防腐能力。

(5)造价低廉，成型和使用方便。

在采暖、空调、冷藏等建筑物中采用必要的绝热材料，能减少热损失，节约能源，降低成本。据统计，绝热良好的建筑，其能源可节省25% ~50%。

二、常用的绝热材料

常用的绝热材料按其成分可分为无机和有机两大类。无机绝热材料是用矿物质原料做成的呈松散状、纤维状或多孔状的材料，可加工成板、卷材或套管等形式的制品。有机绝热材料是用有机原料(如树脂、软木、木丝、刨花等)制成的材料。有机绝热材料的密度一般小于无机绝热材料。无机绝热材料不腐烂、不燃，有些材料还能抵抗高温，但密度较大。有机绝热材料吸湿性大，易受潮、腐烂，高温下易分解变质或燃烧，一般温度高于120 ℃时就不宜使用，但堆积密度小，原材料来源广，成本较低。

(一)无机纤维状绝热材料

这是一类由连续的气相与无机纤维状固相组成的材料。常用的无机纤维有矿棉、玻璃棉等，可制成板或筒状制品。由于不燃、吸声、耐久、价格便宜、施工简便，因而广泛用于住宅建筑和热工设备的表面。

1.玻璃棉及其制品

玻璃棉是用玻璃原料或碎玻璃经熔融后制成的一种纤维状材料。一般的堆积密度为40 ~150 kg/m^3，导热系数小，价格与矿棉制品相近，可制成沥青玻璃棉毡、板及酚醛玻璃棉毡和板，使用方便，因此是广泛用在温度较低的热力设备和房屋建筑中的保温隔热材料，还是优质的吸声材料。

2.矿棉及其制品

矿棉一般包括矿渣棉和岩石棉。矿渣棉所用原料有高炉硬矿渣、铜矿渣和其他矿渣等，另加一些调整原料(含氧化钙、氧化硅的原料)。岩石棉的主要原料是天然岩石，是经熔融后吹制而成的纤维状(棉状)产品。

矿棉具有轻质、不燃、绝热和电绝缘等性能，且原料来源丰富，成本较低，可制成矿棉板、矿棉防水毡及管套等。可用做建筑物的墙壁、屋顶、顶棚等处的保温隔热和吸声。

(二)无机散粒状绝热材料

这是一类由连续的气相与无机颗粒状固相组成的材料。常用的固相材料有膨胀蛭石和珍珠岩等。

1.膨胀蛭石及其制品

蛭石是一种天然矿物，在850 ~1 000 ℃的温度下煅烧时，体积急剧膨胀，单个颗粒的体积能膨胀约20倍。

膨胀蛭石的主要特性是：表观密度 80 ~ 900 kg/m^3，导热系数 0.046 ~ 0.070

W/(m·K),可在1 000~1 100 ℃下使用,不蛀、不腐,但吸水性较大。膨胀蛭石可以呈松散状铺设于墙壁、楼板、屋面等夹层中,作为绝热、隔声之用。使用时应注意防潮,以免吸水后影响绝热效果。

膨胀蛭石也可与水泥、水玻璃等胶凝材料配合,浇制成板,用于墙、楼板和屋面板等构件的绝热。

2. 膨胀珍珠岩及其制品

膨胀珍珠岩是由天然珍珠岩煅烧而成的,呈蜂窝泡沫状的白色或灰白色颗粒,是一种高效能的绝热材料。其堆积密度为40~500 kg/m^3,导热系数0.047~0.070 W/(m·K),最高使用温度可达800 ℃,最低使用温度为-200 ℃。具有吸湿小、无毒、不燃、抗菌、耐腐、施工方便等特点。建筑上广泛用于围护结构、低温及超低温保冷设备、热工设备等处的隔热保温材料,也可用于制作吸声制品。

膨胀珍珠岩制品是以膨胀珍珠岩为主,配合适量胶凝材料(水泥、水玻璃、磷酸盐、沥青等),经拌和、成型、养护(或干燥、固化)后而制成的具有一定形状的板、块、管壳等制品。

(三)无机多孔类绝热材料

无机多孔类绝热材料是由固相和孔隙良好的分散材料组成的,主要有泡沫类和发气类产品。它们整个体积内含有大量均匀分布的气孔(开口气孔、封闭气孔或二者皆有)。

1. 泡沫混凝土

泡沫混凝土由水泥、水、松香泡沫剂混合后经搅拌、成型、养护而成的一种多孔、轻质、保温、隔热、吸声材料。也可用粉煤灰、石灰、石膏和泡沫剂制成粉煤灰泡沫混凝土。泡沫混凝土的表观密度为300~500 kg/m^3,导热系数为0.082~0.186 W/(m·K)。

2. 加气混凝土

由水泥、石灰、粉煤灰和发气剂(铝粉)配制而成的一种保温隔热性能良好的轻质材料。由于加气混凝土的表观密度小(500~700 kg/m^3),导热系数值(0.093~0.164 W/(m·K))比黏土砖小,因而34 cm厚的加气混凝土墙体,其保温隔热效果优于37 cm厚的砖墙。此外,加气混凝土的耐火性能良好。

3. 硅藻土

硅藻土由水生硅藻类生物的残骸堆积而成。其孔隙率为50%~80%,导热系数约为0.060 W/(m·K),因此具有很好的绝热性能。最高使用温度可达900 ℃,可用做填充料或制成制品。

4. 微孔硅酸钙

微孔硅酸钙由硅藻土或硅石与石灰等经配料、拌和、成型及水热处理制成。以托贝莫来石为主要水化产物的微孔硅酸钙,表观密度约为200 kg/m^3,导热系数约为0.047 W/(m·K),最高使用温度约650 ℃。以硬硅钙石为主要水化产物的微孔硅酸钙,其表观密度约为230 kg/m^3,导热系数约为0.056 W/(m·K),最高使用温度可达1 000 ℃。

5. 泡沫玻璃

泡沫玻璃由玻璃粉和发泡剂等经配料、烧制而成。气孔率达80%~95%,气孔直径为0.1~5 mm,且大量为封闭而孤立的小气泡。其表观密度为150~600 kg/m^3,导热系数为0.058 ~0.128 W/(m·K),抗压强度为0.8 ~15 MPa。采用普通玻璃粉制成的泡沫玻璃最高使用温度为300 ~400 ℃,若用无碱玻璃粉生产,则最高使用温度可达800 ~1 000 ℃。其耐久性好,易加工,可满足多种绝热需要。

(四)有机绝热材料

1.泡沫塑料

泡沫塑料是以各种树脂为基料,加入一定剂量的发泡剂、催化剂、稳定剂等辅助材料,经加热发泡而制成的一种具有轻质、绝热、吸声、防振性能的材料。目前,我国生产的有:聚苯乙烯泡沫塑料,表观密度为20 ~50 kg/m^3,导热系数为0.038 ~0.047 W/(m·K),最高使用温度约70 ℃;聚氯乙烯泡沫塑料,表观密度为12 ~75 kg/m^3,导热系数为0.031 ~0.045 W/(m·K),最高使用温度为70 ℃,遇火能自行熄灭;聚氨酯泡沫塑料,表观密度为30 ~65 kg/m^3,导热系数为0.035 ~0.042 W/(m·K),最高使用温度可达120 ℃,最低使用温度为 -60 ℃。此外,还有脲醛泡沫塑料及制品等。该类绝热材料可用做复合墙板及屋面板的夹心层及冷藏和包装等绝热需要。

2.植物纤维类绝热板

该类绝热材料可用稻草、木质纤维、麦秸、甘蔗渣等为原料经加工而成。其表观密度为200 ~1 200 kg/m^3,导热系数为0.058 ~0.307 W/(m·K),可用于墙体、地板、顶棚等,也可用于冷藏库、包装箱等。

3.窗用绝热薄膜(又名新型防热片)

窗用绝热薄膜厚度为12 ~50 μm,用于建筑物窗户的绝热,可以遮蔽阳光,防止室内陈设物退色,降低冬季热量损失,节约能源,增加美感。使用时,将特制的防热片(薄膜)贴在玻璃上,其功能是将透过玻璃的大部分阳光反射出去,反射率高达80%。防热片能减少紫外线的透过率,减轻紫外线对室内家具和织物的有害作用,减弱室内的温度变化程度。

课题二　吸声、隔声材料

在规定频率下平均吸声系数大于0.2 的材料,称为吸声材料。因吸声材料可较大程度地吸收由空气传递的声波能量,在对音响效果有要求的建筑物(如播音室、音乐厅、影剧院等)的墙面、地面、天棚等部位采用适当的吸声材料,能改善声波在室内的传播质量,保持良好的音响效果。隔声材料是能较大程度地隔绝声波传播的材料。

一、材料的吸声性能

物体振动时邻近空气随着振动,振动在气体中传播形成声波。声波接触到材料表面时,一部分被反射,一部分穿透材料,而其余部分则在材料内部的孔隙中引起空气分子与孔壁的摩擦和黏滞阻力,使相当一部分声能转化为热能而被吸收。被材料吸收的声能(包括穿透材料的声能在内)与原先传递给材料的全部声能之比,是评定材料吸声性能好坏的主要指标,称为吸声系数,用下式表示

$$\alpha = \frac{E}{E_0} \times 100\% \tag{9-1}$$

式中 α——材料的吸声系数；

E_0——传递给材料的全部入射声能；

E——被材料吸收(包括透过)的声能。

假如入射声能的70%被吸收,30%被反射,则该材料的吸声系数 α 就等于0.7;当入射声能100%被吸收而毫无反射时,吸声系数等于1。一般材料的吸声系数在0~1之间。

材料的吸声特性,除与材料本身性质、厚度及材料表面的条件(有无空气层及空气层的厚度)有关外,还与声波的入射角及频率有关。一般而言,材料内部的开放连通的气孔越多,吸声性能越好。同一材料,对于高、中、低不同频率的吸声系数不同。为了全面反映材料的吸声性能,规定取125 Hz、250 Hz、500 Hz、1 000 Hz、2 000 Hz、4 000 Hz等六个频率的吸声系数来表示材料吸声的频率特性。吸声材料在上述六个规定频率的平均吸声系数应大于0.2。

多孔吸声材料,其吸声效果受以下因素制约:①材料的表观密度。同种多孔材料,随表观密度增大,其低频吸声效果提高,而高频吸声效果降低。②材料的厚度。厚度增加,低频吸声效果提高,而对高频影响不大。③孔隙的特征。孔隙越多,越均匀细小,吸声效果越好;若材质相同,且均属多孔结构,但对气孔特征的要求不同。绝热材料要求气孔封闭,不相连通,可以有效地阻止热对流的进行;这种气孔越多,绝热性能越好。而吸声材料则要求气孔开放,互相连通,可通过摩擦使声能大量衰减;这种气孔越多,吸声性能越好。这些材质相同而气孔结构不同的多孔材料的制得,主要取决于原料组分的某些差别以及生产工艺中的热工制度和加压大小等。

在规定频率下,平均吸声系数大于0.2的材料,称为吸声材料。因吸声材料可较大程度地吸收由空气传播的声波能量,在播音室、音乐厅、影剧院等的墙面、地面、天棚等部位采用适应的吸声材料,能改善声波在室内的传播质量,保持良好的音响效果和舒适感。

二、常用材料的吸声系数

常用的吸声材料及其吸声系数如表9-1所示,供选用时参考。

三、隔声材料

(一)材料的隔声性

隔声性是指材料隔绝声音的性质。

声波在建筑结构中的传播主要通过空气和固体来实现,根据声波的传播途径,要隔绝的声音分为空气声和固体声。

(一)隔声材料

建筑上把能减弱或隔断声波传递的材料为隔声材料。隔声材料主要用于外墙、门窗、隔断等,人们要隔绝的声音,按其传播途径有空气声(通过空气传播的声音)和固体声(通过固体的撞击或振动传播的声音)两种,两者隔声的原理不同。

对空气声的隔绝,主要是依据声学中的"质量定律",即材料的密度越大,越不易受声波作用而产生振动，因此其声波通过材料传递的速度迅速减弱，其隔声效果越好。所以，隔空气声时，通常选择材质密实、沉重的材料，如黏土板、钢板、钢筋混凝土等。

表 9-1　建筑上常用的吸声材料及吸声系数

分类及名称		厚度（cm）	表观密度（kg/m^3）	各种频率（Hz）下的吸声系数						装置情况
				125	250	500	1 000	2 000	4 000	
无机材料	吸声泥砖	605	—	0.05	0.07	0.10	0.12	0.16	—	贴实
	石膏板（有花纹）	—	—	0.03	0.05	0.06	0.09	0.04	0.06	
	水泥蛭石板	4.0	—	—	0.14	0.46	0.78	0.50	0.60	
	石膏砂浆（掺水泥玻璃纤维）	2.2	—	0.24	0.12	0.09	0.30	0.32	0.83	粉刷在墙上
	水泥膨胀珍珠岩板	5	350	0.16	0.46	0.64	0.48	0.56	0.56	贴实
	水泥砂浆	1.7	—	0.21	0.16	0.25	0.40	0.42	0.48	粉刷在墙上
	砖（清水墙）	53	—	0.02	0.03	0.04	0.04	0.05	0.05	贴实
木质材料	软木板	2.5	260	0.05	0.11	0.25	0.63	0.70	0.70	
	木丝板	3.0	—	0.10	0.36	0.62	0.53	0.71	0.90	钉在木龙骨上，后面留 10 cm 空气层和留 5 cm 空气层两种
	三夹板	0.3	—	0.21	0.73	0.21	0.19	0.08	0.12	
	穿孔五夹板	0.5	—	0.01	0.25	0.55	0.30	0.16	0.19	
	木花板	0.8	—	0.03	0.02	0.03	0.03	0.04	—	
	木质纤维板	1.1	—	0.06	0.15	0.28	0.30	0.33	0.31	
多孔材料	泡沫玻璃	4.4	1 260	0.11	0.32	0.52	0.44	0.52	0.33	贴实
	脲醛泡沫塑料	5.0	20	0.22	0.29	0.42	0.68	0.95	0.94	
	泡沫水泥（外刷粉）	2.0	—	0.18	0.05	0.22	0.48	0.22	0.32	紧靠粉刷
	吸声蜂窝板	—	—	0.27	0.12	0.42	0.86	0.48	0.30	贴实
	泡沫塑料	1.0	—	0.03	0.06	0.12	0.41	0.85	0.67	
纤维材料	矿渣棉	3.13	210	0.10	0.21	0.60	0.95	0.85	0.72	贴实
	玻璃棉	5.0	80	0.06	0.08	0.78	0.44	0.72	0.82	
	酚醛玻璃纤维板	8.0	100	0.25	0.55	0.80	0.92	0.98	0.95	
	工业毛毡	3.0	—	0.10	0.28	0.55	0.60	0.60	0.26	紧靠墙面

对固体声隔绝的最有效措施是断绝其声波继续传递的途径，即在产生和传递固体声波的结构层（如梁、框架与楼板、隔墙，以及它们的交接处等）中加入具有一定弹性的衬垫材料，如软木、橡胶、毛毡、地毯或设置空气隔离层等，以阻止或减弱固体声波的继续传播。

材料的隔声原理与材料的吸声（吸收或消耗转化为声能）原理不同，吸声效果好的疏松多孔材料（有开口连通而不穿透或穿透的孔型）不一定有很好的隔声效果。

思考题

9-1　何谓材料的导热系数？影响材料导热性的因素都有哪些？

9-2　绝热材料为什么总是轻质的？使用时为什么一定要注意防潮？

9-3　试列举几种常用的绝热材料,并指出它们各自的用处。

9-4　何谓吸声材料？材料的吸声系数是什么？

9-5　影响多孔吸声材料吸声性能的因素有哪些？

9-6　吸声材料与隔声材料有何区别？试述隔绝空气声和固体撞击声的处理原则。

单元十　烧结制品与熔融制品

烧结制品是以黏土或者其他矿物粉料为主要原料，经成型、干燥、焙烧而得到的产品。主要产品有烧结普通砖、烧结多孔砖和烧结空心砖，以及建筑饰面用的各种陶瓷制品。

熔融制品是将适当成分的原料经熔融、成型、冷却而得到的产品，主要产品有玻璃及玻璃制品。

课题一　烧结普通砖

一、烧结砖的原料及生产简介

（一）烧结砖原料

烧结砖的原料以黏土为主，还有页岩及一些工业废渣，如粉煤灰、煤矸石和炉渣等。

黏土是由天然岩石（主要是含长石的岩石）经长期风化而成的多种矿物的混合体。主要组成矿物为黏土矿物，成分以高岭石（$Al_2O_3 \cdot 2SiO_2 \cdot 2H_2O$）为主，它赋予黏土以塑性和黏结性；其次是由石英砂、云母、碳酸钙、碳酸镁、铁质矿物，以及一些有机杂质和可溶性盐类等组成的杂质矿物，它使黏土的熔化温度降低。

黏土具有下述特性：

(1)可塑性。黏土与适量水混合后，产生良好的可塑性，能塑制成各种形状的坯体而不发生裂纹，这是黏土制品的一种重要性质。若黏土中黏土矿物组分的含量越高、黏土颗粒越细且级配越好，则可塑性越高。

(2)收缩性。黏土坯体在干燥和焙烧过程中，均会产生体积收缩，前者称为干缩，后者称为烧缩，干缩比烧缩大得多。一般总收缩率为8%～9%。

(3)烧结性和可熔性。将黏土质原料制成坯体，经干燥后入窑焙烧，焙烧过程中发生一系列物理化学变化，重新形成一些合成矿物和易熔硅酸盐类新生物。黏土中的易熔成分开始熔化，出现玻璃体液相并填充于不熔颗粒的间隙将其黏结。此时，坯体的开口孔隙率下降、密实度增加、强度相应提高。黏土这种通过焙烧逐步转变为石质材料的性质称为烧结性。

页岩是一种沉积岩，是原先较为疏松的黏土，由于天然的造岩作用，固结较弱的黏土经挤压、脱水、重结晶和胶结作用而形成的具有一定页片状构造的岩石。生产页岩砖可完全不用黏土。

煤矸石是采煤和洗煤时剔除的废石。适合烧砖的是热值较高的黏土质煤矸石，须粉碎成适当的细度，根据煤矸石的含碳量和可塑性进行配料，焙烧不需外投煤。

粉煤灰是发电厂排出的工业废料，主要成分与黏土相近。粉煤灰的可塑性较差难以成型，一般要掺加30%～70%的黏土作为黏合料。

用煤矸石和粉煤灰制砖，可以利用大量的工业废渣和节约能源。烧结页岩砖以及在原料中掺有不少于30%的煤矸石、粉煤灰生产的烧结砖，是国家提倡发展的新型墙体材料产品，享受国家税收的优惠政策。

（二）烧结砖生产简介

烧结普通砖、黏土空心砖生产工艺流程为：采土→配料调制→制坯→干燥→焙烧→成品。

黏土原料经粉碎，按适当组成调配后，加适量水拌匀成适合成型的坯料，再通过成型可制成各种形状、尺寸的生坯。成型方法主要有：

（1）塑性法。将含水率为15%～25%的可塑性良好的坯料，通过挤泥机挤出一定断面尺寸的泥条，再切割成型。此法适用于成型烧结普通砖和烧结空心砖。

（2）半干压法或干压法。将含水率低（半干压法为8%～10%，干压法为4%～6%）、塑性差的坯料，用压力成型机在钢模中成型。因生坯含水率低，有时不经干燥即可焙烧，简化了工艺。此法适用于生产盲孔多孔砖。

生坯须进行干燥将含水率降低至8%～10%才能入窑焙烧。干燥分自然干燥（先在露天阴干后，再在阳光下晒干）和人工干燥（利用焙烧窑的余热，在室内进行）两类。干燥过程要防止生坯因脱水不均匀或过快而出现干缩裂缝。

焙烧是生产工艺的关键阶段，直接影响产品质量和生产能耗。生坯经焙烧产生强度，具有耐水性和化学稳定性，形成人造石材。焙烧后的黏土吸水率降低，强度、耐水性和抗冻性提高。烧结普通砖及其多孔烧土制品的焙烧温度为950～1 000 ℃，焙烧在窑炉中进行。窑炉按操作方式分连续式和间歇式两种。目前，国内一般都采用连续式（如轮窑、隧道窑等）生产，即装窑、预热、焙烧、冷却、出窑等过程可同时进行。间歇式窑炉其烧成制度可灵活变更，以煅烧不同类型的制品，但热耗大，生产周期长，产量低，劳动强度大，除烧制特殊制品（如仿古制品）外，不宜采用。

二、烧结普通砖

烧结普通砖是以黏土、页岩、煤矸石、粉煤灰等为主要原料，经原料调制、制坯、干燥、焙烧、冷却等工艺而制成的。

（一）烧结普通砖的分类

1. 分类

烧结普通砖因所用的原料不同分为黏土砖（N）、页岩砖（Y）、煤矸石砖（M）、粉煤灰砖（F）等。

2. 质量等级

按砖的抗压强度烧结普通砖可分为MU30、MU25、MU20、MU15、MU10等五个强度等级。强度和抗风化性能合格的砖，根据尺寸偏差、外观质量、泛霜和石灰爆裂分为优等品（A）、一等品（B）和合格品（C）三个质量等级。优等品可用于清水墙和墙体装饰，一等品和合格品可用于混水墙。中等泛霜的砖不能用于潮湿部位。

3. 规格

烧结普通砖的外型为直角六面体，其标准尺寸为240 mm×115 mm×53 mm。其中

240 mm × 115 mm 的面称为大面,240 mm × 53 mm 的面称为条面,115 mm × 53 mm 的面称为顶面。若加上 10 mm 的砌筑灰缝,则 4 块砖长、8 块砖宽、16 块砖厚分别为 1 m,砌筑 1 m^3砖体需 512 块砖,一般再加上 2.5% 的损耗即为计算工程所需用的砖数。

4. 产品标记

砖的产品标记按产品名称、品种、规格、强度等级和标准编号顺序编写。如:规格尺寸 240 mm × 115 mm × 53 mm、强度等级 MU20、一等品的黏土砖,其标记为:烧结普通砖 N MU20 B GB 5101。

(二)烧结普通砖的主要技术性能指标

根据《烧结普通砖》(GB 5101—2003)的规定,强度、抗风化性能和放射性物质合格的砖,根据尺寸偏差、外观质量、泛霜和石灰爆裂分为优等品(A)、一等品(B)和合格品(C)三个质量等级。

烧结普通砖的公称尺寸是 240 mm × 115 mm × 53 mm。通常将 240 mm × 115 mm 面称为大面,240 mm × 53 mm 面称为条面,115 mm × 53 mm 面称为顶面。

在新砌筑的砖砌体表面,有时会出现一层白色的粉状物,这种现象称为泛霜。出现泛霜的原因是砖内含有较多可溶性盐类,这些盐类在砌筑施工时溶解于进入砖内的水中,当水分蒸发时在砖的表面结晶成霜状。这些结晶的粉状物有损于建筑物的外观,而且结晶膨胀也会引起砖表层的疏松甚至剥落。标准规定:优等品无泛霜,一等品不允许出现中等泛霜,合格品不允许出现严重泛霜。

石灰爆裂是指烧结砖的原料中夹杂着石灰石,焙烧时石灰石被烧成生石灰块,在使用过程中生石灰吸水熟化为熟石灰,体积膨胀而引起砖裂缝,严重时使砖砌体强度降低,直至破坏。标准规定:优等品不允许出现最大破坏尺寸大于 2 mm 的爆裂区域;一等品不允许出现最大破坏尺寸大于 10 mm 的爆裂区域,在 2 ~ 10 mm 间爆裂区域,每组砖样不得多于 15 处;合格品不允许出现最大破坏尺寸大于 15 mm 的爆裂区域,在 2 ~ 15 mm 间的爆裂区域,每组砖样不得多于 15 处,其中大于 10 mm 的不得多于 7 处。

抗风化能力指砖在干湿变化、温度变化、冻融变化等气候条件作用下抵抗破坏的能力。通常以其抗冻性、吸水率及饱和系数(此处的饱和系数是指砖在常温下浸水 24 h 后的吸水率与 5 h 沸煮吸水率之比)等指标来判别。

(三)烧结普通砖的优缺点及应用

烧结普通砖具有较高的强度,较好的绝热性、隔声性、耐久性及价格低廉等优点,加之原料广泛、工艺简单,所以是应用历史最久、应用范围最为广泛的墙体材料。另外,烧结普通砖也可用来砌筑柱、拱、烟囱、地面及基础等,还可与轻骨料混凝土、加气混凝土、岩棉等复合砌筑成各种轻质墙体,在砌体中配置适当的钢筋或钢丝网也可制作柱、过梁等,代替钢筋混凝土柱、过梁使用。

烧结普通砖的缺点是生产能耗高、砖的自重大、尺寸小、施工效率低、抗震性能差等,尤其是黏土实心砖大量毁坏土地、破坏生态。从节约黏土资源及利用工业废渣等方面考虑,提倡大力发展非黏土砖。所以,我国正大力推广墙体材料改革,以空心砖、工业废渣砖、砌块及轻质板材等新型墙体材料代替黏土实心砖,这已成为不可逆转的势头。

课题二　烧结多孔砖和烧结空心砖

烧结多孔砖、烧结空心砖与烧结普通砖相比，具有一系列优点。使用这些砖可使建筑物自重减轻1/3左右，节约黏土20%～30%，节省燃料10%～20%，且烧成率高，造价降低20%，施工效率提高40%，并能改善砖的绝热和隔声性能。在相同的热工性能要求下，用空心砖砌筑的墙体厚度可减薄半砖左右。

一、烧结多孔砖

烧结多孔砖是以黏土、页岩、煤矸石、粉煤灰为主要原料，经焙烧而成的孔洞率≥15%，孔的尺寸小而数量多的砖。按主要原料分为黏土砖(N)、页岩砖(Y)、煤矸石砖(M)和粉煤灰砖(F)。烧结多孔砖的孔洞垂直于大面，砌筑时要求孔洞方向垂直于承压面。因为它的强度较高，主要用于六层以下建筑物的承重部位。

根据《烧结多孔砖》(GB 13544—2000)的规定，强度和抗风化性能合格的烧结多孔砖，根据尺寸偏差、外观质量、孔形及孔洞排列、泛霜、石灰爆裂分为优等品(A)、一等品(B)和合格品(C)三个质量等级。

烧结多孔砖为直角六面体，如图10-1所示。其长度、宽度、高度尺寸应符合下列要求：290 mm，240 mm，190 mm，180 mm；175 mm，140 mm，115 mm，90 mm。

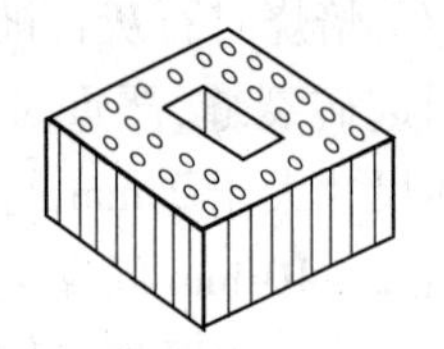

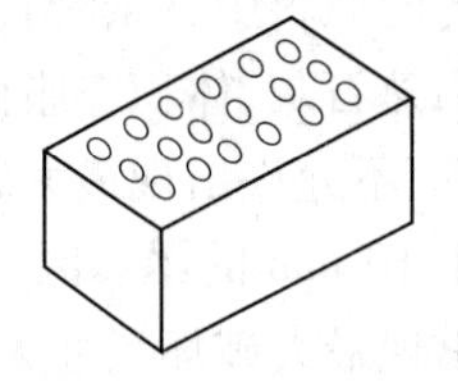

图10-1　烧结多孔砖的外形

烧结多孔砖根据抗压强度分为MU30、MU25、MU20、MU15、MU10五个强度等级，如表10-1。

其尺寸偏差和外观质量如表10-2及表10-3所示。

表10-1　烧结多孔砖的强度等级　（单位：MPa）

强度等级	抗压强度平均值$\bar{f}$≥	变异系数δ≤0.21	变异系数δ>0.21
		强度标准值f_k≥	单块最小抗压强度值f_{min}≥
MU30	30.0	22.0	25.0
MU25	25.0	18.0	22.0
MU20	20.0	14.0	16.0
MU15	15.0	10.0	12.0
MU10	10.0	6.5	7.5

表 10-2　尺寸偏差　（单位:mm）

尺寸	优等品		一等品		合格品	
	样本平均偏差	样本极差≤	样本平均偏差	样本极差≤	样本平均偏差	样本极差≤
290、240	±2.0	6	±2.5	7	±3.0	8
190、180、175、140、115	±1.5	5	±2.0	6	±2.5	7
90	±1.5	4	±1.7	5	±2.0	6

表 10-3　外观质量

项目	优等品	一等品	合格品
颜色(一条面和一顶面)	一致	基本一致	—
完整面,不得少于	一条面和一顶面	一条面和一顶面	—
缺棱掉角的三个破坏尺寸(mm),不得同时大于	15	20	30
裂缝长度(mm),不大于			
大面上深入孔壁 15 mm 以上,宽度方向及其延伸到条面的长度	60	80	100
大面上深入孔壁 15 mm 以上,长度方向及其延伸到条面的长度	60	100	120
条顶面上的水平裂纹	80	100	120
杂质在砖面上造成的凸出高度(mm),不大于	3	4	5

注:1. 为装饰面施加的色差、凹凸纹、拉毛、压花等不算缺陷。
2. 凡有下列缺陷之一者,不能称为完整面:
①缺损在条面或顶面上造成的破坏面尺寸同时大于 20 mm×30 mm。
②条面或顶面上裂纹宽度大于 1 mm,其长度超过 70 mm。
③压陷、焦花、粘底在条面或顶面上的凹陷或凸出超过 2 mm,区域尺寸同时大于 20 mm×30 mm。

二、烧结空心砖

烧结空心砖节能、节土、轻质,其强度、抗震性能、保温隔热性能、施工效率等均优于普通黏土砖。把黏土实心砖逐步改造为空心砖,可利用原有设备,改造资金少,生产厂家容易接受,建筑施工也无需大的改动,适合我国的经济发展水平。在我国,黏土砖较长时间内仍将在墙材中占有较大比例,住宅建筑仍以砖混结构占大多数的情况下,发展和推广应用烧结空心砖和空心砌块制品,是墙材革新和建筑节能的重要内容,是比较适合我国墙材工业现状的墙材革新的突破口和捷径。

(一)非承重烧结空心砖和空心砌块

以黏土、页岩、煤矸石、粉煤灰为主要原料,经焙烧而成的主要用于建筑物非承重部位的称烧结空心砖和空心砌块,前者也称为水平孔空心砖。随着我国城镇高层框架建筑的发展，烧结空心砖和空心砌块不仅仅只起框架的填充作用，还必须具备轻质高强、隔声保温的性能。两者执行同一个国家标准（GB 13545—2003）。砖和砌块的外形为直角六面体，在与砂浆的接合面上设有增加结合力的深度 1 mm 以上的凹线槽。砖和砌块的长度 L、宽度 b 和高度 d 应符合下列要求：390 mm、290 mm、140 mm、90 mm，240 mm、180（175）mm、115 mm；它们的壁厚应大于 10 mm，肋厚应大于 7 mm；孔洞为矩形条孔或其他孔形，且平行于大面和条面。其孔的数量少、尺寸大，孔洞率≥40%。产品的形状见图 10-2。

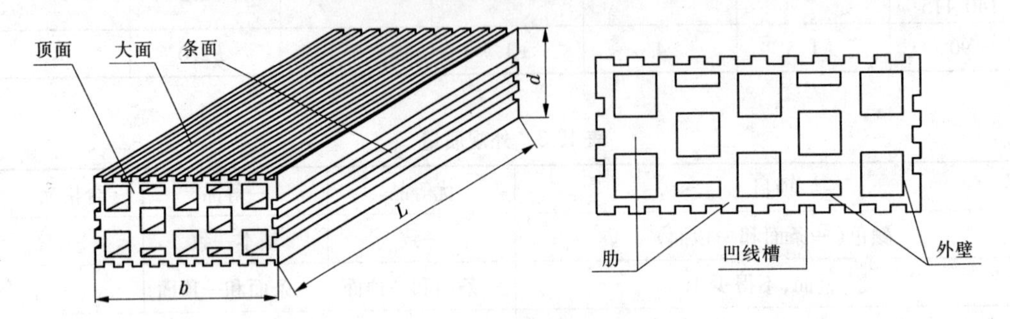

图 10-2　烧结空心砖和空心砌块

墙体材料的孔洞所起的主要作用是隔热保温、隔声吸声、减轻自重和节能节土。提高空心墙体传热的热阻，通常采用以下办法：

（1）增加孔洞的行列。

（2）减小孔壁、肋的厚度。

（3）加长孔壁、肋中的热传导流程。具体做法是将孔洞交错排列，以延长矩形孔的长度，增加热流路线。因此，对孔洞形状及其结构规定：①孔洞率必须≥40%；②孔洞宜采用矩形条孔或其他孔形；③孔洞排数。宽度方向：优等品不少于 7 排或 5 排，一等品不少于 5 排或 4 排，合格品不少于 3 排；高度方向：优等品不少于 2 排，一等品不少于 2 排，合格品无要求。

烧结空心砖和空心砌块的强度等级有 MU10.0、MU7.5、MU5.0、MU3.5、MU2.5 五个级别。

密度是烧结空心砖和空心砌块生产水平的标志，也是重要的用途特征。烧结空心砖和空心砌块在使用中只作为隔热保温、隔声吸声的围护结构，不需承受任何结构荷载，而密度的大小，势必会影响整个建筑的自重荷载（静荷载）（建筑物的墙体自重荷载占整个建筑物总自重荷载的一半以上）。因此，烧结空心砖和空心砌块的密度愈小，即材料的孔隙愈大，导热系数也愈小，其各方面使用性能就愈好，所以密度是衡量烧结空心砖和空心砌块使用性能的一个重要尺度。密度等级分为 800、900、1 000、1 100 四个等级。

原料中掺入煤矸石、粉煤灰及其他工业废渣的砖和砌块，应进行放射性物质检测，放射性物质应符合《建筑材料放射性核素限量》（GB 6566—2001）的规定。产品根据尺寸偏差、外观质量、孔洞排列及其结构、泛霜、石灰爆裂、吸水率分为优等品（A）、一等品（B）和合格品（C）三个质量等级。抗风化性能、放射性物质为合格一种。

（1）泛霜。每块砖和砌块应符合下列规定：优等品无泛霜，一等品不允许出现中等泛霜,合格品不允许出现严重泛霜。

(2)吸水率。应符合表 10-4 的规定。

(3)抗风化性能。严重风化区中的 1、2、3、4、5 地区的砖和砌块必须进行冻融试验,其他地区砖和砌块的抗风化性能当符合表 10-5 的规定时可不做冻融试验,否则必须进行冻融试验。

表 10-4 吸水率 (%)

等级	吸水率	
	黏土砖和砌块、页岩砖和砌块、煤矸石砖和砌块	粉煤灰砖和砌块*
优等品	16.0	20.0
一等品	18.0	22.0
合格品	20.0	24.0

注:* 粉煤灰掺入量(体积比)小于 30% 时,按黏土砖和砌块规定判别。

表 10-5 抗风化性能

分类	饱和系数≤			
	严重风化区		非严重风化区	
	平均值	单块最大值	平均值	单块最大值
黏土砖和砌块	0.85	0.87	0.88	0.90
粉煤灰砖和砌块				
页岩砖和砌块	0.74	0.77	0.78	0.80
煤矸石砖和砌块				

冻融试验后,每块砖或砌块不允许出现分层、掉皮、缺棱掉角等冻坏现象,产品中不允许有欠火砖、酥砖。

烧结空心砖和空心砌块主要是作为非承重填充材料和轻质墙体材料使用,它的使用性能中最重要的特性是非承重、密度较小和孔洞率较大。烧结空心砖质轻、保温性能好、强度高,因只承受自重而不承受建筑物结构荷载,最适合做建筑的保温外墙和隔墙,以及其他结构的轻质保温和复合外围护墙。

(二)应用烧结空心砖的社会经济效益

(1)节能。烧结空心砖生产可缩短干燥和焙烧时间,烧砖的煤耗可节约 1/3 左右。由于烧结空心砖孔洞内充满着隔热性能极佳的空气(在 -20 ~ 20 ℃时空气的导热系数为 0.026 W/(m·K),为砖的 1/30 ~ 1/35),保温性能好。同样厚度的砖,采用烧结空心砖可节省采暖煤耗 35% 左右。

(2)节省土地。烧结空心砖的孔洞率为 40% ~ 50%,烧结多孔砖一般也在 25% 以上,减少了用土量。因此,推广烧结空心砖,可节省大量土地。

(3)减轻运输费用。空心砖表观密度减小,减轻了运输量,节约了运输能耗。

(4)减轻结构自重。烧结空心砖墙体较实心砖墙体自重减轻 30% ~ 35%,有利于结构抗震和地基处理，同时，降低了建筑造价。

(5)增大使用面积。在保证墙体热阻相同的情况下，使用烧结空心砖可使墙厚减薄，如采用烧结多孔砖可增大使用面积6%左右。同时，减少了墙材用量，综合效益好。

(6)提高砌筑效率，节省砂浆用量。烧结空心砖体积大，水平灰缝减少，砌筑砂浆可节省35%，而且抓取次数比实心砖减少30%左右，降低劳动强度，工效可提高40%。

目前，工业国家生产的烧结空心砖已占砖总产量的70%～90%，产品达数百种，常用的有40多种。我国的烧结空心砖产量以及所占比例也在不断提高。

课题三　玻　璃

随着现代建筑的发展，玻璃品种日益增多，其功能也多样化，已远远不再只是采光和围护的材料，而是现代建筑的一种结构材料和装饰装修材料。现在建筑玻璃的深加工已具有控制光线、调节热量、控制噪声和提高建筑艺术装饰等功能，特种玻璃还可起到防辐射、防爆等作用。

玻璃的种类很多，本课题主要介绍建筑中常用玻璃的主要性质和应用。

一、玻璃基本知识

(一)玻璃的生产与分类

玻璃最主要的成分是SiO_2，它的原料主要是石英砂，另外加入含Na_2O、K_2O、PbO、B_2O_5等金属氧化物的矿物原料，在高温下熔融、成型后急剧冷却固化而成。在玻璃生产过程中，加入某些辅助原料(如助熔剂、着色剂等)，或经特殊工艺处理，还可制得具有特殊功能的玻璃。

玻璃种类很多，通常按其化学组成和功能特性进行分类。

1.按化学组成分类

按玻璃的化学组成，可将其分为如表10-6所示的几种。

表10-6　玻璃按化学组成分类及应用

种类	主要组成	应用
钠玻璃	SiO_2、Na_2O、CaO	用于制造普通玻璃和日用玻璃制品
钾玻璃	SiO_2、K_2O、CaO	多用于制造化学仪器、用具和高级玻璃制品
铝镁玻璃	MgO、Al_2O_3、Na_2O	用于制造高级建筑玻璃
铅玻璃	PbO、K_2O、SiO_2	用于制造光学仪器、高级器皿和装饰品等
硼硅玻璃	B_2O_5、SiO_2、MgO	用于制造高级化学仪器和绝缘材料
石英玻璃	SiO_2	用于制造耐高温仪器灯具、杀菌灯等特殊制品

建筑中常用的钠玻璃，又叫钠钙玻璃或普通玻璃，其所含杂质较多，因含有铁杂质使制品带有浅绿色，其软化点较低，力学性质、热性质、光学性质及热稳定性均较差。

2. 按建筑功能分类

(1)平板玻璃。在建筑工程中应用量比较大,主要用于建筑物门窗,起采光作用。

(2)装饰玻璃。包括深加工的平板玻璃(如彩色平板玻璃、釉面玻璃、压花玻璃、喷花玻璃、磨砂玻璃、镭射玻璃、镀膜玻璃、视飘玻璃等)和熔铸制品(如玻璃锦砖、玻璃空心砖、微晶玻璃等)。

(3)安全玻璃。如钢化玻璃、夹丝玻璃、夹层玻璃、钛化玻璃、防弹玻璃等。

(4)节能型玻璃。如吸热玻璃、热反射玻璃、中空玻璃、真空玻璃、低辐射玻璃等。

(5)其他功能玻璃。如隔声玻璃、呼吸玻璃、智能玻璃、屏蔽玻璃等。

(二)玻璃的性质

1. 玻璃的通性

因玻璃属非结晶体的均质材料,故在无内应力时,其物理性质呈现各向同性,如硬度、折射率、热膨胀系数等在各个方向都是相同的,同时玻璃没有固定熔点。

2. 密度

玻璃内部几乎无孔隙,属致密材料。其密度与化学组成有关,在各种玻璃制品中,石英玻璃密度最小,为 2.2 g/cm^3,含有重金属氧化物的玻璃密度较大(如铅玻璃、硼硅玻璃),常用的普通玻璃密度为 2.45 ~2.55 g/cm^3。此外,玻璃的密度随温度升高而降低。

3. 光学性质

光学性质是玻璃最重要的物理性质。光线照射到玻璃表面可以产生透射、反射和吸收三种情况。

光线透过玻璃称为透射,以透射率表示;光线被玻璃阻挡,按一定角度反射出来称为反射,以反射率表示;光线通过玻璃后,一部分光能损失在玻璃内部称为吸收,以吸收率表示。

透射率是衡量玻璃采光能力的指标,它随玻璃厚度增加而减少;玻璃吸收、反射光的能力越强,透射能力就越差。玻璃反射光,对光的波长没有选择性;玻璃吸收光,对光的波长有选择性。可以在玻璃中加入少量着色剂,使其选择吸收某些波长的光,但玻璃的透光性降低。还可以改变玻璃的化学组成来对可见光、紫外线、红外线、X 射线和 γ 射线进行选择吸收。

玻璃对光的透射率、反射率、吸收率与玻璃表面状态、折射率、光线入射角及玻璃表面是否有膜层和膜层的成分、厚度有关。

对于普通照明玻璃,透射率应大些,而反射率应小些;而对于某些装饰玻璃或特殊用途玻璃(如镜子),希望增大反射率,这可以通过表面涂镀反光膜来实现。

4. 热工性质

(1)导热性。玻璃的导热系数很小,常温下与陶瓷制品相当,而远远低于各种金属材料。普通玻璃的导热系数在室温下约为 0.75 W/(m·K),约为铜的 1/400。但随温度的升高导热系数增大。此外,导热性还受颜色、化学组成及密度的影响。

(2)比热容。玻璃的比热容随温度而变,当温度为 15 ~ 100 ℃时,比热容一般为 $0.33\times10^3 \sim 1.05\times10^3$ J/(kg·K)。玻璃的比热容与化学组成有关,如含 PbO 高,其值降低。

(3)热膨胀性。玻璃热膨胀系数与其化学组成及纯度有关,纯度越高,系数越小;成分不同，系数差别很大。在温度变化时，玻璃的不同部位胀缩量不同，从而在内部产生温度应力，致使玻璃破碎。玻璃抵抗温度变化而不破坏的性能，称为热稳定性。玻璃的急热稳定性比急冷稳定性要强一些。玻璃的热膨胀系数越大，其热稳定性越差，越不能承受大的温差。此外，玻璃越厚、体积越大，热稳定性越差；带缺陷（如结石、条文），或表面上出现擦痕或裂纹的玻璃，热稳定性也差。

5. 化学稳定性

玻璃具有较高的化学稳定性，它可以抵抗除氢氟酸外所有酸类的侵蚀，还对碱、盐、化学试剂及气体等具有较强的抵抗能力。但长期遭受侵蚀性介质腐蚀，化学稳定性变差，也能导致变质和破坏。如普通窗玻璃长期使用后，其中的碱性氧化物在潮湿空气中与二氧化碳反应生成碳酸盐，出现表面光泽消失或晦暗，甚至出现斑点和油脂状薄膜等的发霉现象。

通过改变玻璃的化学成分，或对玻璃进行热处理及表面处理，可以提高玻璃的化学稳定性。

6. 力学性质

（1）抗压强度。玻璃抗压强度较高，一般为 600 ~ 1 200 MPa。其值因化学组成不同而有变化。石英玻璃抗压强度较高，钠玻璃、钾玻璃抗压强度较低。

（2）抗拉强度、抗弯强度。玻璃的抗拉强度很小，仅有 40 ~ 80 MPa，不到抗压强度的 1/10。玻璃的抗弯强度是由抗拉强度决定的，故也很低，常为 50 ~ 130 MPa。当温度为 -50 ~ +70 ℃时，玻璃的强度基本不变。

（3）脆性指标。玻璃最大的缺点是其脆性。因其抗拉强度较小而弹性模量又同其断裂强度很接近，故在冲击力作用下极易破碎。其脆性一般用脆性指标来表示，玻璃的脆性指标为 1 300 ~ 1 500（橡胶为 0.4 ~ 0.6，钢为 400 ~ 460，混凝土为 4 200 ~ 9 350）。值越大说明脆性越大。玻璃的脆性也可以由冲击试验确定。

（4）弹性。常温下玻璃具有很好的弹性。如普通玻璃常温下的弹性模量为 60 000 ~ 75 000 MPa，约为钢材的 1/3。随着温度升高，其弹性模量降低，逐渐显现出塑性性能。

（5）硬度。玻璃的硬度较高，其莫氏硬度达 4 ~ 7，一般为 5.5 ~ 6.5，具有一定的耐磨损性。玻璃的硬度也因其工艺、结构而异。

玻璃的力学性质与其化学组成、形状、表面性质和制造工艺有很大关系。玻璃中的各种缺陷（如未熔夹杂物、气泡、节瘤、线道等）或细微裂纹，都会造成应力集中或薄弱环节，试件尺寸越大缺陷存在的越多。玻璃缺陷对抗拉强度的影响非常显著，对抗压强度的影响较小。工艺上造成的外来杂质和波筋（化学不均匀部分）对玻璃的强度有明显影响。

在实际应用中，玻璃制品经常受到弯曲、拉伸和冲击应力，较少受到压缩应力。玻璃的力学性质主要指标是抗拉强度和脆性指标。

（三）建筑玻璃的应用及展望

玻璃作为一种重要的装饰材料，随着人们生活品位的不断提高，其制品在建筑工程装修中的应用范围日益广泛。它具有透光、透视、保温、隔热、隔声及降低建筑物自重的功能，根据玻璃的不同特性，可分别用于门窗、外墙、屋顶的天窗和顶棚、家具以及室内装饰。随着建筑物功能要求的变化，近年来，新型玻璃不断研制和开发出来，其用途也更为广泛。从远景来看，多功能和具有特殊性能的玻璃也将有很大的需求，如能使室内冬暖夏凉的玻璃、能自我清洁的玻璃、不沾水的玻璃、可代替窗帘的玻璃、可呼吸的玻璃等。

二、平板玻璃

平板玻璃主要有引上法(分有槽、无槽两种)、平拉法和浮法三种生产方法。不同方法制得的玻璃,性能和质量也有一些差异。浮法玻璃表面光滑平整、厚度均匀、不变形,质量较好且稳定,占世界平板玻璃总产量的75%以上。同时,对平板玻璃进行深加工,可制成磨砂玻璃、压花玻璃、着色玻璃等,以满足不同的要求。

2010年3月1日开始实施的《平板玻璃》(GB 11614—2009),代替原标准《普通平板玻璃》(GB 4871—1995)、《浮法玻璃》(GB 11614—1999)和《着色玻璃》(GB/T 18701—2002)。该标准对平板玻璃作出了以下技术规定和质量要求。

(一)分类

(1)按颜色属性分为无色透明平板玻璃和本体着色平板玻璃。

(2)按外观质量分为合格品、一等品和优等品。

(3)按公称厚度分为:2 mm、3 mm、4 mm、5 mm、6 mm、8 mm、10 mm、12 mm、15 mm、19 mm、22 mm、25 mm。

(二)质量要求

GB 11614—2009对平板玻璃的尺寸偏差、对角线差、厚度偏差、厚薄差、弯曲程度和外观质量作出了强制性规定。

(1)尺寸偏差。最大允许尺寸偏差±5 mm;若厚度在19 mm以下,还对尺寸≤3 000 mm和>3 000 mm的分别作出规定,最小允许尺寸偏差±2 mm。

(2)对角线差。应不大于平均长度的0.2%。

(3)厚度偏差、厚薄差。标准按公称厚度规定了此两项偏差(本书按绝对值):2~6 mm允许0.2 mm、8~12 mm允许0.3 mm、15 mm允许0.5 mm、19 mm允许0.7 mm、22~25 mm允许1.0 mm。

(4)弯曲程度。应不超过0.2%。

(5)外观质量。对合格品、一等品和优等品,标准除规定不允许出现裂纹、划伤外,还分别对点状缺陷、点状缺陷密集度、划伤、光学变形及断面缺陷作出规定,如表10-7所示。

(6)光学特性。标准对无色透明平板玻璃的可见光透射比限定了最小值,对本体着色平板玻璃的可见光透射比、太阳光直射透射比、太阳能总透射比偏差和颜色均匀性作出了规定。

(三)缺陷术语

1.点状缺陷

点状缺陷是气泡、夹杂物、斑点等缺陷的统称。

气泡为玻璃中的气体夹杂物,有圆形、椭圆形、线状和点状等,气泡影响玻璃的透光度,降低强度,影响视线,使物象变形。

玻璃中还存在疙瘩或砂粒等固体夹杂物,这是玻璃体内最危险的缺陷,它不仅破坏了玻璃制品的外观和光学均一性,而且会大大降低玻璃制品的机械强度和热稳定性,甚至会使制品自行碎裂。

表 10-7　玻璃的外观质量要求

缺陷种类	质量要求			
	尺寸 L(mm)	允许个数限度		
		合格品	一等品	优等品
点状缺陷*（括号内为合格品要求）	$0.3 \leqslant L \leqslant 0.5$		$2 \times S$	$1 \times S$
	$0.5 < (\leqslant) L \leqslant 1.0$	$2 \times S$	$0.5 \times S$	$0.2 \times S$
	$1.0 < L \leqslant 1.5$		$0.2 \times S$	
	$L > 1.0$			0
	$L > 1.5$		0	
	$1.0 < L \leqslant 2.0$	$1 \times S$		
	$2.0 < L \leqslant 3.0$	$0.5 \times S$		
	$L > 3.0$	0		
点状缺陷密集度（括号内依次为合格品、一等品、优等品）	尺寸≥(0.5 mm、0.3 mm、0.3 mm)的点状缺陷最小间距不小于 300 mm，直径 100 mm 圆内尺寸≥(0.3 mm、0.2 mm、0.1 mm)的点状缺陷不超过 3 个			

缺陷种类	等级	允许范围	允许条数限度
划伤	合格品	宽≤0.5 mm，长≤60 mm	$3 \times S$
	一等品	宽≤0.2 mm，长≤40 mm	$2 \times S$
	优等品	宽≤0.1 mm，长≤30 mm	$2 \times S$

缺陷种类	公称厚度	无色透明平板玻璃			本体着色平板玻璃		
		合格品	一等品	优等品	合格品	一等品	优等品
光学变形	2 mm	≥40°	≥50°	≥50°	≥40°	≥45°	≥50°
	3 mm	≥45°	≥55°	≥55°	≥40°	≥50°	≥50°
	4 ~ 12 mm	≥50°	≥60°	≥60°	≥45°	≥55°	≥55°
	≥15 mm		≥55°	≥55°		≥50°	≥50°

缺陷种类	质量要求
断面缺陷	公称厚度不超过 8 mm 时，不超过玻璃板的厚度；8 mm 以上时，不超过 8 mm

注：S 是以平方米为单位的玻璃面积数值，按 GB/T 8170—2002 修约，保留小数点后两位。点状缺陷的允许个数限度及划伤的允许条数限度为各系数与 S 相乘所得的数值，按 GB/T 8170—2002 修约至整数。

＊点状缺陷的光畸变点在合格品中为 0.5 ~ 1.0 mm，在一等品、优等品中不允许有光畸变点。

2. 光学变形

光学变形是在一定角度透过玻璃观察物体时出现变形的缺陷，其变形程度用斑马角来表示。

玻璃中存在的波筋（又称水线），是指平面玻璃表面呈现出的条纹和波纹是一种光学畸变现象，对光的折射或反射产生差异，使物象变形。

3. 断面缺陷

断面缺陷是玻璃板断面凸出或凹进的部分，包括爆边、边部凹凸、斜角、斜边等缺陷。

（四）装饰平板玻璃

随着我国经济和建筑工程的不断发展，建筑装饰装修行业方兴未艾，并逐步形成高潮。特别是近几年以来，建筑装饰玻璃新品种如雨后春笋般层出不穷，并以其多样性、优异性、艺术性和可靠性，广泛用于建筑物内外装饰，特别是居室门窗、墙面、地面和顶面等空间装饰，成为当今的时尚潮流。这些玻璃装饰色彩、花纹和图案的独具匠心，使居室更加富有个性，或晶莹剔透，或富丽堂皇，还可烘托出凝重典雅甚至神秘莫测的氛围，已成为建筑装饰的必备材料之一。

1. 镜面玻璃

镜面玻璃又叫磨光玻璃或白片玻璃，是用平板玻璃经清洗、镀银、涂面层保护漆等工序而成的。主要功能是成像清晰、纯正逼真、亮丽自然、反射率高、色泽还原度好，即使在潮湿环境中也经久耐用，又具有一定的抗蒸汽和抗雾性能。多用于有影像要求的部位，如卫生间、穿衣镜和梳妆台等，也常用做墙面、柱面和吊顶的装饰材料。

2. 磨（喷）砂（花）玻璃

磨砂玻璃又称毛玻璃或暗玻璃，是用普通平板玻璃经机械喷砂、手工研磨或氢氟酸溶蚀等方法将表面处理成均匀毛面而成的。它是一种平板玻璃深加工制品，厚度多在9 mm以下，以5 mm、6 mm居多。

由于表面粗糙，这类玻璃易产生光线漫射，只透光而不透视，作为门窗玻璃可使室内光线柔和，没有刺目之感。一般用于浴室、办公室等需要隐秘和不受干扰的房间；也可用于室内隔断、黑板和作为灯箱透光片使用。喷砂玻璃形成有半透明的雾面效果，具有一种朦胧的美感，故在居室的装修中，还可用于表现界定区域却互不封闭的地方，如在餐厅和客厅之间，可用喷砂玻璃制成一道精美的屏风。

用于办公室时，应使毛面朝内；用于浴室等湿度较大的空间时，应注意毛面朝外，以免润湿后透明。

如果预先在玻璃表面设计好图案，然后进行磨砂或喷砂处理，可制得磨（喷）花玻璃，这类玻璃可根据用户喜好加工成需要的图案，给人以高雅、美观的感觉，具有强烈的艺术装饰效果。多用于制作屏风、隔断、家具、灯具、桌面或玻璃杯、花瓶等艺术品。

3. 彩色玻璃

彩色玻璃又称有色玻璃或饰面玻璃，按透明程度分为透明、半透明和不透明三种。

透明彩色玻璃是在原料中加入一定量的金属氧化物（如氧化铜、氧化钛、氧化铁等）做着色剂，使玻璃具有各种色彩。如加入氧化铜，玻璃为浅蓝色；加入过量的氧化铁，玻璃呈黑色。玻璃表面颜色的深浅随加入金属氧化物的多少而变。透明彩色玻璃具有良好的装饰效果，特别是室外有阳光照射时，室内五光十色、别具一格。

半透明彩色玻璃是在玻璃原料中加入乳浊剂经热处理制成的，所以又称为乳浊玻璃，不透视却透光。

不透明彩色玻璃又称彩釉玻璃，是在4～6 mm厚的平板玻璃表面经喷涂有机色釉或无机色釉，然后进行热处理固色制成的。不透明彩色玻璃既抗冲刷，又耐腐蚀，还易于清洗、不退色、不掉色。

彩色玻璃具有色彩鲜艳、图案丰富和立体感强等特点，风格高雅豪华，并抗磨损和耐酸碱，经太阳光照射和高温也不退色，是现代居室的高档装饰材料。透明彩色玻璃和半透明彩色玻璃可用于居室门窗、隔断及内外墙等对光线有特殊要求的地方。不透明彩色玻璃可用于居室的墙面装饰，可拼成不同图案，表面光洁、明亮或漫射无光，彩色外观看上去很美，有着独特的外观装饰效果。

此外，装饰工程中常用的玻璃还有压花玻璃、雕花玻璃、乳花玻璃、冰花玻璃、蚀刻玻璃、釉面玻璃、镭射玻璃（光栅玻璃）、彩绘玻璃、彩晶玻璃等，品种繁杂，颜色多样，可用于不同的工程部位，以获得相应的艺术效果。

三、节能型玻璃

按新《中华人民共和国节约能源法》的要求，推动建筑节能就要使用节能型材料。我国已在2006年6月1日开始实施国家标准《绿色建筑评价标准》，今后的公共住宅和民用住宅都将严格遵照这一标准，将大量使用节能型建筑材料，其中包括中空玻璃及Low－E玻璃。

能起到节能或兼具装饰功能的玻璃品种有中空玻璃、低辐射镀膜玻璃、真空玻璃、吸热玻璃、热反射玻璃等，这里主要介绍中空玻璃和低辐射镀膜玻璃。

（一）中空玻璃

1. 生产及规格

中空玻璃是将两片或多片玻璃以有效支撑均匀隔开并黏结密封，使玻璃层间形成有干燥气体空间的制品。

两片玻璃用间隔框架隔开，中间形成空腔，四周用高强度、高气密性复合胶粘剂将玻璃与铝合金框和密封条、玻璃条黏结密封，中间充入干燥气体，框内充以干燥剂，以保证玻璃原片间空气的干燥度，还可以涂上各种颜色或不同性能的薄膜。其加工方法分为胶接法、焊接法和熔接法三种，其中以胶接法应用最为普遍。按玻璃层数，有双层和多层之分，一般是双层结构。

玻璃原片可以采用浮法玻璃、夹层玻璃、钢化玻璃、幕墙用钢化玻璃和半钢化玻璃、着色玻璃、镀膜玻璃、压花玻璃、热反射玻璃、吸热玻璃和低辐射玻璃等。高性能中空玻璃的玻璃原片应为低辐射玻璃，还要在中间空气层一侧涂上热性能好的特殊金属膜，以阻隔太阳紫外线射入到室内的能量。安装中空玻璃时，白玻璃一侧应朝向室内。

中空玻璃厚度一般为3 mm、4 mm、5 mm、6 mm、10 mm、12 mm，间隔厚度为6～12 mm。常见的颜色有无色、灰色、蓝灰色、蓝色、绿色、茶色、金色、银灰色、棕色等。《中空玻璃》（GB/T 11944—2002）对不同厚度中空玻璃的形状及最大尺寸、尺寸偏差、外观、密封性能、露点、耐紫外线辐射性能及气候循环耐久性能等作出了规定。

2. 主要性能特点

（1）优良的隔热性能。中空玻璃因留有一定的空腔，而具有良好的保温、隔热性能。与其他常见材料相比，其导热系数较低。玻璃的导热系数约为空气的27倍，只要气密性良好，中空玻璃的隔热效果就能得到保证。

（2）隔声性能良好。中空玻璃的空腔有利于其隔声性能，有效降噪声。一般可使噪声衰减约30分贝，最高可衰减50分贝左右。玻璃较厚的，隔声性能较好；内外两片玻璃厚度不同的，要比厚度相同的更好；中间空气层厚的，隔声效果更好。

（3）避免冬季窗户结露。冬季采暖房间室内侧玻璃表面出现冷凝水的现象就是结露。玻璃结露后将严重影响透视和采光，也使窗框、窗帘、墙壁污损，还会引起一些其他不良后果。使用中空玻璃后，玻璃表面温度内层高、外层低，但因外层玻璃接触的是低温空气，所以不会结露。同时，能使室内保持一定的湿度。

（4）装饰性能。因原片种类不同，故生产的中空玻璃就具有玻璃原片所对应的装饰效果。

3. 应用

中空玻璃由于其良好的隔声、隔热、防结露性能，在隔热效果相同的条件下，用中空玻璃代替部分砖墙或混凝土墙，不仅可以增加采光面积，增加房间的舒适感，而且可以减轻建筑物的质量，简化建筑结构；此外，与双层窗户相比，中空玻璃只需要一套窗框及少量的边框材料，且隔声、隔热性能要优于双层窗户，而其造价比双层窗户要低。在工程中，中空玻璃主要用于需要采暖、空调、防止噪声或结露以及需要无直射阳光和特殊光的建筑物上。广泛用于住宅、饭店、宾馆、办公楼、学校、医院、商店等需要室内空调的场所，也可用于火车、汽车、轮船的门窗等处。

（二）低辐射镀膜玻璃

低辐射镀膜玻璃又称低辐射玻璃、Low－E 玻璃，是一种对波长范围为 4.5～25 μm 的远红外线有较高反射比的镀膜玻璃。它是用在线高温热解沉积法或离线真空溅射法在玻璃表面上镀一层或几层金属、合金或金属氧化物薄膜制得的。国家标准《镀膜玻璃第 2 部分：低辐射镀膜玻璃》（GB/T 14915.2—2002）对其厚度偏差、尺寸偏差、外观质量等 11 项技术要求作出了明确规定。

低辐射玻璃对近红外辐射（波长 0.8～3 μm）的反射率一般在 20%～75%之间；对远红外线的反射率可达 90%；对可见光的透射率高，一般为 80%～90%。白天，它能大量接收太阳的近红外线和可见光进入室内，把光能转化为热能保持在室内，有利于室内温度的提高。晚上，室内温度高于室外温度，室内的物体、墙体发射远红外线，碰到窗上的低辐射玻璃时，则有 90%左右反射回室内，从而起到保温作用。

另外，低辐射玻璃还能滤掉相当多的紫外线，可以有效地防止室内陈设物品、家具等受紫外线照射产生老化、退色等现象。

在任何气候环境下使用低辐射玻璃，均能达到控制阳光、节约能源、热量控制调节及改善环境的作用。低辐射玻璃一般都用于制造中空玻璃，而不单片使用。配有一片低辐射玻璃的中空玻璃主要用于寒冷地区的工业与民用建筑的门、窗和幕墙等部位，起到保温作用，节省能源，降低采暖费用。

在我国，按照国家节能目标和“十一五”十大重点节能工程实施意见的要求，新增建筑将实施 50%的节能目标，这将极大地推动 Low－E 玻璃的应用。预计到 2010 年，Low－E 玻璃需求量可达 2 000 万 m^2 左右。

四、安全玻璃

普通玻璃破碎后产生锋利的刀状尖角，极易对人体造成伤害。安全玻璃破碎后，碎片为均匀的小颗粒且没有刀状尖角，并且兼具防盗、防火功能。相对于普通玻璃而言，安全玻璃力学强度高、抗冲击能力好。主要品种有钢化玻璃、夹层玻璃、均质钢化玻璃等。根据生产时所用玻璃原片不同，安全玻璃也可具有相应的装饰效果。

2004 年 1 月 1 日开始施行的《建筑安全玻璃管理规定》第六条规定，建筑物需要以玻璃作为建筑材料的 11 个部位必须使用安全玻璃。

（一）钢化玻璃

钢化玻璃是经热处理工艺之后的玻璃。其特点是在玻璃表面形成压应力层，机械强度和耐热冲击强度得到提高，并具有特殊的碎片状态。当玻璃受外力作用时，这个压应力层抵消部分或全部拉应力，因而大大提高了强度和抗冲击性能。

钢化玻璃按生产工艺分为垂直法钢化玻璃和水平法钢化玻璃，按形状分为平面钢化玻璃和曲面钢化玻璃。

1. 技术性质

《建筑用安全玻璃 第 2 部分：钢化玻璃》（GB 15763. 2—2005）对以下性质作出了规定：边长允许误差、对角线差、厚度允许偏差、孔径及孔的位置、外观质量、平面玻璃的弯曲度、抗冲击性、耐热冲击性能、碎片状态、表面应力及霰弹袋冲击性能等。

2. 特性

（1）强度高。钢化玻璃强度高，其抗压强度可达 125 MPa 以上，比普通玻璃大 4 ~ 5 倍；抗弯强度是普通玻璃的 4 ~ 5 倍；抗冲击强度也很高，高出普通玻璃很多倍，用钢球法测定时，0. 8 kg 的钢球从 1. 2 m 高度落下，玻璃可保持完好。

（2）安全性高。强度高意味着安全性高，受力后破坏的可能性降低。同时，破坏时碎成细小的、质量轻且不含尖锐棱角的碎片，极大地减少了造成伤害的可能性。

（3）弹性好。钢化玻璃的弹性比普通玻璃大得多，一块 1 200 mm × 350 mm × 6 mm 的钢化玻璃，受力后弯曲挠度达 100 mm 时仍不破坏，当外力撤除后，仍能恢复原状，而普通玻璃弯曲挠度仅几毫米就会破坏。

（4）热稳定性好。在受急冷急热时，玻璃表面虽产生拉应力，但其压应力层抵消部分拉应力，故不易发生炸裂。钢化玻璃使用温度范围比一般玻璃大很多。将钢化玻璃放到 0 ℃环境下保温后，浇上铅液（327.5 ℃）不会破裂。

（5）具有"自爆"特性。这是钢化玻璃的一个缺点，是指钢化玻璃在无外力作用下发生的自身炸裂。因极少数钢化玻璃片中含有硫化镍杂质或结石气泡等缺陷及表面损伤，在应力超过玻璃的承受极限时，玻璃就会自行爆碎。如玻璃钢化后没有进行特殊的热处理，就是这些少数片，可能在几个月内爆碎，也可能在几年后爆碎。

3. 应用

由于钢化玻璃具有较好的机械性能和热稳定性，所以在建筑工程、交通工具、军工及其他领域内得到广泛的应用。平面钢化玻璃常用做高层、超高层建筑及一般建筑物的门窗、隔墙、幕墙、玻璃屋顶、商店橱窗及家具等，曲面钢化玻璃常用于汽车、火车、船舶及飞机等方面。

使用钢化玻璃时，应注意不能进行切割、磨削，边角不能受到碰击挤压，须选择现成的尺寸规格或提出具体设计图纸进加工定制。用于大面积的玻璃幕墙的玻璃，要进行钢化程度控制，选择半钢化玻璃，即应力不能过大，以避免受风荷载引起振动而自爆。此外，钢化玻璃在使用过程中严禁溅上火花；否则，当其再经受风压或振动时，伤痕将会逐渐扩展，导致破碎。

（二）夹层玻璃

夹层玻璃是玻璃与玻璃和（或）塑料等材料，用中间层分割并通过处理使其黏结为一体的复合材料的统称。常见和大多使用的是玻璃与玻璃，用中间层分割并通过处理使其黏结为一体的玻璃构件。按形状分为平面夹层玻璃和曲面夹层玻璃，按霰弹袋冲击性能分为Ⅰ类夹层玻璃、Ⅱ-1类夹层玻璃、Ⅱ-2类夹层玻璃和Ⅲ类夹层玻璃。

1. 技术性质

按照国家标准《建筑用安全玻璃 第3部分：夹层玻璃》（GB 15763.3—2009），夹层玻璃的技术性质主要有：外观质量（包括可视区点、线状缺陷、周边区缺陷、裂口、爆边、脱胶、皱痕和条纹）、尺寸允许偏差（长度和宽度允许偏差、叠差）、厚度（干法、湿法厚度偏差）、对角线差、弯曲度、可见光透射比、反射比、抗风压性能、耐热性、耐湿性、耐辐射性、落球冲击剥离性能、霰弹袋冲击性能。

2. 特性

（1）安全性。夹层玻璃所用PVB、EVA或离子性中间层与玻璃黏结牢固，不论垂直安装、倾斜安装还是架空安装，均能抵挡外力撞击的穿透。一旦受外来冲击破碎时，碎片仍被中间膜黏住，只产生辐射状裂纹和少量碎屑，避免了因玻璃脱落而造成的人身伤害或财产损失；同时，整块玻璃仍保持原来的形状和一定的可见度，在更换新玻璃之前的一段时间内起到了保护作用，继续阻挡外来冲击或风雨的侵入。

（2）保安防范性。夹层玻璃对人身和财产具有保护作用，标准的“二夹一”玻璃能抵挡一般冲击物穿透，用PVB胶片特制的夹层玻璃能抵挡住枪弹、炸弹和暴力的冲击。含有金属化筛网的玻璃，还能做成电子保密玻璃，可替代人们普遍使用的金属防盗门和防护栏，有效防止偷盗和破坏事件的发生。

（3）隔声性。PVB中间膜对声波起阻尼作用，使夹层玻璃能有效地控制声音的传播，起到良好的隔声效果。使用夹层玻璃可以隔绝可穿透普通玻璃的1 000～2 000 Hz的吻合噪声。

（4）控制阳光和紫外线。夹层玻璃能有效地减弱太阳光的透射（可阻挡99%以上紫外线），防止眩光，避免色彩失真，使建筑物获得良好的美学效果，还可保护家具、陈列品或商品免受紫外线的辐射而发生退色。夹层玻璃可吸收紫外线和红外线光谱中的能量，控制热量辐射。因此，夹层玻璃有良好的隔热效能，降低室内空调的能耗。

（5）装饰性。夹层玻璃可用不同透明程度、无色的、本体着色的或镀膜的、表面处理过的玻璃进行制作，因此可达到不同的装饰效果。

从以上特性可以看出，夹层玻璃是一种集安全、节能、环保和装饰于一身的新型建筑与装饰材料。

3. 应用

由于具有很高的抗击强度和使用安全性，夹层玻璃主要用于汽车和飞机挡风玻璃、防弹玻璃，高层建筑的玻璃幕墙、门窗、天花板、地板和隔墙，工业厂房的天窗和某些水下工程，升降式观光电梯、商场宾馆的旋转门，需要特殊保护或保密的场所，如学校、体育馆、医院、银行、金银珠宝店、贵重展品柜、军事设施等。

课题四　建筑陶瓷

陶瓷是陶器与瓷器的总称，是将硅酸盐原料及熔剂原料经过适当的配比、粉碎、成型并在高温焙烧情况下经过一系列的物理化学反应后，形成的坚硬物质。

建筑陶瓷是指建筑物室内外装饰用的较高级的烧土制品，一般经配料、粉碎、造粒、成型、干燥、施釉及烧成等工序。其主要品种有外墙面砖、内墙面砖、地砖、陶瓷锦砖、陶瓷壁画及卫生陶瓷等。

一、陶瓷砖

陶瓷砖是由黏土或其他无机非金属原料制造的用于覆盖地面和墙面的薄板制品，是在室温下通过挤压、干压或其他方法成型，干燥后，在满足性能要求的温度下烧制而成的。它是有釉（GL）的或无釉（UGL）的，而且是不可燃、不怕光的。

建筑上常用的陶瓷砖根据生产工艺及特色可分为釉面砖、通体砖、抛光砖、玻化砖、陶瓷锦砖；根据原料杂质的含量、烧结温度高低和坯体致密程度分为瓷质砖（吸水率 $E \leqslant 0.5\%$）、炻瓷砖（$0.5\% < E \leqslant 3\%$）、细炻砖（$3\% < E \leqslant 6\%$）、炻质砖（$6\% < E \leqslant 10\%$）和陶质砖（$E > 10\%$）五大类；根据吸水率分为低吸水率砖（Ⅰ类，$E \leqslant 3\%$）、中吸水率砖（Ⅱ类，$3\% < E \leqslant 10\%$）和高吸水率砖（Ⅲ类，$E > 10\%$）三类。

从各类需求来看，保温节能砖、吸音砖、抗静电砖、超微粉砖、聚晶微粉砖、聚晶超微粉砖等是建筑陶瓷砖的发展方向。但无论陶瓷砖如何发展，其辐射性都应该引起足够的重视。

（一）性能要求及选用方法

1.性能要求

根据《陶瓷砖》（GB/T 4100—2006）的规定，应分别对室内、室外使用的地砖或墙砖按照《陶瓷砖试验方法》（GB/T 3810.1～16—2006）进行试验，以确定其质量是否合格。

（1）尺寸和表面质量。包括长度和宽度、厚度、边直度、直角度和表面平整度（弯曲度和翘曲度）。

（2）物理性能。包括吸水率、破坏强度、断裂模数、无釉砖耐磨深度、有釉砖表面耐磨性、线性热膨胀、抗热震性、有釉砖抗釉裂性、抗冻性、摩擦系数、湿膨胀、小色差、抗冲击性以及抛光砖光泽度。

（3）化学性能。有（无）釉砖耐污染性、耐高（低）浓度酸和碱化学腐蚀性、耐家庭化学试剂和游泳池盐类化学腐蚀性以及有釉砖铅和镉的溶出量。

2.选用方法

选用陶瓷砖时，主要靠目测检查、简单试验等经验方法判断其质量的优劣。可通过看、掂、听、拼、试几个简单的方法来加以选择。

（1）看：表面是否有黑点、气泡、针孔、裂纹，有无划痕、色斑、缺边、缺角等表面缺陷。

(2)掂:对于同一规格产品,质量好、密度高的砖手感都比较沉。

(3)听:敲击瓷砖,若发出金属质感的清脆响亮声音,瓷砖的质量较好。

(4)拼:将相同规格型号的产品随意取出4片,进行拼铺,检查尺寸大小、平整度、直角度等。

(5)试:看砖的防滑情况,但要注意其表面是否清洁干净、是否无水迹。

(二)釉面内墙砖

釉面内墙砖简称釉面砖,就是指表面经过烧釉处理的砖。根据光泽的不同分釉面砖(干净)和哑光釉(时尚)面砖。根据原材料的不同分为:陶质釉面砖,由陶土烧制而成,吸水率较高,强度相对较低,主要特征是背面为红色;瓷质釉面砖,由瓷土烧制而成,吸水率较低,强度相对较高,主要特征是背面为灰白色。

1. 种类及各自特点

常见釉面砖的主要品种及其特点见表10-8。

表10-8　釉面砖的主要品种及其特点

种类		代号	特点
白色釉面砖		FJ	色纯白,釉面光亮,简洁大方
彩色釉面砖	有光彩色釉	YG	釉面光亮晶莹,色彩丰富雅致
	无光彩色釉	SHG	釉面半无光,不晃眼,色泽一致,色调柔和
装饰釉面砖	花釉砖	HY	在同一砖上施以多种彩釉,经高温烧成,色釉互相渗透,花纹千姿百态,有良好的装饰效果
	结晶釉面砖	JJ	晶花辉映,纹理多姿
	斑纹釉面砖	BW	斑纹釉面,丰富多彩
	大理石釉面砖	LSH	仿天然大理石花纹,颜色丰富,美观大方
图案砖	白地图案砖	BT	在白色釉面砖上装饰各种图案,经高温烧成。纹样清晰,色彩明朗,清洁优美
	色地图案砖	YGT DYGT SHGT	在有光或无光彩色釉面砖上装饰各种图案,经高温烧成,产生浮雕、缎光、彩漆等效果
瓷砖画及色釉陶瓷字砖	瓷砖画	—	以各种釉面砖拼成各种瓷砖字画,或根据已有画稿烧制成釉面砖,拼装成各种瓷砖画,清洁优美,永不退色
	色釉陶瓷字	—	以各种色釉、瓷土烧制而成,色彩丰富,光亮美观,永不退色

2. 性能及应用

釉面砖具有许多优良性能,不仅强度高、防潮、耐污、耐酸碱、绝缘、易清洗、变形小,具有一定的抗急冷急热性能,而且款式多样、釉面光滑、质感细腻、色彩和图案丰富、风格典雅、朴素大方。主要用于厨房、浴室、卫生间、游泳池、实验室、医院等场所的室内墙面、台面等部位。

因釉面砖吸水率较大,坯体吸水后膨胀产生拉应力,若超过釉层的抗拉强度,釉层将开裂,从而不但削弱甚至失去其应有功能,而且因剥落掉皮影响美观,故釉面砖不能用于室外。

3. 使用时的注意事项

釉面砖应储存在干燥室内,并分品种、规格、级别堆放整齐。铺贴前,在清水中浸泡至不冒泡,且不少于2 h,取出晾干至无明水才可进行铺贴。若用干砖,则黏结不牢;而未阴干的有水膜的砖,施工操作不便且易脱落或空鼓。

(三)陶瓷外墙砖

陶瓷外墙砖是指用于装饰与保护建筑物外墙的陶质或炻质类别的面砖。陶瓷外墙砖拥有超强的功能,具有经久耐用、不退色、抗冻、抗蚀和依靠雨水自洗清洁的特点。它不吸附污垢,长期使用也不会变坏,对酸雨也有较强的抵御能力。外墙砖同其他外墙材料相比本身就是抗污较强的建筑材料。如几乎不吸水,不吸收污垢;在1 000 ℃以上高温烧成,半永久性不变坏;有超强的耐酸性和耐碱性,即使酸雨也不受影响。但受使用状态影响,外墙砖也会发生污垢,多数以窗框周围为主。

此外,陶瓷外墙砖还具有地面砖的一些性质,如结构致密、硬度大、抗冲击力强、耐磨等,故多数可用做室内外地砖。

陶瓷外墙砖色彩丰富、品种繁多,分有釉和无釉两类,均饰以各种颜色或图案。釉面一般为单色、无光或弱光泽。主要有彩釉砖、劈离砖、彩胎砖、陶瓷艺术砖、金属光泽釉面砖、陶瓷锦砖(也称马赛克)等品种。

陶瓷外墙砖使用过程中,或因为施工问题,或因为砖本身质量问题,或因天气原因,面砖脱落砸伤行人的事件也屡见不鲜,面砖在给居民带来不安全隐患的同时还不方便维修,斑驳的墙面严重影响建筑物的外观以及城市的形象。

节能环保是当前世界各国的主流,2008 年 4 月 1 日开始实施的新修订的《中华人民共和国节约能源法》提出要在工业、建筑、交通运输等方面节约能源,也就是说新建房屋须有节能措施、保温工程。由于陶瓷外墙砖的自重较大,对保温材料的承重能力要求较高,这无形中增加了保温系统的成本,而且安全隐患更为严重。同时,贴陶瓷外墙砖的保温系统,面砖脱落后还会造成透寒,影响建筑的保温节能效果。此外,陶瓷外墙砖在环保、生产、装饰、施工、对建筑的保护等方面都存在明显的不足,而且在生产过程中对土壤、煤炭等不可再生资源的消耗也相当大,价格相对来说也较高,增加了建筑成本。

以上各原因,都限制和阻碍着陶瓷外墙砖的发展,但同时陶瓷外墙砖的应用前景也更加广阔,比如具有保温、发光、雨天变色等功能的功能性的陶瓷外墙砖。

(四)陶瓷地面砖

陶瓷地面砖简称地砖,是一种大面积铺设用以装饰地面的陶瓷材料,利用自身的颜色、质地营造出风格迥异的居室环境。

现在市场上陶瓷地面砖的种类很齐全,花色品种非常多,可供选择的余地很大,通常分为釉面砖、通体砖(防滑砖)、抛光砖、玻化砖、陶瓷锦砖、超微粉砖、聚晶微粉砖、聚晶超微粉砖等。色彩明快的玻化砖装饰现代的家居生活,沉稳古朴的釉面砖放在中式、欧式风格的房间里相得益彰,马赛克的不同材质、不同拼接运用为居室添加万种风情,而创意新颖、气质不俗的花砖又起到画龙点睛的作用。

釉面砖在上面部分已有介绍,这里再补充一下有釉地砖的耐磨性分级及适用范围。《陶瓷砖》(GB/T 4100—2006)规定,经标准试验方法 GB/T 3810.7—2006 检验后,有釉地砖耐磨性分为 5 级:0 级不适用于铺贴地面;1 级适用于柔软的鞋袜或不带有划痕灰尘的光脚使用的地面(如没有直接通向室外通道的卫生间或卧室用的地面);2 级适用于柔软的鞋袜或普通鞋袜使用的地面(如家中起居室,但不包括厨房、入口处和其他有较多来往的房间);3 级适用于平常的鞋袜或带有少量划痕灰尘的地面(如家庭的厨房、客厅、走廊、阳台、凉廊和平台);4 级适用于有划痕灰尘或来往行人频繁的地面,使用条件比 3 级地砖恶劣(如入口处、饭店的厨房、旅店、展览馆和商店等);5 级适用于来往行人非常频繁并能经受划痕灰尘的地面,甚至于在使用环境较恶劣的场所(公共场所如商务中心、机场大厅、旅馆门厅、公共过道和工业应用场所等)。

通体砖由瓷土制成,表面不上釉,正面和反面的材质和色泽一致。通体砖是一种耐磨砖,虽然现在还有渗花通体砖等品种,但相对来说,其花色比不上釉面砖。由于目前的室内设计越来越倾向于素色设计,所以通体砖也越来越成为一种时尚,被广泛使用于厅堂、过道和室外走道等装修项目的地面,而多数的防滑砖都属于通体砖。

抛光砖就是通体砖的表面经过打磨而成的一种光亮的砖种。抛光砖属于通体砖的一种。相对于通体砖的平面粗糙而言,抛光砖就要光洁多了。抛光砖性质坚硬耐磨,适合在除洗手间、厨房和室内环境外的多数室内空间中使用。在运用渗花技术的基础上,抛光砖可以做出各种仿石、仿木效果,且色差比石材小,坚硬度也超过石材,制造成本高,价钱比石材贵。抛光砖有一个致命的缺点是易脏。这是抛光砖在抛光时留下的凹凸气孔造成的,这些气孔会藏污纳垢,以致抛光砖谈污色变,甚至一些茶水倒在抛光砖上都回天无力。抛光砖的最大优点是:第一,通体材质相同、坚硬耐磨,产品全部瓷化、结构致密、不变形、不变色;第二,吸水率低,防污易清洁;第三,表面抛光如镜,历久尤新。

玻化砖其实就是全瓷砖。其表面光洁但又不需要抛光,所以不存在抛光气孔的问题,且解决了抛光砖易脏的问题。玻化砖是一种强化的抛光砖,它采用高温烧制而成,质地比抛光砖更硬更耐磨。

陶瓷锦砖是用于地面或墙面的小块瓷质装修材料。可制成不同颜色、尺寸和形状,并可拼成一个图案单元,粘贴于纸或尼龙网上,以便于施工。其分有釉和无釉两种。用来铺砌家居中的厨房、浴室,或公众地方的大堂、游泳池等,因其面积小巧,铺砌做地板,不易让人滑倒,特别适用湿滑环境。

超微粉砖属于玻化砖的一个系列,所使用的坯体原料颗粒研磨非常的小,通过电脑随机布料制坯经过高温高压煅烧,然后经过表面抛光而成。聚晶微粉砖是在微粉的基础上,在烧制的过程中融入了一些晶体熔块烧制而成的,也可以说是超微粉砖的升级产品。聚晶超微粉砖除具备超微粉砖的特点(如耐磨性能好、抗折强度高、吸水率低等)外,在外观上产品的立体效果更加突出,更加接近于天然的石材。

二、卫生陶瓷

卫生陶瓷也称卫生洁具，是用于住宅和公共建筑卫生设备的有釉陶瓷制品。由黏土或其他无机物质经混炼、成型、高温烧制而成，吸水率≤0.5%的为瓷质，8.0%≤吸水率<15.0%的为陶质。一般用于卫生间、厨房和实验室等场所。

(一)分类

卫生陶瓷主要有洗面器、洗涤槽、便器、净身器、水箱及盥洗室内的一些零件(如衣钩、肥皂盒)等产品，各产品均有许多不同款式、结构和功能。按安装方式，洗面器分为台式、立柱式和壁挂式，洗涤槽分台式和壁挂式，净身器分落地式和壁挂式。便器的分类方法和种类较多，从品种上分有坐便器(挂箱式、坐箱式、连体式和冲洗阀式)、蹲便器(挂箱式和冲洗阀式)和小便器；从结构上，坐便器分为冲落式、虹吸式、喷射虹吸式和旋涡虹吸式，小便器分为冲落式和虹吸式。

(二)技术要求

《卫生陶瓷》(GB 6952—2005)对卫生陶瓷的外观质量(包括釉面、外观缺陷和色差)、最大允许变形、尺寸(包括尺寸允许偏差、重要尺寸和推荐尺寸)、吸水率及抗裂性作出了详细规定。

卫生陶瓷的外观缺陷主要有开裂、坯裂、釉裂、熔洞、大(小)包、大(小)花斑、色斑、坑包、棕眼、釉泡、斑点、波纹、缩釉、缺釉、磕碰、釉缕、桔釉、釉粘、坯粉、落脏、剥边、烟熏、麻面等。

(三)选购

挑选陶瓷卫生洁具时应掌握可见面与非可见面有不同的要求。可见面是指瓷件安装后，人们容易看见的表面，可见面质量应严格把关，特别是在使用时水能溅湿的部位质量更为重要，而安装后看不见的面其质量就可不用过于挑剔。可通过“看”、“摸”、“听”和“试”四个步骤进行选购。

一看：在较强光线下，从侧面仔细观察卫生洁具表面的反光，表面没有或少有砂眼和麻点的为好。

二摸：可用手在表面轻轻摩擦，感觉非常平整细腻的为好。

三听：可用一细棒轻轻敲击边缘，声音清脆则质量较好，当有“沙哑”声时证明瓷件有裂纹。

四试：主要是在考察吸水率和变形大小。

在釉面上滴带色液体数滴用布擦匀，数秒钟后用湿布擦干，检查釉面，无脏斑点说明吸水率较小，质量较好。陶瓷吸水后易使釉面因膨胀而龟裂。而对于坐便器，如果吸水率高，则很容易将水中的脏物和异味吸入陶瓷，时间一长就会产生无法去除的异味。

将瓷件放在平整的平台上，各方向活动检查是否平稳匀称，安装面及瓷件表面边缘是否平正，安装孔是否均匀圆滑，以检查尺寸是否准确、变形的大小。

三、建筑琉璃制品

建筑琉璃制品是以黏土为主要原料，经成型、施釉、烧成而制得的用于建筑物的瓦类、脊类、饰件类陶瓷制品。既可用于屋面、屋檐和墙面装饰，又可作为建筑构件使用。

建筑琉璃制品具有浓厚的民族艺术特色，融装饰与结构件于一体，集釉质美、釉色美和造型美于一身，是东方人精致、细腻、含蓄的体现，是思想情感与艺术的融会。按品种分为三类：瓦类、脊类、饰件类。瓦类部分根据形状可进一步分为板瓦、筒瓦、滴水瓦、沟头瓦、J形瓦、S形瓦和其他异形瓦等，是专供屋面排水和防漏的防水材料。脊类是构成各种屋脊的材料，有正脊筒瓦、垂脊筒瓦、岔脊筒瓦、围脊筒瓦、博脊连砖、群色条、三连砖、扒头、撺头、当沟、押带条等数十种。饰件类是纯装饰性的材料，有正吻、垂兽、岔兽、合角兽、套兽、仙人、走兽等。

建筑琉璃制品执行标准《建筑琉璃制品》(JC/T 765—2006)，主要性能指标有：

(1)尺寸允许偏差。$L(b)<250$ mm 时允许偏差 ±2 mm，$L(b)\geqslant350$ mm 时允许偏差 ±4 mm，其间允许偏差 ±3 mm。

(2)外观质量。表面缺陷(如磕碰、烟熏、斑点等)不明显；$L(b)<250$ mm 时变形不大于 6 mm，$L(b)\geqslant350$ mm 时变形不大于 8 mm，其间变形不大于 7 mm；不允许出现分层和贯穿裂纹，非贯穿裂纹不大于 30 mm。

(3)吸水率：不大于 12%。

(4)弯曲破坏荷重：不小于 1 300 N。

(5)抗冻性能：经 10 次冻融循环不出现裂纹或剥落。

(6)耐急冷急热性能：经 10 次耐急冷急热循环不出现炸裂、剥落及裂纹延长现象。

因建筑琉璃制品脆性较大，故在运输、装卸、使用过程中应轻拿轻放，避免碰撞，严禁摔扔；在储存时应按品种、规格、色号分别整齐堆放。

思考题

10-1 现代建筑中玻璃分为哪几类？有哪些用途？

10-2 玻璃的力学性质包括哪些？主要指标是什么，为什么？

10-3 中空玻璃有哪些特点？适合于什么环境下使用？

10-4 安全玻璃的安全性体现在什么方面？

10-5 钢化玻璃及夹层玻璃各有何特点，主要应用有哪些？

10-6 什么是建筑陶瓷？主要品种有哪些？

10-7 选用陶瓷砖时，可通过哪些方法进行简易鉴别？

10-8 釉面内墙砖有何特点？为何不能用于室外？

10-9 陶瓷外墙砖及陶瓷地面砖各有哪些种类？

10-10 什么是建筑琉璃制品，主要用处是什么？

单元十一　木　材

木材的应用历史悠久,是人类最早使用的建筑与装饰材料之一。我国古建筑中大量使用的木材,在木材建筑技术和木材装饰艺术上都有很高的水平和独特的风格。而时至今日,木材在建筑结构、装饰上的应用仍不失其重要地位,并以它质朴、典雅的特有性能和装饰效果,在现代建筑的新潮中,为我们创造了一个个自然美的生活空间。

木材作为建筑与装饰材料,具有许多优良性能:如轻质高强,即比强度高;对电、热的传导极小,绝缘性能好;无毒性;有较高的弹性和韧性,耐冲击和振动;易于加工;保温性好;在干燥环境或在适当的保养条件下,有较好的耐久性;大部分木材都具有美丽的纹理,装饰性好等。但木材也有缺点:如内部构造不均匀,各向异性;湿胀干缩,易随周围环境湿度变化而改变含水量,引起膨胀或收缩,处理不当易翘曲和开裂;易腐朽及虫蛀;易燃烧;天然疵病较多等。然而,由于现代加工工艺的参与,这些缺点将逐步消失或得到减轻。

我国森林覆盖面积小,木材资源短缺,木材的生产周期长,需求量又大,因此在工程中要对木材合理使用,尽量节约木材。

课题一　木材的分类和构造

一、木材的分类

(一)按树叶分

木材的树种很多,按树叶的不同,可分为针叶树和阔叶树两大类。

1. 针叶树

针叶树树叶细长如针,多为常绿树,树干通直而高大,纹理平顺,材质均匀,木质较软而易于加工,故又称"软木材"。针叶树强度较高,表观密度和胀缩变形较小,常含有较多的树脂,耐腐蚀性较强。针叶树木材是主要的建筑用材,主要用做承重构件、装修材料,常用的针叶树有冷杉、杉木、柏木、红松、落叶松、云杉等。

2. 阔叶树

阔叶树树叶宽大,叶脉成网状,大都为落叶树,树干通直部分一般较短,树杈较大,大部分树种的表观密度大,材质较硬,加工较难,故又称"硬木材"。阔叶树材较重,强度高,板材通常美观,具有很好的装饰效果。这种木材胀缩和翘曲变形大,易开裂,建筑上常用做尺寸较小的构件。有的硬木经过加工后具有美丽的纹理,适用于室内装修、制作家具和胶合板等,常用的树种有榉木、柞木、榆木、水曲柳以及质地较软的桦木、椴木等。

(二)按加工程度分

为了合理用材,按加工程度和用途的不同,木材可分为原条、原木、板方材等。

1. 原条

原条是指只经修枝、剥皮,没有加工造材的伐倒木。

2. 原木

原木是由原条按一定尺寸加工成规定长度的木材。

3. 板方材

板方材是指按一定尺寸锯解,加工成的板材和方材。

板材,是指截面宽度为厚度的3倍以上者;方材,是指截面宽度不足厚度的3倍者。

二、木材的构造

木材属于天然建筑材料,其树种及生长条件的不同,构造特征有显著差别,这些差别影响木材的性质。木材的构造可分为宏观构造和微观构造两个方面。

(一)木材的宏观构造

木材的宏观构造,是指用肉眼或放大镜所能看到的木材组织。图11-1显示了木材的三个切面,即横切面(垂直于树轴的面)、径切面(通过树轴的纵切面)和弦切面(平行于树轴的纵切面)。由图11-1可见,木材由树皮、木质部和髓心等部分组成。

树皮由外皮、软木组织和内皮组成,起保护树木的作用,在建筑上用处不大。髓心在树干中心,质松软,强度低,易腐朽和被虫蛀蚀。对材质要求高的用材不得带有髓心。木质部是木材的主要部分,靠近髓心颜色较深的部分,称为心材;靠近横切面外部颜色较浅的部分,称为边材;在横切面上深浅相同的同心环,称为年轮,树木每年生长一圈。年轮由春材(早材)和夏材(晚材)两部分组成。春材颜色较浅,组织疏松,材质较软;夏材颜色较深,组织致密,材质较硬。相同树种,夏材所占比例越多木材强度越高,年轮越密而均匀,材质就越好。从髓心向外的辐射线,称为髓线。髓线与周围联结弱,木材干燥时易沿此线开裂。

(二)木材的微观构造

木材的微观构造,是指用显微镜所能观察到的木材组织。在显微镜下,可以看到木材是由无数管状细胞结合而成的,如图11-2所示。

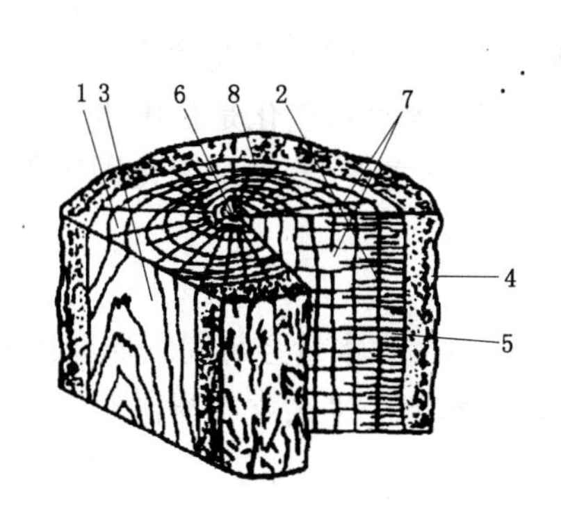

1—横切面;2—径切面;3—弦切面;4—树皮;
5—木质部;6—髓心;7—髓线;8—年轮

图11-1 木材的宏观构造

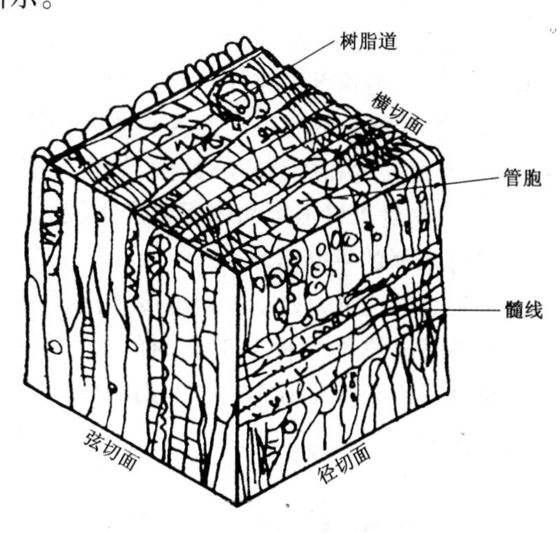

图11-2 针叶树微观构造

每个细胞都有细胞壁和细胞腔两个部分。细胞壁由若干层纤维组成，其纵向连接较横向牢固，纤维之间有微小的空隙能渗透和吸附水分。针叶树材的显微结构较简单而规则，它由管胞、髓线、树脂道组成，髓线较细而不明显。阔叶树材的显微结构较为复杂，主要由导管、木纤维及髓线组成。阔叶树材的髓线发达，粗大而明显。髓线是鉴别针叶树和阔叶树的主要标志。

课题二　木材的基本性质

一、密度和表观密度

（一）密度

由于木材的分子结构基本相同，因此木材的密度几乎相等，平均约为 1.55 g/cm^3。

（二）表观密度

木材的表观密度因树种及含水率不同而不同，在常用木材中表观密度介于 300～800 kg/m^3。木材的孔隙率高达 50%～80%，故密度与表现密度相差较大。

二、导热性

木材具有较小的表观密度、较多的孔隙，是一种良好的绝热材料，表现为导热系数较小；但木材的纹理不同，即各向异性，使得方向不同时，导热系数也有较大差异。如松木顺纹纤维测得 $\lambda = 0.3$ W/(m·K)，而垂直纤维 $\lambda = 0.17$ W/(m·K)。

三、含水率

含水率是指木材中所含水的质量与木材干燥后质量的百分比。

（一）木材的纤维饱和点

木材中的水分可分为细胞壁中的吸附水和细胞腔与细胞间隙中的自由水两部分，当木材细胞壁中的吸附水达到饱和，而细胞腔与细胞间隙中无自由水时的含水率，称为纤维饱和点。纤维饱和点因树种而异，一般为 25%～35%，平均为 30%，它是含水率是否影响强度和胀缩性能的临界点。如含水率在纤维饱和点之上，含水量变化是自由水含量的变化，它对木材强度和体积影响甚微；如含水率在纤维饱和点之下，含水量变化即吸附水含量的变化，它对木材强度和体积将产生较大的影响。

（二）木材的平衡含水率

如果木材长时间处于一定温度和湿度的空气中，木材的含水量会与周围环境相平衡，达到相对恒定的含水率，这时木材的含水率称为平衡含水率。平衡含水率随空气湿度的变大和温度的变低而增大；反之，则减少。

四、湿胀与干缩

当木材从潮湿状态干燥至纤维饱和点时，其尺寸并不改变。当干燥至纤维饱和点以下时，细胞壁中的吸附水开始蒸发，木材发生收缩；反之，干燥木材吸湿后，将发生膨胀，直到含水率达到纤维饱和点，此后木材含水率继续增大，也不再膨胀。由于木材构造的不均匀性，木材不同方向的干缩湿胀变形明显不同。纵向干缩最小，为 0.1% ~0.35%，径向干缩较大，为3% ~6%，弦向干缩最大，为6% ~12%，因此湿材干燥后，其截面尺寸和形状都会发生明显的变化。干缩对木材的使用有很大影响，它会使木材产生裂缝或翘曲变形，以至引起木结构的结合松弛、装修部件的破坏等。为避免这些不良现象，应对木材进行干燥处理，使木材的含水率与其工作环境相适应。

五、强度

建筑上通常利用的木材强度，主要有抗压强度、抗拉强度、抗弯强度和抗剪强度，并且又有顺纹与横纹之分。每一种强度在不同的纹理方向上均不相同，木材的顺纹强度与横纹强度差别很大。

常用阔叶树的顺纹抗压强度为49 ~56 MPa，常用针叶树的顺纹抗压强度为33 ~40 MPa。

课题三　人造板材

人造板材是利用木材加工过程中剩下的边皮、碎料、刨花、木屑等废料进行加工处理而制成的板材。人造板材主要包括胶合板、宝丽板、纤维板、细木工板、刨花板、木丝板和木屑板等几种。

一、胶合板

胶合板是用原木旋切成薄片，再用胶粘剂按奇数层数，以各层纤维互相垂直的方向，黏合热压而成的人造板材。胶合板的层数一般为 3 ~13 层，工程中常用的是三合板和五合板。我国目前主要采用水曲柳、椴木、桦木、马尾松及部分进口原木制成。

（一）分类

胶合板的分类、性能及应用见表 11-1。

表 11-1　胶合板的分类、性能及应用

分类	名称	性能	应用
Ⅰ类（NQF）	耐气候耐沸水胶合板	耐干热、耐久、耐煮沸或蒸汽处理、抗菌等性能	室外工程
Ⅱ类（NS）	耐水胶合板	耐冷水浸泡及短时间热水浸泡、抗菌等性能	室外工程
Ⅲ类（NC）	耐潮胶合板	耐短期冷水浸泡，适于室内常态下使用	室内工程 一般常态
Ⅳ类（BNS）	不耐水胶合板	具有一定的胶合强度、不耐水	室内工程 一般常态

（二）规格与尺寸

胶合板的厚度为2.7 mm、3 mm、3.5 mm、4 mm、5 mm、5.5 mm、6 mm 等，胶合板的长度有915 mm、1 220 mm、1 830 mm、2 135 mm、2 440 mm，胶合板的宽度有915 mm、1 220 mm。

(三)特点与应用

胶合板幅面大、平整易加工、产品规格化、材质均匀、吸水率小、不翘不裂、收缩性小,没有木节和裂纹等缺陷,尤其是板面具有美丽的木纹,自然、真实,是较好的装饰板材之一。胶合板用途很广,工程中通常用做隔墙板、天花板、门面板、家具及室内装修等,耐水胶合板还可用做混凝土施工用的建筑模板。

二、装饰胶合板

装饰胶合板是指两张面层单板或其中一张为装饰单板的胶合板。装饰胶合板的种类很多,主要有不饱和聚酯树脂装饰胶合板、贴面胶合板、浮雕胶合板等。目前,主要使用的为不饱和聚酯树脂装饰胶合板,俗称宝丽板。

不饱和聚酯树脂装饰胶合板是以胶合板为基材,复贴一层装饰纸,再在纸面涂饰不饱和聚酯树脂经加压固化而成。不饱和聚酯树脂装饰胶合板板面光亮、耐热、耐磨、耐擦洗、色泽稳定性好、耐污染性好、耐水性较好,并具有多种花纹图案和颜色,但一般多使用素色(如白色),广泛应用于室内墙面、墙裙等装饰以及隔断、家具等。

不饱和聚酯树脂装饰胶合板的幅面尺寸与普通胶合板相同。厚度为 2.8 mm、3.1 mm、3.6 mm、4.1 mm、5.1 mm、6.1 mm…自 6.1 mm 起,按 1 mm 递增。不饱和聚酯树脂装饰胶合板按面板外观质量分一、二两个等级。

三、微薄木贴面板

微薄木是采用柚木、橡木、榉木、花梨木、枫木、雀眼水曲柳等树材,精密旋切,制得厚 0.2 ~0.5 mm 的微薄木。其纹理细腻、真实、立体感强、色泽美观,是板材表面精美装饰用材之一。若用先进的胶粘工艺和胶粘剂,将此板粘贴在胶合板基材上,可制成微薄木贴面板,用于高级建筑室内墙面的装饰,也常用于门、家具等的装饰,幅面尺寸同胶合板。

四、纤维板

纤维板是以木材采伐加工剩余物(树皮、刨花、树枝等)或稻草、麦秸、玉米秆、竹材等植物纤维为原料,经破碎浸泡、热压成型、干燥等工序制成的一种人造板材。纤维板的特点是材质构造均匀,各向强度一致,抗弯强度高,耐磨,绝缘性好,不易胀缩和翘曲变形等。

按纤维板的表观密度分为硬质纤维板(表观密度 $>800\ kg/m^3$)、中密度纤维板(表观密度 $500 \sim 800\ kg/m^3$)和软质纤维板(表观密度 $<500\ kg/m^3$),按表面分为一面光板和两面光板,按原料分为木材纤维板和非木材纤维板。

(一)硬质纤维板

硬质纤维板的强度高、耐磨、不易变形,可用于墙壁、地面、家具等。硬质纤维板的幅面尺寸有 610 mm × 1 220 mm、915 mm × 1 830 mm、1 000 mm × 2 000 mm、915 mm × 2 135 mm、1 220 mm × 1 830 mm、1 220 mm × 2 440 mm,厚度为 2.50 mm、3.00 mm、3.20 mm、4.00 mm、5.00 mm。硬质纤维板按其物理力学性能和外观质量分为特级、一级、二级、三级四个等级,各等级应符合规定。

（二）中密度纤维板

中密度纤维板按表观密度分为 80 型（表观密度为 0.80 g/cm^3）、70 型（表观密度为 0.70 g/cm^3）、60 型（表观密度为 0.60 g/cm^3），按胶粘类型分为室内用和室外用两种。中密度纤维板的长度为 1 830 mm、2 135 mm、2 440 mm，宽度为 1 220 mm，厚度为 10 mm、12 mm、15(16) mm、18(19) mm、21 mm、24(25) mm 等。中密度纤维板按外观质量分为特级品、一级品、二级品三个等级，各等级的外观质量和物理性能应满足有关规定。

（三）软质纤维板

软质纤维板的结构松软，故强度低，但吸声性和保温性好，主要用于吊顶等。

五、细木工板

细木工板属于特种胶合板的一种，为芯板用木材拼接而成，两个表面为胶贴木质单板的实心板材。

细木工板按结构不同，可分芯板条不胶拼的和芯板条胶拼的两种；按表面加工状况不同，可分为一面砂光、两面砂光和不砂光三种；按所使用的胶合剂不同，可分为Ⅰ类胶细木工板、Ⅱ类胶细木工板两种；按面板的材质和加工工艺质量不同，可分为一等、二等、三等三个等级。细木工板具有质坚、吸声、绝热等特点，适用于家具、车厢和建筑物内装修等。

六、刨花板

刨花板是利用施加胶料和辅料的木材或非木材植物制成的刨花材料（如木材刨花、亚麻屑、甘蔗渣等）压制成的板材。装饰工程中常使用 A 类刨花板。幅面尺寸为 1 830 mm × 915 mm、2 000 mm × 1 000 mm、2 440 × 1 220 mm、1 220 × 1 220 mm，厚度为 4 mm、8 mm、10 mm、12 mm、14 mm、16 mm、19 mm、22 mm、25 mm、30 mm 等。A 类刨花板按外观质量和物理力学性能等分为优等品、一等品、二等品，各等级的外观质量及物理力学性能应分别满足有关要求。刨花板属于低档次装饰材料，且强度低，一般主要用做绝热、吸声材料，用于地板的基层（实铺）；还可以用于隔墙、家具等。

课题四　常用木装饰制品

木装饰是利用木材进行艺术空间创造，赋予建筑空间以自然典雅、明快富丽，同时展现时代气息，体现民族风格。目前，广泛应用的木材装饰制品种类繁多，下面分类介绍。

一、木地板

木地板分条板面层、拼花面层和复合板面层三种，条板面层使用较普遍。

（一）条木地板

条木地板分空铺和实铺两种。空铺条木地板由地垄墙、垫木、木框架和双层基面板构成，如图 11-3 所示。实铺条木地板应做防腐处理，要求铺贴密实，防止脱落，应控制好木地板的含水率，基层要清洁。实铺木地板高度小，经济、实惠，如图 11-4 所示。条木地板选用的材质可以是松、杉等软木材，也可选用柞、榆等硬木材。条板的宽度一般不大于 120

mm,板厚 20 ~30 mm。按照条木地板铺设要求,条木地板拼缝处可做成平头、企口或错口。

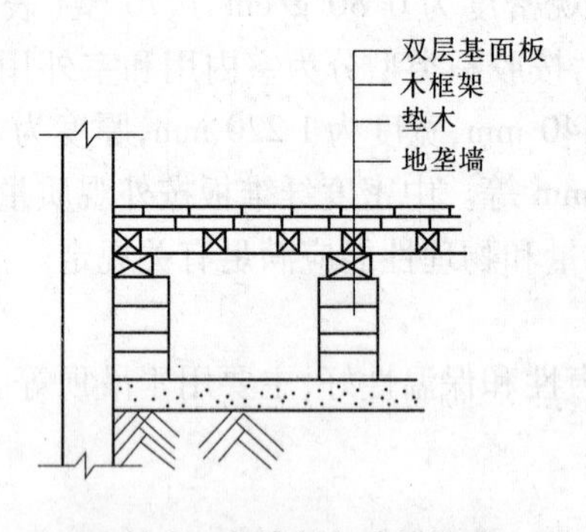

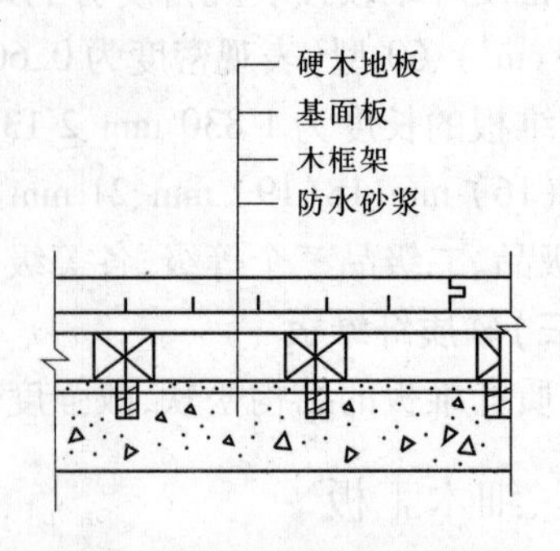

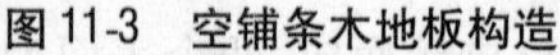
图 11-3　空铺条木地板构造　　图 11-4　实铺条木地板构造

条木地板适用于体育馆、练功房、舞台、幼儿园、住宅等的地面装饰。尤其是经过表面涂饰处理,既显露木材纹理又保留木材本色,给人以清雅华贵之感。

(二)拼花木地板

拼花木地板是用阔叶树种中水曲柳、柞木、核桃木、榆木、柚木等质地优良、不易腐朽开裂的硬木材,经干燥处理并加工成条状小板条用于室内地面的装饰材料。木块的宽度多为 4 ~6 cm,最宽可达 15 cm、18 cm,厚度多为 2 cm。木块的尺寸和木材的树种随地板的用途而定。拼花木地板可拼成各种图案花纹,以席纹图案多见,所以又称席纹地板。其类型及变化也很多,常见的有砖墙花样形、斜席纹形、正席纹形、正人字形、单人字形和双人字形等,如图 11-5 所示。

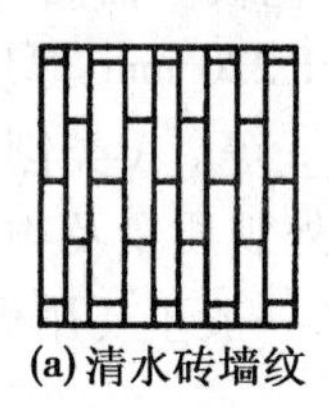
(a) 清水砖墙纹

(b) 斜芦席纹

(c) 人字纹

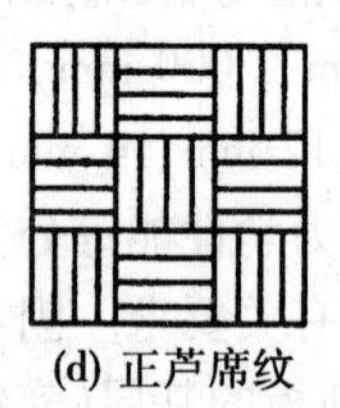
(d) 正芦席纹

图 11-5　拼花木地板图案

拼花木地板的铺设从房间中央开始,先画出图案式样,弹上黑线,铺好第一块地板,然后向四周铺开。拼花木地板坚硬而富有弹性,耐磨而又耐朽,不易变形且光泽好,纹理美观,质感好,具有温暖清雅的装饰效果。

拼花木地板适用于高级别墅、写字楼、宾馆、会议室、展览室、体育馆地面的装饰,更适用于民用住宅的地面装饰。

(三)复合木地板

复合木地板是以中密度纤维板为基材,采用树脂处理,表面贴层天然木纹板,经高温压制而成的新型地面装饰材料。这种地板具有光滑平整、结构均匀细密、耐磨损、强度高、简洁高雅等优点。另外,在安装时,不用地板黏接剂,只需地面平整,将带企口的复合木地板相互对准,四边用嵌条镶拼压扎紧,就不会松动脱开,搬家时拆卸镶拼。

普通拼木地板在使用中易产生收缩、开裂、翘曲变形,表面色泽不一或无纹理等问题,而材质和花纹好的珍稀木材制成的地板则价格昂贵,复合木地板就是针对这些问题研制

和生产的装饰品,其特点如下:

(1)表面采用珍稀木材,花纹美观,色彩一致,装饰性很强。

(2)用经过特殊处理的木材按合理的结构组合,再经高温高压制成,不易收缩开裂和翘曲变形,并有较高的强度,防腐性、耐水性和耐候性好。

(3)可制成大小不同的各种尺寸。条状的长度可达 2.5 m,块状的幅面可达 1 m × 1 m,易于安装和拆卸。

(4)由于采用了复合结构,合理利用了珍贵木材,也降低了生产成本。

表材常用的品种有红松、水曲柳、桦木、柞木、柚木、栎木等。企口地板条的规格有(300 ~400) mm ×(60 ~ 70) mm ×18 mm、(500 ~ 600) mm ×(70 ~ 80) mm ×20 mm、(2 000 ~2 400) mm ×(100 ~200) mm ×(20 ~25) mm 等。地板块的规格有(200 ~500) mm ×(200 ~500) mm ×(12 ~20) mm、600 mm ×600 mm ×(22 ~25) mm 等。

复合木地板主要适用于会议室、办公室、实验室、中高档的宾馆、酒店等地面铺设,也适用于民用住宅的地面装饰。由于新型复合木地板尺寸较大,也可作为顶棚、墙面的装饰,如吊顶和墙裙等。

(四)精竹地板

精竹地板是用优质天然竹材料加工成竹条,经特殊处理后,在压力下拼成不同宽度和长度的长条,然后刨平、开槽、打光、着色、上多道耐磨漆制成的带有企口的长条地板。这种地板自然、清新、高雅,具有竹子固有的特性:经久耐用、耐磨、不变形、防水、脚感舒适、易于维护和清扫。由于地板出厂时已经有过加工处理,施工时只须找平地面,将竹地板条固定上即可使用,方便省时,且加工质量有保证。精竹地板是目前可选用的地面材料中的高档产品,适用于宾馆、办公楼、居室等处。

二、木装饰线条

木装饰线条简称木线,木线种类繁多,主要有楼梯扶手、压边线、墙腰线、顶棚角线、弯线、挂镜线等。各类木线立体造型各异,每类木线又有多种断面形状:平线、半圆线、麻花线、鸠尾形线、半圆饰、齿形饰、浮饰、贴附饰、钳齿饰、十字花饰、梅花饰、叶形饰以及雕饰等多样。常用木线的造型如图 11-6 所示。

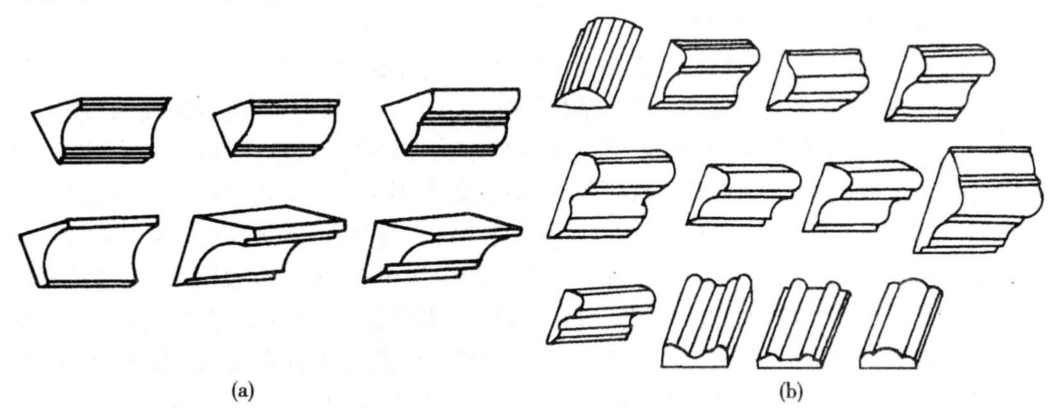

图 11-6 木装饰的造型

课题五 木材的防腐与防火

木材虽然具有很多优点，但也存在缺点，其中主要是易腐和易燃，因此建筑工程中应用木材时，应该考虑木材的防腐和防火问题。

一、木材的腐朽及防腐

（一）木材的腐朽

木材的腐朽为真菌侵害所致。真菌分变色菌、霉菌和腐朽菌三种，前两种真菌对木材质量影响较小，但腐朽菌对木材质量影响很大。腐朽菌生长在木材的细胞壁中，它能分泌出一种酵素，把细胞壁物质分解成简单的养分，仅供自身摄取生存，从而致使木材腐朽，并遭彻底破坏，但真菌在木材中生存和繁殖必须具备以下三个条件。

1. 水分

当木材的含水率在20%以下时不会发生腐朽，而木材含水率在35%～50%时适宜真菌繁殖生存，也就是说木材含水率在纤维饱和点以上时易产生腐朽。

2. 温度

真菌繁殖适宜的温度为25～35 ℃，温度低于5 ℃时，真菌停止繁殖，而高于60 ℃时，真菌则死亡。

3. 空气

真菌繁殖和生存需要一定的氧气存在，因此完全浸入水中的木材，则因缺氧而不易腐朽。

（二）木材的防腐措施

防止木材腐朽的措施有以下两种。

1. 破坏真菌生存的条件

破坏真菌生存条件最常用的办法为：使木材处于经常保持通风干燥的状态，并对木制品和木结构表面进行油漆处理，油漆涂层既使木材隔绝了空气，又隔绝了水分。因此，木材油漆首先是为了防腐，其次才是为了美观。

2. 把木材变成有毒的物质

将化学防腐剂注入木材中，使真菌无法寄生。木材防腐剂种类很多，一般分油质防腐剂、水溶性防腐剂和膏状防腐剂三类。油质防腐剂常用的有煤焦油、混合防腐油、强化防腐油等，油质防腐剂色深，有恶臭味，常用于室外木构件的防腐。水溶性防腐剂常用品种有氯化锌、氟化钠、硅氟酸钠、硼铬合剂等，水溶性防腐剂多用于室内木结构的防腐处理。膏状防腐剂由粉状防腐剂、油质防腐剂、填料和胶结料（煤沥青、水玻璃等）按一定比例配制而成，用于室外木结构防腐。木材注入防腐剂的方法很多，通常有表面涂刷或喷涂法、冷热槽浸透法、常压浸渍法和压力渗透法等。其中，表面涂刷或喷涂法简单易行，但防腐剂不能深入木材内部，故防腐效果较差。冷热槽浸透法是将木材先浸入热防腐剂中（大于90 ℃）数小时，再迅速移入冷防腐剂中，以获得更好的防腐效果。常压浸渍法是将木材浸入防腐剂中一定时间后取出使用，使防腐剂渗入木材内一定深度，以提高木材的防腐能力。压力渗透法是将木材放入密闭罐中，抽部分真空，再将防腐剂加压充满罐中，经一定时间后，则防腐剂充满木材内部，防腐效果更好。

二、木材的防火

木材的防火，就是将木材经过具有阻燃性能的化学物质处理后，变成难燃的材料，以达到遇小火能自熄、遇大火能延缓或阻滞燃烧蔓延的目的。

（一）木材的可燃性及火灾危害

木材属木质纤维材料，是易燃烧、具有火灾危险性的有机可燃物。从古到今，国内外均把木材视做引起火灾，使火灾蔓延扩大的危害之一。我国木结构承重的古代建筑是国家和民族的瑰宝，但历史上数次大的古建筑火灾使许多重要建筑物毁于一旦。近年来，随着我国经济建设的迅速发展和人口剧增，建筑物火灾危害有增无减，而且多发生于森林火灾和由于装修时忽略防火而引起的火灾。随着经济建设的高速发展，现代高层建筑不断崛起，而高层建筑的火灾危险性更大。因此，现代建筑装饰工程中防火应是很重要的环节。

（二）木材燃烧及阻燃机理

木材在热的作用下发生热分解反应，随着温度升高，热分解加快，当温度高至 220 ℃以上达到木材燃点时，木材燃烧放出大量可燃气体，当木材的温度达到 225 ~250 ℃时为木材的起火点，当木材的温度达到 330 ~470 ℃时为木材的发火点。木材作为一种理想的装饰材料被广泛用于建筑物表面，所以木材的防火是十分重要的。灭火的方法多用阻燃剂。阻燃剂的机理在于：设法抑止木材在高温下的热分解，如磷化合物可以降低木材的稳定性，使其在较低温度下即发生分解，从而减少可燃气体的生成，阻滞热传递，如含水的硼化物、含水的氧化铝，遇热则吸收热量放出水蒸气，从而减少了热传递。

采用阻燃剂进行木材防火是通过浸注法而实现的，即将阻燃剂溶液浸注到木材内部达到阻燃效果。浸注分为加压和常压两种，加压浸注使阻燃剂浸入量及深度大于常压浸注。所以，对木材的防火要求较高的情况下，应采用加压浸注。浸注前，应尽量使木材达到充分干燥，并初步加工成型，以免防火处理后再进行大量锯、刨等加工，将会使木料中浸有阻燃剂的部分失去。

思考题

11-1　木材是怎样分类的？

11-2　什么是木材的纤维饱和点？它有什么实际意义？

11-3　人造板材有哪几种？简述其特点和用途。

11-4　常用木装饰制品有哪些？简述其特点及用途。

11-5　木材腐朽的条件是什么？木材防腐的措施有哪些？

单元十二　石　材

课题一　天然石材

天然石材是采自地壳表层的岩石。凡由天然岩石开采的,经加工或未经加工的石材,统称为天然石材。

天然石材是建筑工程中使用历史悠久、应用范围广泛的建筑与装饰材料之一。天然石材经加工后具有良好的装饰性,也是装饰工程中常用的一种装饰材料。

一、建筑中常用的岩石

岩石根据成因不同,可分为岩浆岩、沉积岩和变质岩三大类。

(一)岩浆岩

岩浆岩又称火成岩,是熔融岩浆在地下或喷出地面后冷凝结晶而成的岩石。它根据冷却条件不同,又可分为深成岩、喷出岩和火山岩三类。

1. 深成岩

深成岩是岩浆在地壳深处,受上部覆盖层的压力作用,缓慢且均匀地冷却而成的岩石。深成岩的特点是结晶完全、晶粒较粗,呈致密块状结构。因此,深成岩的表观密度大、强度高、吸水率小、抗冻性好。建筑工程中常用的深成岩有花岗岩、正长岩、闪长岩和辉长岩。

2. 喷出岩

喷出岩为熔融的岩浆喷出地表,迅速冷却而成的岩石。由于岩浆喷出地表时压力骤减且迅速冷却,结晶条件差,多呈隐晶质或玻璃体结构。如喷出岩凝固成很厚的岩层,其结构接近深成岩。当喷出岩凝固成比较薄的岩层时,常呈多孔构造。建筑工程中常用的喷出岩有玄武岩、安山岩和辉绿岩。

3. 火山岩

火山岩是火山爆发时,岩浆被喷到空中,急速冷却后形成的岩石。火山岩为玻璃体结构而且呈多孔构造,如火山灰、火山砂、浮石和凝灰岩。火山砂和火山灰常用做水泥的混合材料。

(二)沉积岩

沉积岩又称水成岩。地表岩石经长期风化后,成为碎屑颗粒状,经风或水的搬运,通过沉积和再造作用而形成的岩石称为沉积岩。沉积岩大都呈层状构造、表观密度小、孔隙率大、吸水率大、强度低、耐久性差。但沉积岩分布广,加工较容易,所以建筑上应用非常广泛。沉积岩可分为机械沉积岩、化学沉积岩和生物沉积岩。

1. 机械沉积岩

机械沉积岩是各种岩石风化后，经过流水、风力或冰川作用的搬运及逐渐沉积，在覆盖层的压力作用下自然胶结而成的，如页岩、砂岩和砾岩。

2. 化学沉积岩

化学沉积岩是岩石中的矿物溶解在水中，经沉淀沉积而成的，如石膏、菱镁矿。

3. 生物沉积岩

生物沉积岩是由各种有机体残骸经沉积而成的岩石，如石灰岩、硅藻土等。

（三）变质岩

由于强烈的地质活动，在高温和高压作用下，矿物再结晶或生成新矿物，使原来岩石的矿物成分及构造发生显著变化而成为一种新的岩石，称为变质岩。建筑工程中常用的变质岩有大理岩、石英岩、片麻岩等。

二、石材的主要技术性质

（一）表观密度

石材的表观密度与矿物组成及孔隙率有关。致密的石材如花岗石和大理石等，其表观密度接近于密度，为 2 500 ~ 3 100 kg/m^3。孔隙率较大的石材，如火山凝灰岩、浮石等，其表观密度较小，为 500 ~ 1 700 kg/m^3。天然石材根据表观密度可分为轻质石材和重质石材两类。表观密度小于 1 800 kg/m^3 的为轻质石材，一般用做采暖房屋外墙；表观密度大于 1 800 kg/m^3 的为重质石材，可作为建筑物的基础、贴面、地面、不采暖房屋外墙、桥梁和水工构筑物等。

（二）吸水性

石材的吸水性主要与其孔隙率和孔隙特征有关。孔隙特征相同的石材，孔隙率愈大，吸水率也愈高。深成岩以及许多变质岩孔隙率都很小，因而吸水率也很小，如花岗石吸水率通常小于 0.5%，而多孔贝类石灰岩吸水率可高达 15%。石材吸水后强度降低，抗冻性变差，导热性增加，耐水性和耐久性下降。表观密度大的石材，孔隙率小，吸水率也小。

（三）耐水性

石材的耐水性以软化系数来表示。根据软化系数的大小，石材的耐水性分为高、中、低三等，软化系数大于 0.9 的石材为高耐水性石材，软化系数在 0.70 ~ 0.90 的石材为中耐水性石材，软化系数在 0.6 ~ 0.7 的石材为低耐水性石材。建筑工程中使用的石材，软化系数应大于 0.8。

（四）抗冻性

抗冻性是指石材抵抗冻融破坏的能力，是衡量石材耐久性的一个重要指标。石材的抗冻性与吸水率大小有密切关系。一般吸水率大的石材，抗冻性能较差。另外，抗冻性还与石材吸水饱和程度、冻结温度和冻融次数有关。石材在水饱和状态下，经规定次数的冻融循环作用后，若无贯穿裂缝且质量损失不超过 5%，强度损失不超过 25% 时，则为抗冻性合格。

（五）耐火性

石材的耐火性取决于其化学成分及矿物组成。由于各种造岩矿物热膨胀系数不同，受热后体积变化不一致,将产生内应力而导致石材崩裂破坏。另外,在高温下,造岩矿物会产生分解或晶型转变。如含有石膏的石材,在100 ℃以上时即开始破坏;含有石英和其他矿物结晶的石材(如花岗石等),当温度在573 ℃以上时,由于石英受热膨胀,强度会迅速下降。

(六)抗压强度

天然石材的抗压强度取决于岩石的矿物组成、结构、构造特征、胶结物质的种类及均匀性等。如花岗石的主要造岩矿物是石英、长石、云母和少量暗色矿物,若石英含量高,则强度高,若云母含量高,则强度低。

石材是非均质和各向异性的材料,而且是典型的脆性材料,其抗压强度高、抗拉强度比抗压强度低得多,为抗压强度的1/20~1/10。测定岩石抗压强度的试件尺寸为50 mm×50 mm×50 mm的立方体。按吸水饱和状态下的抗压极限强度平均值,天然石材的强度等级分为MU100、MU80、MU60、MU50、MU40、MU30、MU20、MU15、MU10等九个等级。

(七)硬度

天然石材的硬度以莫氏硬度或肖氏硬度表示。它主要取决于组成岩石的矿物硬度与构造。凡由致密、坚硬的矿物所组成的岩石,其硬度较高;结晶质结构硬度高于玻璃质结构;构造紧密的岩石硬度也较高。岩石的硬度与抗压强度有很好的相关性,一般抗压强度高的其硬度也大。岩石的硬度越大,其耐磨性和抗刻划性能越好,但表面加工越困难。

(八)耐磨性

石材的耐磨性与岩石组成矿物的硬度及岩石的结构和构造有一定的关系。一般而言,岩石强度高,构造致密,则耐磨性也较好。用于建筑工程中的石材,应具有较好的耐磨性。

三、建筑中常用的天然石材

(一)砌筑用石材

用于砌筑工程的石材主要有以下类型。

1.毛石

毛石是在采石场将岩石经爆破等方法直接得到的形状不规则的石块。其按外形毛石分为乱毛石和平毛石两类:乱毛石是表面形状不规则的石块;平毛石是石块略经加工,大致有两个平行面的毛石。建筑用毛石一般要求中部厚度不小于150 mm,长度为300~400 mm,质量为20~30 kg,抗压强度应在MU10以上,软化系数应大于0.80。毛石主要用于砌筑基础、勒脚、墙身、挡土墙、堤岸及护坡等,也可用于配制片石混凝土。

2.料石

料石是指经人工或机械加工而成的,形状比较规则的六面体石材。按照表面加工的平整程度分为毛料石、粗料石、半细料石和细料石四种。毛料石是表面不经加工或稍加凿琢修整的料石,叠砌面凹凸深度应不大于25 mm;粗料石表面经加工后凹凸深度应不大于20 mm;半细料石表面加工凹凸深度应不大于15 mm;细料石表面加工凹凸深度应不大于10 mm。料石根据加工程度可用于砌筑基础、石拱、台阶、勒角、墙体等处。

3. 广场地坪、路面、庭院小径用石材

广场地坪、路面、庭院小径用石材主要有石板、条石、方石、拳石、卵石等，这些石材要求具有较高的强度和耐磨性，良好的抗冻和抗冲击性能。

（二）天然大理石

天然大理石是石灰岩或白云岩在高温、高压等地质条件下重新结晶变质而成的变质岩，其主要成分为碳酸钙及碳酸镁，因我国云南大理盛产大理石故而得名。大理石一般含有多种矿物，故有各种色彩或花纹，经抛光后光洁细腻，纹理自然，十分诱人。质地纯的大理石为白色，俗称汉白玉。汉白玉产量较少，是大理石中的优良品种。纯白和纯黑的大理石属名贵品种。

1. 性质

天然大理石结构比较致密，表观密度为 2 500 ~ 2 700 kg/m^3，抗压强度较高达 60 ~ 150 MPa，硬度不高，莫氏硬度为 3.4，耐磨性好而且易于抛光或雕琢加工，表面可获得细腻光洁的效果。

2. 等级

装饰工程中用的天然大理石多为经机械加工成的板材，包括直角四边形的普通型板材（N 形）、S 形或弧形等的异型板材。根据板材加工规格尺寸的精度以及正面外观缺陷划分为优等品（A 级）、一等品（B 级）和合格品（C 级）三个质量等级。

3. 特点及应用

天然大理石具有吸水率小，耐磨性好以及耐久等优点，但其抗风化性能较差。多数大理石的主要化学成分为碳酸钙或碳酸镁等碱性物质，易被酸侵蚀，故除个别品种（汉白玉、艾叶青等）外，一般不宜用做室外装修。可制成高级装饰工程的饰面板，用于宾馆、展览馆、影剧院、商场、图书馆、机场、车站等公共建筑工程的室内墙面、柱面、栏杆、地面、窗台板、服务台的饰面等。此外，还可以用于制作大理石壁画、工艺品、生活用品等。

（三）天然花岗石

天然花岗石是一种分布最广的火成岩，属于硬质石材。它由石英、长石和云母等主要成分的晶粒组成，其成分以二氧化硅为主，占 65% ~ 75%。花岗石为全晶质结构的岩石，按结晶颗粒的大小，通常分为细粒、中粒和斑状等几种。花岗石的颜色取决于其所含长石、云母及暗色矿物的种类及数量，常呈灰色、黄色、蔷薇色和红色等，以深色花岗石比较名贵。

天然花岗石板材是天然花岗石荒料经锯切、研磨、切割而成的。

1. 性质

天然花岗石的表观密度为 2 600 ~ 2 800 kg/m^3；抗压强度很大，为 120 ~ 50 MPa；孔隙率和吸水率很小，吸水率常在 1% 以下；耐酸性很强。

2. 天然花岗石板材等级

天然花岗石板材按形状分为普型板材（N）和异型板材（S）。按表面加工程度分：表面平整、光滑的为细面板材（RB）；表面平整、具有镜面光泽的为镜面板材（PL）；表面平整、粗糙，具有较规则加工条纹的机刨板、剁斧板、锤击板、烧毛板等为粗面板材（RU）。按板材规格尺寸允许偏差、平面度允许极限公差、角度允许极限公差和外观质量分为优等品

(A)、一等品(B)、合格品(C)三个等级。

3. 特点及应用

天然花岗石质地坚硬密实,抗压强度高,具有优异的耐磨性及良好的化学稳定性,不易风化变质,耐久性好,但由于花岗石中含有石英,在高温下会发生晶型转变,产生体积膨胀,因此花岗石耐火性差。花岗石可制成高级饰面板,用于宾馆、饭店、纪念性建筑物等的门厅及大堂的墙面、地面、墙裙、勒脚及柱面的饰面等。

课题二 人造装饰石材

除天然石材外,在建筑工程中,应用较多的还有人造装饰石材。

人造石材一般是指人造大理石和人造花岗石,以人造大理石的应用较为广泛。由于天然石材的加工成本高,现代建筑装饰业常采用人造石材。它具有质量轻、强度高、装饰性强、耐腐蚀、耐污染、生产工艺简单以及施工方便等优点,因而得到了广泛应用。

一、人造石材的特点及用途

(1)人造石材的密度较天然石材小,一般为天然大理石和天然花岗石的80%。因此,其厚一般仅为天然石材的40%,从而可大幅度降低建筑物质量,方便了运输与施工。

(2)耐酸。天然大理石一般不耐酸,而人造大理石可广泛用于酸性介质场所。

(3)制造容易。人造石材生产工艺与设备不复杂,原料易得,色调与花纹可按需要设计,也可比较容易地制成形状复杂的制品。

二、分类

人造石材按照使用的原材料分为四类:水泥型人造石材、聚酯型人造石材、复合型人造石材及烧结型人造石材。

(一)水泥型人造石材

它是以水泥为黏结剂,砂为细骨料,碎大理石、花岗岩、工业废渣等为粗骨料,经配料、搅拌、成型、加压蒸养、磨光、抛光等工序而制成。通常所用的水泥为硅酸盐水泥,也可用铝酸盐水泥做黏结剂,用它制成的人造大理石具有表面光泽度高、花纹耐久、抗风化、耐火性、防潮性都优于一般的人造大理石。其制品表面光滑,具有光泽且呈半透明状。水泥型人造石材取材方便,价格低廉。

水磨石与各类花型砖都属于这类人造石材。水磨石是用水泥加入不同色彩、不同粒径的石渣后,浇注一定厚度的水泥砂浆,经过表面补浆、细磨、打蜡等工序,制成一种具有设计图案的人造石材路面和地面。水磨石原材料来源丰富,价格较低,可以根据需要制作成不同颜色的花样图案,装饰效果好,所以水磨石一般用做楼地面、墙裙、踢脚板、楼梯等部位,是一种常用的建筑与装饰材料。

(二)聚酯型人造石材

这种人造石材多是以不饱和聚酯为黏结剂,与石英砂、大理石、方解石粉等搅拌混合,浇铸成型,经固化、脱模、烘干、抛光等工序制成的。目前,国内外人造大理石以聚酯型为多。这种树脂的黏度低，易成型，常温固化。其产品光泽性好，颜色鲜亮，可以调节。与天然大理石相比，聚酯型人造石材具有强度高、密度小、厚度薄、耐酸碱腐蚀及美观等优点。但其耐老化性能不及天然花岗石，受温差影响后聚酯面易产生变形、剥落或开裂，故多用于室内装饰。

（三）复合型人造石材

这种石材的黏结剂中既有无机材料，又有有机高分子材料。先将无机填料用无机胶粘剂胶结成型。养护后，再将坯体浸渍于有机单体中，使其在一定条件下聚合。板材制品的底材要采用无机材料，其性能稳定且价格较低；面层可采用聚酯和大理石粉制作，以获得最佳的装饰效果。无机胶结材料可用快硬水泥、白水泥、铝酸盐水泥以及半水石膏等。有机单体可以采用苯乙烯、甲基丙烯酸甲酯、醋酸乙烯、丙烯腈、二氯乙烯、丁二烯等，这些树脂可单独使用或组合起来使用，也可以与聚合物混合使用。虽然复合型人造石材的造价较低，但由于生产工艺复杂，受温差影响容易变形、容易产生剥落，所以实际应用很少。

（四）烧结型人造石材

这种类型的人造石材的生产工艺与陶瓷的生产工艺相似，是将斜长石、石英、辉石、石粉及赤铁矿粉和高岭土等混合，一般用40%的黏土和60%的矿粉制成泥浆后，采用注浆法制成坏料，再用半干压法成型，经1 000 ℃左右的高温焙烧而成的。烧结型人造石材的装饰性好，性能稳定，但须经高温焙烧，因而能耗大，造价高，实际应用得较少。

三、人造石材的性能优点

（一）高强度、使用性能好

人造石材的性能好，即高强度、硬度高和耐磨性能好、厚度薄、质量轻、用途广泛、加工性能好。

人造大理石又被称为“塑料混凝土”，是一种新型的建筑与装饰材料。在居室装修施工中，采用天然大理石大面积用于室内装修时会增加楼体承重，而聚酯人造大理石就克服了上述缺点。这种材料质量轻（比天然大理石轻25%左右）、强度高、厚度薄，并易于加工，拼接无缝、不易断裂，能制成弧形、曲面等形状，比较容易制成形状复杂、多曲面的各种各样的洁具，如浴缸、洗脸盆、坐便器等，并且有施工比较方便、耐用、造价低等优点。

（二）多花色、多图案、可塑性强

人造复合石材由于在加工过程中石块粉碎的程度不同，再配以不同的色彩，可以生产出多种花色品种。选购时，可以选择纹路、色泽都适宜的人造石材，来配合各种不同的空间色彩，同种类型人造石材没有色差与纹路的差异，而且人造石材主要的材料是用石粉加工而成的，较天然石材薄，本身质量比天然石材轻。在铺设过程中，人造石材不仅可铺设成传统的块与块拼接的形式，而且可以切割加工成各种形状，组合成多种图案。以单色石材为底色，镶嵌七彩的颜色，会产生花型或图案的感觉。人造复合石材还能按拼接要求切割成多种形状，在直线条中配以柔和的曲线，给冷硬的石材附以柔和的感觉。同时，人造石材铺设的工艺也更简单，人造石材的背面可以经过波纹处理，使铺设后的墙面或地面品质更可靠。

(三)用途广泛

人造石材从诞生至今经历几十年的研究、开发和创新,使人造石材能开发多种材料,广泛应用与商业、住宅等多个领域。

(四)资源循环利用的环保利废产业

发展人造石材产业本身不直接消耗原生的自然资源、不破坏自然环境,该产业利用了天然石材开矿时产生的大量的难以有效处理的废石料资源,本身的生产方式是环保型的。人造石材的生产方式不需要高温聚合,也就不存在消耗大量燃料和废气排放的问题。因此,人造石材产业是一个前途无量的新型建筑与装饰材料产业,有着广阔的发展空间,当前大力发展人造石材产业的条件已经具备,人造石材产业必将获得快速发展。

思考题

12-1 天然石材有哪些? 简述它们的形成、主要特性和种类。

12-2 石材的主要技术性质有哪些?

12-3 天然大理石为何不宜用于室外?

12-4 天然花岗石的主要用途有哪些?

12-5 人造石材的主要特征有哪些?

单元十三 装饰骨架材料

在室内装饰装修中，用来承载装饰墙面、柱面、地面、门窗、顶棚等独立造型装饰物的内部结构支撑的基础材料，在装饰中主要起支撑、固定、承重的重要作用。骨架材料分为木骨架材料、轻钢龙骨材料、铝合金龙骨材料、石膏龙骨材料和轻质隔板材料等。

课题一 木骨架材料

一、木骨架材料的分类及性质

木骨架材料是木材通过加工而成的截面为方形或长方形的条状材料，可分为内木骨架和外木骨架两种。木龙骨构造如图 13-1 所示。

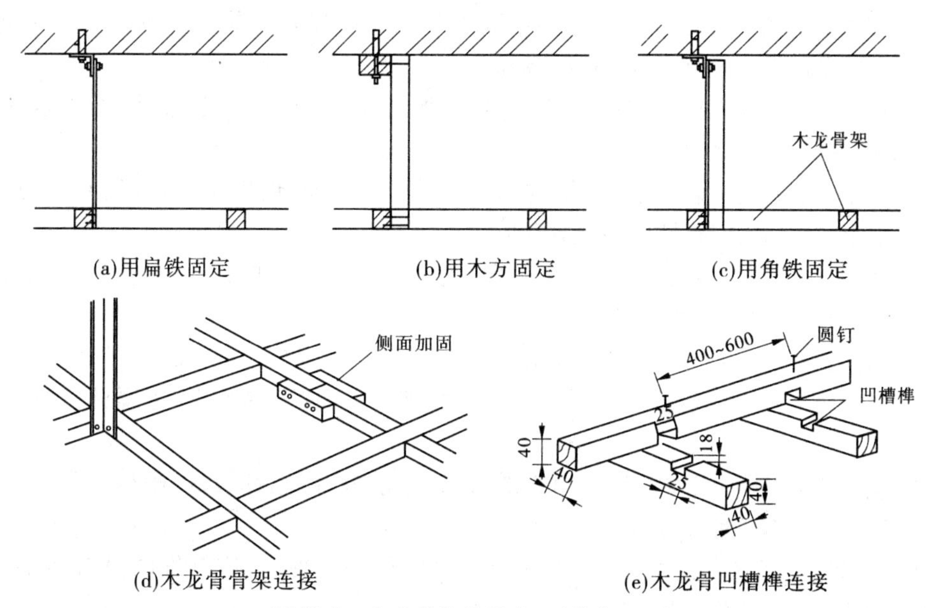

图 13-1 木龙骨构造示意 (单位:mm)

(一)内木骨架

内木骨架的主要作用是固定和支撑饰面板，多选用质较松、较轻，含水分少，干缩小、不易变形、开裂的木材。常用品种主要有以下几种：

(1)红松材。材质轻软，力学强度适中，干燥性能良好，耐水、耐磨不易龟裂变形。加工性能良好，易于胶结。用于高级装饰的木结构骨架。

(2)白松材。力学强度低，弹性较好，变形量较小，易于胶结，不宜刨光。用于一般木结构骨架。

(3)落叶松材。材质较重,硬度中等,力学强度高,抗弯力大,耐磨耐水性强,干缩性大,易开裂、翘曲变形。加工性能不好、着钉时易开裂,胶结不易。用于一般木结构骨架。

(4)马尾松材。硬度中等,力学强度较高,钉着力较强,易翘曲变形,加工性能中等,胶结性能良好。用于低级装饰的木结构骨架。

(5)美国花旗松。材质略重,硬度中等,干燥性能良好,加工性能良好,易于胶结,着钉性能较强。用于中高级装饰的木结构骨架。

(6)杉木。材质轻,力学强度适中,干燥性能良好,加工性能较好,耐腐蚀、不易变形,而且耐久性强。多用于地板、搁栅、造型的木骨架。

(7)椴木。材质较轻软,加工性能良好、变形量较小,不宜开裂,胶结性能良好,耐水性较强,不耐腐蚀。多用于装饰搁栅、造型的木龙骨。

(二)外木骨架

外木骨架用于门窗、楼梯扶手、栏杆、踢脚板等外部栅架,要求木质较硬,纹理清晰美观。常用品种主要有以下几种:

(1)水曲柳。质略重而硬,纹理直,花纹美丽,干燥性能适中,耐水耐腐性好,易加工,胶结、油漆、着色等性能较好。

(2)柞木。材质重硬,纹理直或斜,耐水耐腐性强,切削面光滑,耐磨损,油漆、着色性能较好,易开裂翘曲,加工较困难,胶结不易。

(3)东北榆。材质较硬,纹理直,花纹美丽,加工性能良好,油漆、胶结、着色容易,干燥性能不好,易开裂和翘曲。

(4)桦木。材质略重而硬,木质结构细,力学强度高,富弹性,加工性能良好,切面光滑,油漆性能良好,易开裂、翘曲,不耐腐蚀。

(5)柚木。质坚硬,纹理直或斜,木质结构略粗,易加工,耐磨损、耐久性强,干燥收缩率小,不易变形,油漆着色性良好。

(6)木。材质坚硬而重,纹理斜,切削面光滑,耐磨损、耐久性强,油漆着色性良好。

(7)核桃楸。力学强度适中,富韧性,加工性能好,干燥不易变形,耐腐蚀,油漆着色性良好。

(8)楠木。材质硬度适中,切削面光滑,加工性能好,耐腐性较好,耐久性强,油漆着色性良好,干燥时有翘曲现象。

(9)洋杂木。指从印度尼西亚、泰国等进口的材质较硬、木质软细的没有名字的木材,耐磨、耐腐蚀、加工性能好。

二、木骨架的常用规格

在施工中会根据使用情况的不同采取不同的尺寸截面,一般用于吊顶、隔墙的主要龙骨截面尺寸为50 mm×70 mm或60 mm×60 mm;次龙骨截面尺寸为40 mm×60 mm或50 mm×50 mm;用于轻质扣板吊顶和实木的地板铺设的龙骨截面尺寸为30 mm×40 mm或25 mm×30 mm;墙裙木骨架龙骨截面尺寸为30 mm×30 mm的方格结构,高度在800~1 200 mm的木骨架龙骨截面尺寸为25 mm×25 mm;木地板面层下的木搁栅木骨架龙骨截面尺寸为50 mm×50 mm、50 mm×70 mm和70 mm×70 mm。

在实际使用中，木骨架材料具有使用方便、造型丰富、价格低廉等特点，但是木材容易干缩、裂缝，防火防腐蚀性能差，因此必须进行防火、防腐处理。在现代装饰工程中，吊顶与隔墙的龙骨已经普遍被轻钢龙骨代替。

课题二　轻钢龙骨材料

轻钢龙骨是安装各种罩面板的骨架，是采用冷弯工艺生产的薄壁型材，经组合装配而成的一种金属骨架，是木龙骨的换代产品。轻钢龙骨按用途分为隔墙龙骨及吊顶龙骨。隔墙龙骨一般作为室内隔断墙骨架，两面覆以石膏板或石棉水泥板、塑料板、纤维板、金属板等为墙面，表面用塑料壁纸或贴墙布装饰，内墙用涂料等进行装饰，以组成新型完整的隔断墙。吊顶龙骨则是用做室内吊顶骨架，面层采用各种吸声材料，以形成新颖美观的室内吊顶。轻钢龙骨配以不同材质、不同花色的罩面板，不仅改善了建筑物的热学、声学特性，也直接造就了不同的装饰艺术和风格，是室内设计必须考虑的重要内容。

轻钢龙骨从断面上分有 V 型龙骨、C 型龙骨及 L 型龙骨、T 型龙骨。T 型龙骨主要用于吊顶。各种轻钢薄板多做成 V 型龙骨和 C 型龙骨，它们在吊顶和隔断中均可采用；从用途上分有吊顶龙骨（代号 D）、隔断龙骨（代号 Q）。

一、技术要求

（1）质量。外形平整，棱角清晰，切口不允许有影响使用的毛刺和变形。

（2）防锈。表面应镀锌防锈，镀锌层不允许有起皮、起瘤、脱落等缺陷。对于腐蚀、损伤、黑斑、麻点等缺陷，按规定方法检测；对于优等品，不允许出现腐蚀、损伤、黑斑、麻点等缺陷。而一等品及合格品的要求是：无较严重的腐蚀、损伤、麻点，面积不大于 1 cm^2 的黑斑每米长度内不多于 5 处。

（3）形状和尺寸要求。龙骨的断面形状及其尺寸偏差应符合 GB 11981—89 中有关规定。轻钢龙骨断面有 U 型、C 型、T 型及 L 型。吊顶龙骨分主龙骨（又叫大龙骨、承载龙骨）和交龙骨（又叫覆面龙骨，包括中龙骨和小龙骨）。墙体隔断龙骨则分竖龙骨、横龙骨和通贯龙骨等，如图 13-2 所示。

（4）轻钢龙骨组件的力学性能应符合表 13-1 的要求。

表 13-1　轻钢龙骨组件的力学性能

类别	项目		要求
吊顶	静载试验	截面龙骨	最大挠度不大于 10.0 mm，残余变形量不大于 2.0 mm
		承载龙骨	最大挠度不大于 5.0 mm，残余变形量不大于 2.0 mm
隔断	抗冲击试验		最大残余变形量不大于 10.0 mm，龙骨不得有明显变形
	静载试验		最大残余变形量不大于 2.0 mm

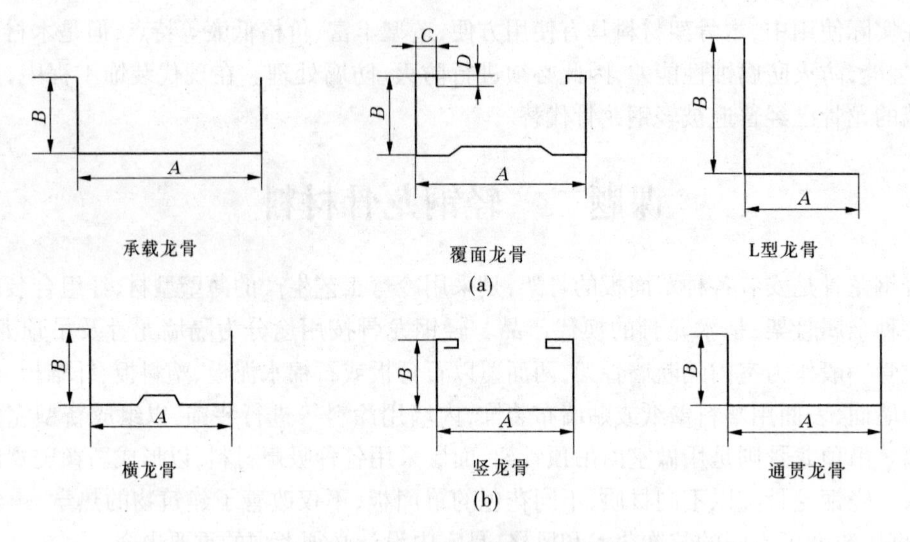

图 13-2 轻钢龙骨断面形状示意

二、隔墙轻钢龙骨

(一)分类

根据国家标准《建筑用轻钢龙骨》(GB/T 11981—2001)的规定,隔断龙骨主要规格分为 Q50、Q75 和 Q100。Q50 系列用于层高小于 3.5 m 的隔墙,Q75 系列用于层高在 3.5 ~ 6.0 m 高的隔墙,Q100 以上系列用于层高在 6.0 m 以上的隔墙以及外墙。

隔墙轻钢龙骨按用途分为:沿顶龙骨、沿地龙骨、竖向龙骨、加强龙骨、通贯横撑龙骨及配件;按形状分:U 型龙骨和 C 型龙骨两种;按材料分:镀锌钢带龙骨和薄壁冷轧退火卷带龙骨。

(二)特点

隔墙轻钢龙骨设置灵活、拆卸方便、质轻、刚度大、强度高、防火、隔热、隔声,装饰效果好,多用于办公楼、饭店、医院等公共场所做分隔区域墙与走廊墙体。

墙体龙骨构造如图 13-3 所示。

三、吊顶轻钢龙骨

吊顶轻钢龙骨按荷载分不上人龙骨和上人龙骨。不上人吊顶承受吊顶本身的质量,龙骨断面一般较小,上人吊顶不仅要承受自身质量,还要承受人员走动的荷载,所以常用于较大的空间或有中央空调的顶棚。

承载龙骨的规格主要有:

(1)不上人龙骨(高×宽×壁厚):38 mm×12 mm×1.2 mm、45 mm×12 mm×1.2 mm、50 mm×20 mm×(0.5~0.7) mm、60 mm×30 mm×(0.5~0.7) mm。

(2)上人龙骨(高×宽×壁厚):50 mm×15 mm×1.2 mm、50 mm×15 mm×1.5 mm、60 mm×30 mm×1.5 mm。

各种龙骨的长度一般为 3~6 m。

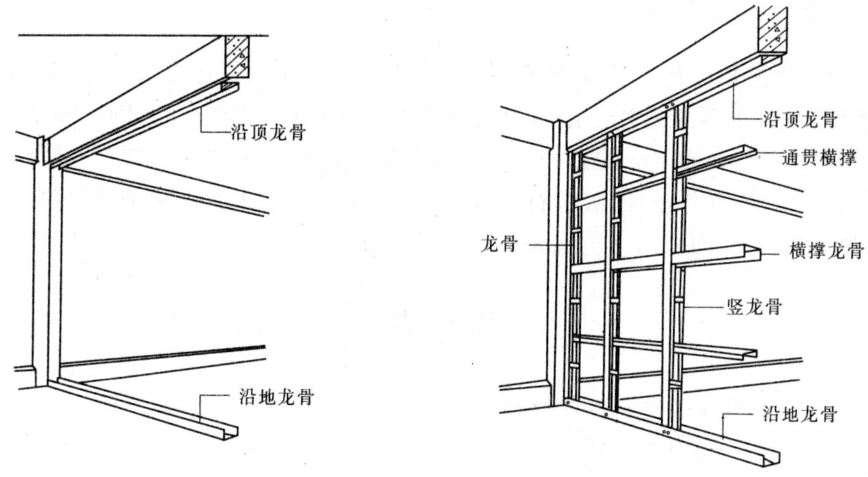

图 13-3　墙体龙骨构造示意

吊顶龙骨按形状分 C 型龙骨和 L 型龙骨两种。吊顶龙骨主要规格分为 D38、D45、D50 和 D60。吊顶轻钢龙骨主要用于饭店、办公楼等公共场所。

课题三　铝合金龙骨材料

铝合金龙骨是以铝板轧制而成的，专用于拼装式吊顶的龙骨，有主龙骨、复面龙骨（次龙骨）、收边龙骨等品种以及与之配套的吊挂件、连接件等配件。铝合金龙骨的宽度和高度根据设计而定，长度一般为 4 m 或 6 m，厚度为 0.8 ~ 1.2 mm。铝合金复面龙骨按表面形式不同有平板式和凹槽式等品种，其表面处理有电泳、喷涂、喷塑等多种方式，具有不同的装饰效果，使用时可以根据需要选用。

一、铝合金隔墙龙骨

铝合金隔墙龙骨多用于室内隔断墙，是用扁管、大方管、等边槽和等边角等四种铝合金型材做墙体框架的，用石膏板或厚玻璃等其他材料做饰面装饰的一种隔墙方式。

铝合金隔墙的特点：空间透视好，制作简单，墙体牢固。适用于办公室等空间的分割。用于铝合金隔墙龙骨的几种型材如图 13-4 所示。

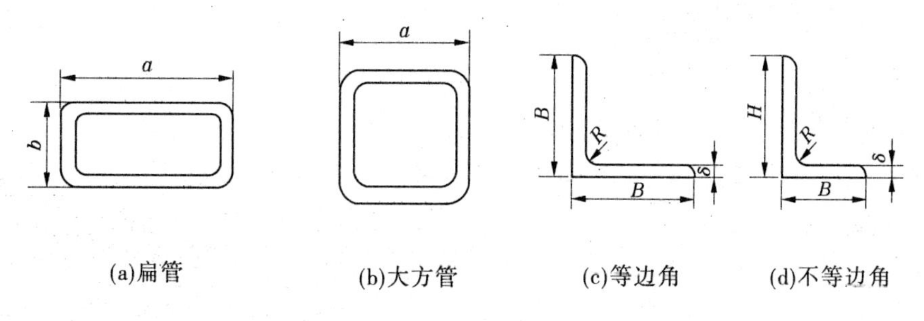

图 13-4　用于铝合金隔墙龙骨的几种型材

二、铝合金吊顶龙骨

铝合金龙骨吊顶具有质量轻、防火、抗震、刚度好、耐腐蚀、易安装等一系列特点，适用于室内吊顶装饰。T 型龙骨主要用于吊顶，吊顶龙骨与板材成 450 mm×450 mm、500 mm×500 mm 和 600 mm×600 mm 的方格。不需要大幅面的吊顶板材，可以灵活运用小规格的吊顶材料，如装饰石膏板吊顶、吸引石膏板吊顶等。铝合金材料经过电氧化处理，光亮、耐腐蚀、色调柔和，与饰面板结合美观大方。

思考题

13-1　常用的装饰骨架材料有哪些？

13-2　试述木骨架材料的特点及应用。

13-3　试述轻钢龙骨的特点及应用。

13-4　试述铝合金龙骨的特点及应用。

单元十四　建筑材料试验

试验一　水泥胶砂强度试验(ISO 法)

一、试验依据

本试验采用的标准及规范:

(1)《水泥胶砂强度检验方法(ISO 法)》(GB/T 17671—1999)。

(2)《通用硅酸盐水泥》(GB 175—2007)。

二、试验目的

通过检验水泥各龄期强度,确定水泥强度等级或强度等级是否合格。

三、主要仪器设备

(1)行星式胶砂搅拌机,应符合 JC/T 681—2005 的要求。

(2)振实台(见图 14-1),应符合 JC/T 682—2005 的要求。

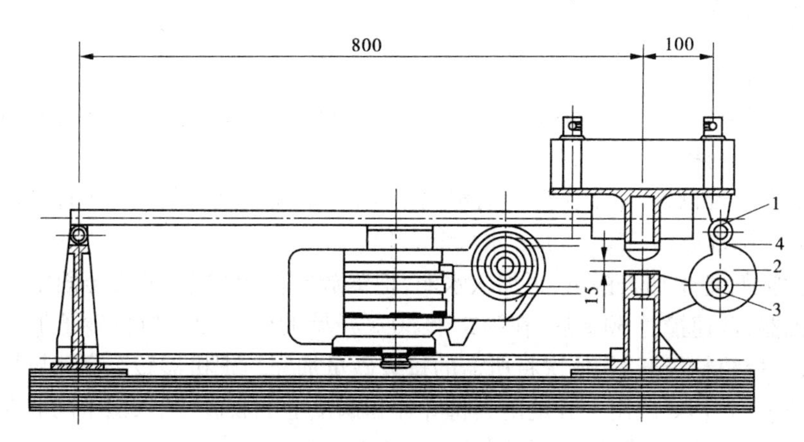

1—突头;2—凸轮;3—止动器;4—随动轮

图 14-1　振实台　(单位:mm)

(3)试模(见图 14-2)。为可装卸的三联模,由隔板、端板、底座组成。组装后三板内壁接触面应相互垂直。试模的内表面应涂上一层模型油或机油。

(4)模套。壁高 20 mm。当从上往下看时,模套壁与模型内壁应该重叠,超出内壁不应大于 1 mm。

(5)抗折强度试验机(见图 14-3),应符合 JC/T 724—2005 的要求。

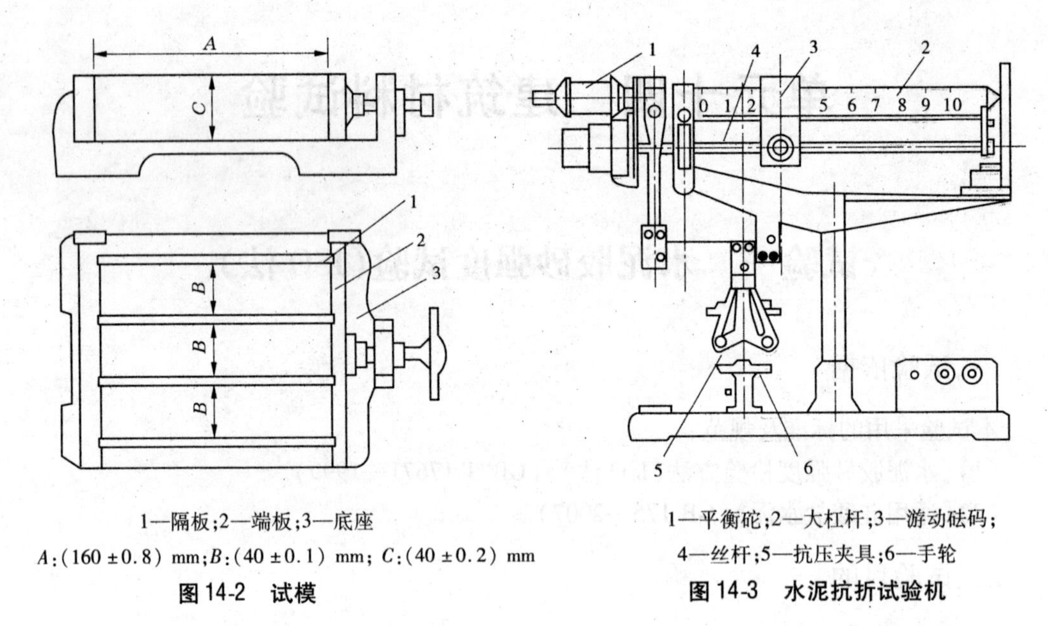

1—隔板;2—端板;3—底座

A:(160 ±0.8) mm;B:(40 ±0.1) mm; C:(40 ±0.2) mm

图14-2 试模

1—平衡砣;2—大杠杆;3—游动砝码;

4—丝杆;5—抗压夹具;6—手轮

图14-3 水泥抗折试验机

(6)抗压强度试验机及夹具。最大荷载以200~300 kN为佳,在较大的4/5量程范围内使用时记录的荷载应有±1%精度,并具有按(2 400±200) N/s速率的加荷能力。抗压强度试验机用夹具,应符合JC/T 683—2005的全部要求。

(7)天平、量筒、刮平直尺和大小播料器等。

四、试验步骤

(一)试件成型

(1)成型前将试模擦净,四周模板与底板的接触面上应涂黄油,紧密装配,防止漏浆,内壁均匀刷一薄层机油。

(2)水泥与标准砂的质量比为1:3,水灰比为0.5。每成型三条试件需称取水泥(450±2)g、中国ISO标准砂(1 350±5) g、水(225±1) g。

(3)搅拌前,把水加入锅里,再加入水泥,把锅放在固定架上,上升至固定位置。然后立即开动机器,低速搅拌30 s后,在第二个30 s开始的同时均匀地将砂子加入。当各级砂分装时,从最粗粒级开始,依次将所需的每级砂量加完。把机器转至高速再拌30 s。停拌90 s,在第一个15 s内用一胶皮刮具将叶片和锅壁上的胶砂,刮入锅中间。在高速下继续搅拌60 s。各个搅拌阶段,时间误差应在±1 s以内。

(4)胶砂制备后立即进行成型。将空试模和模套固定在振实台上,用一个适当勺子直接从搅拌锅里将胶砂分两层装入试模,装第一层时,每个槽里约放300 g胶砂,用大播料器垂直架在模套顶部,沿每个模槽来回一次将料层播平,接着振实60次。再装入第二层胶砂,用小播料器播平,再振实60次。移走模套,从振实台上取下试模,用一金属直尺以近似90°的角度架在试模模顶的一端,然后沿试模长度方向以横向锯割动作慢慢向另一端移动,一次将超过试模部分的胶砂刮去,并用同一直尺在近乎水平的情况下将试体表面抹平。

在试模上作标记或加字条标明试件编号和试件相对于振实台的位置。

(二)试件的养护

1. 脱模前的处理和养护

去掉留在模子四周的胶砂,立即将作好标记的试模放入雾室或湿箱的水平架子上养护,湿空气应能与试模各边接触。养护时不应将试模放在其他试模上,一直养护到规定的脱模时间时取出脱模。脱模前,用防水墨汁或颜料笔对试件进行编号和作其他标记。二个龄期以上的试件,在编号时应将同一试模中的三条试件分在二个以上龄期内。

2. 脱模

脱模应非常小心,可用塑料锤、橡皮榔头或专门的脱模器。对于24 h龄期的,应在破型试验前20 min内脱模。对于24 h以上龄期的,应在成型后20~24 h之间脱模。如经24 h养护,会因脱模对强度造成损害时,可以延迟至24 h以后脱模,但在试验报告中应予以说明。

已确定作为24 h龄期试验的已脱模试件,应用湿布覆盖至做试验时为止。

3. 水中养护

将作好标记的试件立即水平或竖直放在(20±1)℃水中养护,水平放置时刮平面应朝上。

试件放在不易腐烂的篦子上(不宜用木篦子),并彼此间保持一定间距,以让水与试件的六个面接触。养护期间试件之间间隔或试件上表面的水深不得小于5 mm。

每个养护池只养护同类型的水泥试件。

最初用自来水装满养护池(或容器),随后随时加水保持适当的恒定水位,不允许在养护期间完全换水。

除24 h龄期或延迟至48 h脱模的试件外,任何到龄期的试件应在试验(破型)前15 min从水中取出。揩去试件表面沉积物,并用湿布覆盖至试验为止。

(三)强度试验

试体龄期从水泥加水搅拌开始试验时算起。不同龄期强度试验在下列时间里进行:24 h±15 min,48 h±30 min,72 h±45 min,7 d±2 h,>28 d±8 h。

1. 抗折强度测定

将试件一个侧面放在试验机支撑圆柱上,试体长轴垂直于支撑圆柱,通过加荷圆柱,以(50±10) N/s的速度均匀地将荷载垂直地加在棱柱体相对侧面上,直至折断,记录破坏荷载 F_f 或抗折强度 R_f。

保持两个半截棱柱体处于潮湿状态直至进行抗压试验。

2. 抗压强度测定

抗压强度试验通过标准规定的仪器,在半截棱柱体的侧面上进行。

半截棱柱体中心与压力机压板受压中心差应在±0.5 mm内,棱柱体露在压板外的部分约有10 mm。

在整个加荷过程中以(2 400±200) N/s的速率均匀地加荷直至破坏,记录破坏荷载 F_c。

五、试验结果

(1)抗折强度 R_f 以 MPa 为单位,记录精确至 0.1 MPa,按下式进行计算

$$R_f = \frac{1.5F_fL}{b^3} \tag{14-1}$$

式中 F_f——折断时施加于棱柱体中部的荷载,N;

L——支撑圆柱之间的距离,mm,取 100 mm;

b——棱柱体正方形截面的边长,mm,取 40 mm。

以一组三个棱柱体抗折强度的平均值作为试验结果。当三个强度值中有超出平均值 ±10% 时,应剔除后再取平均值作为抗折强度试验结果。

(2)抗压强度 R_c 以 MPa 为单位,精确至 0.1 MPa,按下式进行计算

$$R_c = \frac{F_c}{A} \tag{14-2}$$

式中 F_c——破坏时的最大荷载,N;

A——受压部分面积,mm^2,取 40 mm × 40 mm = 1 600 mm^2。

以一组三个棱柱体上得到的六个抗压强度测定值的算术平均值为试验结果。

如六个测定值中有一个超出六个平均值的 ±10%,就应剔除这个结果,而以剩下五个的平均数为结果。如果五个测定值中再有超过它们平均数 ±10% 的值,则此组结果作废。

试验二　普通混凝土强度试验

一、试验依据

《普通混凝土力学性能试验方法标准》(GB/T 50081—2002)。

二、试验目的

测定混凝土立方体抗压强度,评定混凝土的质量。

三、主要仪器设备

(1)压力试验机。除应符合《液压式压力试验机》(GB/T 3722—1992)及《试验机通用技术要求》(GB/T 2611—2007)中的技术要求外,其测量精度为 ±1%,试件破坏荷载应大于压力机全量程的 20% 且小于压力机全量程的 80%。

(2)振动台。应符合《混凝土试验用振动台》(JG/T 245—2009)中技术要求的规定。

(3)试模。应符合《混凝土试模》(JG 237—2008)中技术要求的规定。

(4)小铁铲、金属直尺、镘刀应符合《混凝土坍落度仪》(JG/T 248—2009)中规定的直径 16 mm、长 600 mm、端部呈半球形的捣棒等。

四、试件的制作

(1)混凝土抗压强度试验一般以三个试件为一组,每一组试件所用的混凝土拌和物

应从同一次拌和的拌和物中取出。

（2）制作试件前，应检查试模尺寸，拧紧螺栓并清刷干净，试模内表面应涂一薄层矿物油或其他不与混凝土发生反应的脱模剂。

（3）取样或实验室拌制的混凝土应在拌制后尽量短的时间内成型，一般不宜超过15 min。成型前，取样或拌制好的混凝土拌和物应至少用铁锹再来回拌和三次。

（4）根据混凝土拌和物的稠度确定试件成型方法。

①坍落度不大于70 mm的混凝土宜用振动振实。

将混凝土拌和物一次装入试模，装料时应用抹刀沿各试模壁插捣并使混凝土拌和物高出试模口；将试模附着或固定在振动台上，振动时试模不得有任何跳动，振动应持续到表面出浆为止，不得过振；然后将试模放在振动台上并加以固定，开动振动台至拌和物表面呈现水泥浆为止。振动结束后，用抹刀刮除试模上口多余的混凝土，待混凝土临近初凝时用抹刀抹平。

②坍落度大于70 mm的混凝土宜用人工捣实。

混凝土拌和物分两层装入试模，每层厚度大致相等。插捣按螺旋方向由边缘向中心均匀进行。插捣底层混凝土时，捣棒应达到试模底部；插捣上层混凝土时，捣棒应贯穿上层后插入下层20～30 mm；插捣时捣棒应保持垂直，不得倾斜；然后应用抹刀沿试模内壁插拔数次，以防止试件产生麻面。每层插捣次数依试件截面而定，一般每100 cm^2 面积应不少于12次。插捣后应用橡皮锤轻轻敲击试模四周，直至插捣棒留下的空洞消失为止。然后用抹刀刮去多余的混凝土，待混凝土临近初凝时用抹刀抹平。

③检验现浇混凝土或预制构件的混凝土试件成型方法宜与实际采用的方法相同。

五、试件的养护

（1）试件成型后应立即用不透水的薄膜覆盖表面，以防止水分蒸发。采用标准养护的试件应在温度为（20±5）℃的环境中静置一昼夜至二昼夜，然后编号、拆模。

（2）拆模后的试件应立即放入温度为（20±2）℃、相对湿度为95%以上的标准养护室中养护，或在温度为（20±2）℃的不流动的$Ca(OH)_2$饱和溶液中养护。标准养护室内的试件应放在支架上，彼此间隔10～20 mm，试件表面应保持潮湿，并不得被水直接冲淋。

（3）同条件养护试件的拆模时间可与实际构件的拆模时间相同，拆模后，试件仍需保持同条件养护。

（4）标准养护龄期为28 d（从搅拌加水开始计时）。

六、混凝土抗压强度试验

（1）达到试验龄期时，将试件自养护地点取出后应及时进行试验，并将试件及压力试验机的上下承压板面擦干净。检查外观，测量试件尺寸（精确至1 mm），当试件有严重缺陷或尺寸公差超过1 mm时，应废弃。

（2）将试件安放在试验机的下压板或垫板上，试件的承压面应与成型时的顶面垂直。试件的中心应与试验机下压板中心对准，开动试验机，当上压板与试件或钢垫板接近时，调整球座，使接触均衡。混凝土强度等级≥C60时，试件周围应设防崩裂网罩。

（3）在试验过程中应连续均匀地加荷：混凝土强度等级＜C30 时，加荷速度取 0.3～0.5 MPa/s；混凝土强度等级≥C30 且＜C60 时，取 0.5～0.8 MPa/s；混凝土强度等级≥C60 时，取 0.8～1.0 MPa/s。当试件接近破坏开始急剧变形时，应停止调整试验机油门，直至破坏，然后记录破坏荷载 F(N)。

七、试验结果计算

（1）按下式计算试件的抗压强度（精确至 0.1 MPa）

$$f_{cc} = F/A \tag{14-3}$$

式中 f_{cc}——混凝土立方体试件抗压强度，MPa；

F——试件破坏荷载，N；

A——试件承压面积，mm^2。

（2）三个试件测值的算术平均值作为该组试件的强度值（精确至 0.1 MPa）。三个测值中的最大值或最小值中如有一个与中间值的差值超过中间值的 15%，则把最大值及最小值一并舍除，取中间值作为该组试件的抗压强度值；如最大值和最小值与中间值的差均超过中间值的 15%，则该组试件的试验结果无效。

（3）混凝土强度等级＜C60 时，用非标准试件测得的强度值均应乘以尺寸换算系数，其值为：对 200 mm×200 mm×200 mm 试件为 1.05，对 100 mm×100 mm×100 mm 试件为 0.95。当混凝土强度等级≥C60 时，宜采用标准试件；使用非标准试件时，尺寸换算系数应由试验确定。

试验三　钢筋试验

一、试验依据

（1）《金属材料室温拉伸试验方法》（GB/T 228—2002）。

（2）《金属材料弯曲试验方法》（GB/T 232—1999）。

（3）《钢及钢产品力学性能试验取样位置及试样制备》（GB/T 2975—1998）。

（4）《钢筋混凝土用钢　第二部分：热轧带肋钢筋》（GB 1499.2—2007）。

（5）《钢筋混凝土用热轧光圆钢筋》（GB 13013—1991）。

（6）《碳素结构钢》（GB/T 700—2008）。

（7）《低碳钢热轧盘条》（GB/T 701—2008）。

二、钢筋的验收、取样及判定

（1）以同一牌号、同一炉（罐）号、同一规格、同一交货状态的钢筋为一批，每批质量不得大于 60 t。钢筋应按批进行检查与验收。

（2）钢筋应有出厂质量证明书或试验报告单。钢筋进场时首先进行外观质量检查，然后抽取试样做拉伸试验和冷弯试验。若两个项目中有一个项目不合格，则该批钢筋为不合格。

(3)钢筋在使用过程中如有脆断、焊接性能不良或机械性能显著不正常，应进行化学成分分析，或其他专项试验。

(4)钢筋取样时，应从每批钢筋中任意抽取两根，在距每根端部 50 cm 处截取一根做拉伸试验，另一根做冷弯试验。在拉伸试验的两根试件中，若其中一根试件的屈服点、抗拉强度和伸长率三个指标中有一个指标达不到钢筋标准中规定的数值，应取双倍钢筋(即 4 根)制作试件进行复验，若仍有一根试件的指标达不到要求，则判拉伸试验为不合格。若冷弯试验中，有一根试件不符合标准要求，同样抽取双倍钢筋制作试件进行复验，若仍有一根试件不符合要求，则冷弯试验项目为不合格。

拉伸试件和冷弯试件的长度 L 和 L_w，分别按下式计算后截取。

拉伸试件

$$L \geqslant L_0 + 2h + 2h_1 \qquad (14\text{-}4)$$

冷弯试件

$$L_w \geqslant 5a + 150 \qquad (14\text{-}5)$$

式中 L、L_w——拉伸试件和冷弯试件的长度，mm；

L_0——拉伸试件的标距长度，mm，取 $L_0 = 5a$ 或 $L_0 = 10a$；

h、h_1——夹具长度和预留长度，mm，取 $h_1 = (0.5 \sim 1)a$；

a——钢筋的公称直径，mm。

(5)除非另有规定，试验一般在 10 ~ 35 ℃进行。对温度要求严格的试验，试验温度应为(23 ±5) ℃。

三、拉伸试验

(一)试验目的

测定钢筋的屈服强度、抗拉强度及伸长率，评定钢筋的强度等级。

(二)仪器设备

(1)万能材料试验机。为了保证机器安全和试验准确，其吨位选择最好是使试件达到最大荷载时，指针停留在度盘的第三象限内或者数显破坏荷载在量程的 50% ~75%。测力示值误差不大于 1%。

(2)钢筋打点机或划线机、游标卡尺(精度为 0.1 mm)。

(三)试件的制作

(1)钢筋试件一般不经切削(见图 14-4)。

(2)在试件表面用铅笔沿其轴线方向画直线，在直线上选用小冲点、细划线或有颜色的记号作出两个或一系列等分格的标记，以表明标距长度，测量标距长度 L_0(精确至 0.1 mm)。计算钢筋强度所用的横截面面积 S_0 应采用表 14-1 所列的公称横截面面积。

(四)试验步骤

(1)调整试验机测力度盘的指针，使其对准零点，拨动副指针，使之与主指针重叠。

(2)将试件固定在试验机的夹具内，开动试验机进行拉伸。

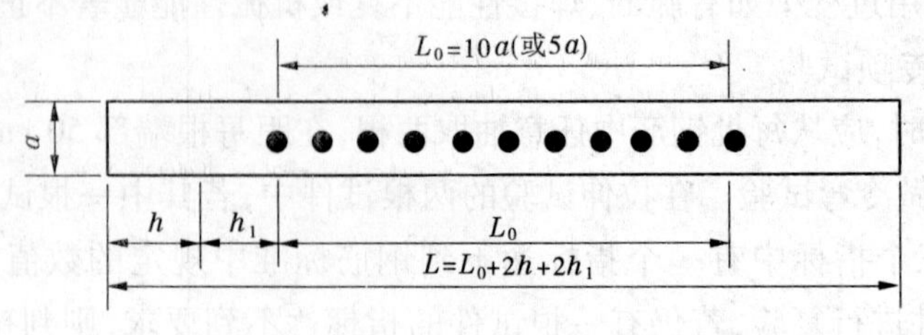

a—计算直径;L_0—标距长度;h_1—(0.5~1)a;h—夹头长度

图 14-4　不经切削的试件

表 14-1　钢筋的公称横截面面积

公称直径(mm)	公称横截面面积(mm^2)	公称直径(mm)	公称横截面面积(mm^2)
8	50.27	22	380.1
10	78.54	25	490.9
12	113.1	28	615.8
14	153.9	32	804.2
16	201.1	36	1 081
18	254.5	40	1 257
20	314.2	50	1 964

除非产品标准另有规定,试验应力速率取决于材料特性并符合下列要求:屈服前,应力增加速率按表 14-2 规定,并保持试验机控制器固定于这一速率位置上,直至该性能测出;屈服后,只测定抗拉强度的塑性范围内,平行长度 L_c 的应变速率不应超过 0.008 m/s(平行长度 L_c,即试件两夹头之间的距离,其值应等于 L_0+2h_1)。

表 14-2　屈服前的应力速率

金属材料弹性模量 E(MPa)	应力速率(MPa/s)	
	最小	最大
<150 000	2	20
≥150 000	6	60

(3)在拉伸过程中,要认真观测,读取测力度盘指针首次回转前指示的最大力和不计初始瞬时效应时屈服阶段中指示的最小力或首次停止转动指示的恒定力,即为上、下屈服点荷载 F_{eH}、F_{eL}(N)。屈服后继续加荷直至拉断,从测力度盘上读取最大力 F_m(N)。

(4)拉断后标距长度 L_u(精确至 0.1 mm)的测量。将试件断裂的部分仔细地配接在一起,使其轴线处于同一条直线上,并采取特别保护措施确保试件断裂部分适当接触后测量试件断后标距。如断裂处到邻近标距端点的距离大于 $1/3L_0$,可直接测量两端点的距离;如断裂处到邻近标距端点的距离小于或等于 $1/3L_0$,可用移位方法确定 L_u。在长段上,从断裂处 O 点取基本等于短段格数,得 B 点,接着取等于长段所余格数(偶数,见

图 14-5(a))之半,得 C 点,则位移后的 L_u 为 $AO + OB + 2BC$;或者取所余格数(奇数,见图 14-5(b))减 1 与加 1 之半,得到 C 与 C_1 点,则位移后的 L_u 为 $AO + OB + BC + BC_1$(见图 14-5)。L_u 测量应精确至 0.1 mm。

原则上,只有断裂处与最接近的标距标记的距离不小于原始标距的 1/3 的方为有效。但断后伸长率大于或等于规定值,不管断裂位置处于何处测量均为有效。

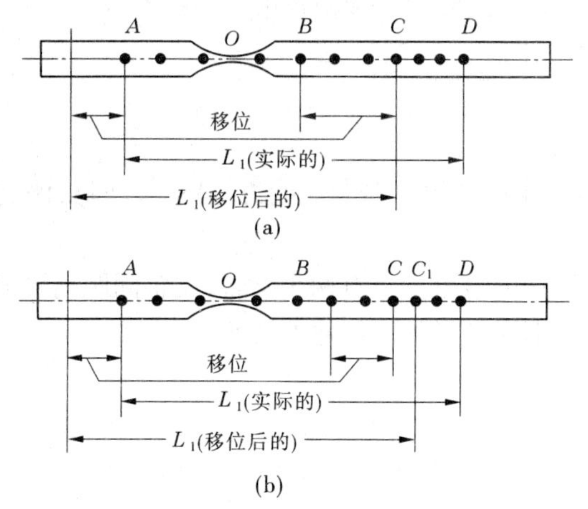

图 14-5　移位法计算标距

(五)结果计算

(1)上、下屈服强度 R_{eH}、R_{eL} 按式(14-6)、式(14-7)计算

$$R_{eH} = \frac{F_{eH}}{S_0} \tag{14-6}$$

$$R_{eL} = \frac{F_{eL}}{S_0} \tag{14-7}$$

(2)抗拉强度 R_m 按式(14-8)计算

$$R_m = \frac{F_m}{S_0} \tag{14-8}$$

式中　R_{eH}、R_{eL}——上、下屈服强度,MPa;

R_m——抗拉强度,MPa;

F_{eH}、F_{eL}——上、下屈服点荷载和最大荷载,N;

F_m——拉伸试验最大力,N;

S_0——试件的公称横截面面积,mm^2。

当 R_{eH} 或 R_{eL} 小于或等于 200 MPa 时,计算至 1 MPa;在 200 ~ 1 000 MPa 之间时,计算至 5 MPa;大于 1 000 MPa 时,计算至 10 MPa。小数点后数字按四舍六入五单双方法修约。R_m 计算精度要求相同。

(3)伸长率 δ 按式(16-9)计算(精确至 1%)

$$\delta = \frac{L_u - L_0}{L_0} \times 100\% \tag{14-9}$$

式中　δ ——断后伸长率(%)。

(六)结果处理

(1)试验出现下列情况之一,其试验结果无效,应重做同样数量试样的试验:

①试样断在标距外或断在机械刻划的标距标记上,而且断后伸长率小于规定最小值。

②试验期间设备发生故障,影响了试验结果。

(2)试验后试样出现两个或两个以上的缩颈以及显示出肉眼可见的冶金缺陷(如分层、气泡、夹渣、缩孔等),应在试验记录和报告中注明。

四、冷弯试验

(一)试验目的

测定钢筋承受规定弯曲程度的弯曲变形能力,显示其缺陷,评定钢筋质量是否合格。

(二)仪器设备

(1)压力机或万能材料试验机。具有两个支辊,支辊间距离可调节。

(2)具有足够硬度的不同直径的一组弯曲压头。

(三)试验步骤

(1)冷弯试件不得进行车削加工,其长度按式(14-10)确定

$$L = 5a + 150 \quad (\text{mm}) \tag{14-10}$$

(2)调整两支辊间距离 $l = (d + 3a) \pm 0.5a$,此距离在试验期间保持不变(见图 14-6(a))。d 为弯心直径,a 为钢筋公称直径。

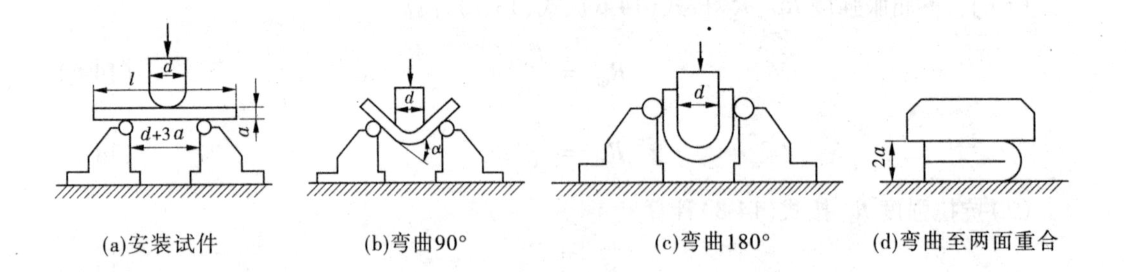

图 14-6 钢筋冷弯

(3)由相关产品标准规定,应采用下列方法之一完成导向弯曲试验:

①试件弯曲至规定角度的试验,应将试件放置于两支辊上,试件轴线应与弯曲压头轴线垂直,弯曲压头在两支座之间的中点处对试件连续施加力使其弯曲,直至达到规定的弯曲角度,如图 14-6(b)、(c)所示。

如不能直接达到规定的弯曲角度,应将试件置于两平行压板之间,连续对其两端施压使进一步弯曲,直至达到规定的弯曲角度。

② 试件弯曲至180°两臂相距规定距离且相互平行的试验,首先可按照图 14-6(a)、(b)、(c)的方法对试样进行初步弯曲(弯曲角度应尽可能大),然后将试样置于两平行压板之间连续施加力压其两端使其进一步弯曲,直至两臂平行。试验时,可以加或不加垫块。除非产品标准中另有规定,垫块厚度等于规定的弯曲压头直径;当采用翻板式弯曲装置进行试验时,在力作用下不改变力的方向,弯曲角度直至达到180°。

③试件弯曲至两臂直接接触的试验，应首先将试件弯曲到图 14-6(b)的状态(弯曲角度尽可能大)，然后将其置于两平行压板之间，连续施加力压其两端使其进一步弯曲，直至两臂直接接触，如图 14-6(d)所示。

(4)可采用虎钳式弯曲装置进行半导向弯曲。试样一端固定，绕弯心进行弯曲，直至达到规定的弯曲角度。

(5)弯曲试验时，应缓慢施加弯曲力。

(四)结果评定

(1)按有关产品标准的要求检查试件弯曲外表面，评定弯曲试验结果。如未规定具体要求，外表面无肉眼可见裂纹、裂缝或裂断，则评定试件冷弯试验合格。

(2)相关产品标准规定的弯曲角度作为最小值，规定的弯曲半径作为最大值。

参 考 文 献

[1] 卢经扬,余素萍.建筑材料[M].北京:清华大学出版社,2006.
[2] 宋岩丽.建筑与装饰材料[M].北京:中国建筑工业出版社,2007.
[3] 隋良志,刘锦子.建筑与装饰材料[M].天津:天津大学出版社,2008.
[4] 杨建国.建筑材料[M].北京:中国水利水电出版社,2007.
[5] 武桂芝.建筑材料[M].郑州:黄河水利出版社,2006.